园林工程规划设计必读书系

园林工程CAD设计从入门到精通

YUANLIN GONGCHENG CAD SHEJI
CONG RUMEN DAO JINGTONG

宁荣荣　　李 娜　主编

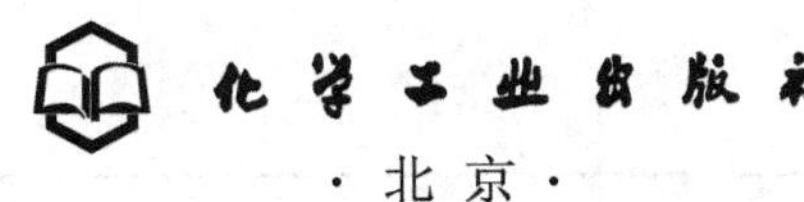

化学工业出版社

·北 京·

本书共分12章：园林设计与AutoCAD制图概述、园林围墙设计与制图、园林水体设计与制图、园林山石设计与制图、园林建筑设计与制图、园路设计与制图、园林铺装设计与制图、园林地形设计与制图、园林植物设计与制图、园林小品设计与制图、道路绿地设计与制图、园林CAD图形打印输出。本书理论与实践相结合，注重原创，突出案例和实训，编写内容全面系统、实用性强。

本书可作为园林工程设计与施工人员的参考用书，也可供园林管理者以及其他相关人员使用，还可作为高等学校相关专业师生的参考教材。

图书在版编目（CIP）数据

园林工程CAD设计从入门到精通/宁荣荣，李娜主编．—北京：化学工业出版社，2016.9（2019.11重印）

（园林工程规划设计必读书系）

ISBN 978-7-122-27649-0

Ⅰ.①园… Ⅱ.①宁…②李… Ⅲ.①园林设计-计算机辅助设计-AutoCAD软件 Ⅳ.①TU986.2-39

中国版本图书馆CIP数据核字（2016）第165197号

责任编辑：董　琳　　文字编辑：吴开亮

责任校对：宋　玮　　装帧设计：王晓宇

出版发行：化学工业出版社（北京市东城区青年湖南街13号　邮政编码100011）

印　　装：北京虎彩文化传播有限公司

787mm×1092mm　1/16　印张12　字数294千字　2019年11月北京第1版第5次印刷

购书咨询：010-64518888　　售后服务：010-64518899

网　　址：http：//www.cip.com.cn

凡购买本书，如有缺损质量问题，本社销售中心负责调换。

定　　价：48.00元

编写人员

主　　编　宁荣荣　李　娜

副 主 编　陈远吉　陈文娟

编写人员　宁荣荣　李　娜　陈远吉　陈文娟

闫丽华　杨　璐　黄　冬　刘芝娟

孙雪英　吴燕茹　张晓雯　薛　晴

严芳芳　张立菡　张　野　杨金德

赵雅雯　朱凤杰　朱静敏　黄晓蕊

前言

Foreword

园林，作为我们文明的一面镜子，最能反映当前社会的环境需求和精神文化的需求，是反映社会意识形态的空间艺术，也是城市发展的重要基础，更是现代城市进步的重要标志。随着社会的发展，在经济腾飞的当前，人们对生存环境建设的要求越来越高，园林事业的发展呈现出时代的、健康的、与自然和谐共存的趋势。

在园林建设百花争艳的今天，需要一大批懂技术、懂设计的园林专业人才，以充实园林建设队伍的技术和管理水平，更好地满足城市建设以及高质量地完成园林项目的各项任务。因此，我们组织一批长期从事园林工作的专家学者，并走访了大量的园林施工现场以及相关的园林规划设计单位和园林施工单位，编写了这套丛书。

本套丛书文字简练规范，图文并茂，通俗易懂，具有实用性、实践性、先进性及可操作性，体现了园林工程的新知识、新工艺、新技能，在内容编排上具有较强的时效性与针对性。突出了园林工程职业岗位特色，适应园林工程职业岗位要求。

本套丛书依据园林行业对人才知识、能力、素质的要求，注重全面发展，以常规技术为基础，关键技术为重点，先进技术为导向，理论知识以"必需"、"够用"、"管用"为度，坚持职业能力培养为主线，体现与时俱进的原则。具体来讲，本套丛书具有以下几个特点。

(1) 突出实用性。注重对基础理论的应用与实践能力的培养，通过精选一些典型的实例，进行较详细的分析，以便读者接受和掌握。

(2) 内容实用、针对性强。充分考虑园林工程的特点，针对职业岗位的设置和业务要求编写，在内容上不贪大求全，但求实用。

(3) 注重行业的领先性。注重多学科的交叉与整合，使丛书内容充实新颖。

(4) 强调可读性。重点、难点突出，语言生动简练，通俗易懂，既利于学习又利于读者兴趣的提高。

本套丛书在编写时参考或引用了部分单位、专家学者的资料，得到了许多业内人士的大力支持，在此表示衷心的感谢。限于编者水平有限和时间紧迫，书中疏漏及不当之处在所难免，敬请广大读者批评指正。

丛书编委会

2016年8月

目　录

Contents

第一章

园林设计与AutoCAD制图概述

第一节　园林设计概述

人与环境的关系是密不可分的。早在远古时期，人们栖居于山林之中的时候就懂得装饰环境。随着物质生活逐渐富足，人们渐渐懂得在房前屋后种植花草树木来美化环境。到了现代，随着我国社会的发展，经济的繁荣和文化水平的提高，人们对自己所居住、生存的环境表现出越来越普遍的关注，并提出了越来越高的要求。作为一门环境艺术，园林设计的目的是为了创造出景色如画、环境舒适、健康文明的优美环境。

一、园林设计的概念和分类

1. 园林设计的概念

园林设计是一门研究如何应用艺术和技术手段处理自然、建筑和人类活动之间的复杂关系，使其达到和谐完美、生态良好、景色如画之境界的一门学科。这门学科所涉及的知识面非常广，它包含文学、艺术、生物、生态、工程、建筑等诸多领域。

2. 园林设计的分类

园林设计的分类见表1-1。

表1-1　园林设计的分类

类别	内　容
园林地形设计	地形是文化风景的艺术概括，不同的地形、地貌反映出不同的景观特征。地形同时也是其他各种园林要素附着的骨架。而园林地形工程设计就是根据园林性质和规划要求，因地制宜、因情制宜地塑造地形，施法自然而又高于自然对地形进行改造的设计过程，其主要包括地形竖向设计及土方量计算
园路设计	园路在园林中的作用，就像血管在人体中的作用，是贯穿各个景区和景点的纽带，园路工程设计就是在园林中确定园路布局及园路结构设计的过程。主要包括园路的分类、园路的布局设计及园路结构设计
园林给排水设计	园林的给排水工程是园林工程建设的重要组成部分，主要是进行园林中的给水管网的设计、排水系统的设计以及给排水设施的设计
园林植物造景设计	园林植物造景工程设计就是阐述园林植物造景的基本原理，讲述植物造景的基本形式以及各类绿地建设中的植物造景方法

续表

类别	内容
园林绿地喷灌设计	园林绿地喷灌工程设计阐明了绿地喷灌设计的基本原理和基本方法，主要内容有绿地喷灌设计的原则、喷头的选型、布置管网设计及灌水制度的制定等
水景设计	理水是中国自然山水园林的主要造景方法，同时也是现代园林的主要造景手法之一，是充分展示水的可塑性从而达到造景目的的重要手段。水景工程设计主要包括各种人工水体的营造设计，如湖、池、泉等
园林假山、置石设计	假山是以造景游览为主要目的，充分地结合其他多方面的功能作用，以土、石等为材料，以自然山水为蓝本并加以艺术的提炼和夸张，用人工再造的山水景物的通称。置石是以山石为材料，展示独立性或局部的组合美。假山、置石工程设计是综合运用力学、材料学、工程学及艺术学的知识再造自然山石的过程
园林供电设计	现代园林越来越重视园林供电，特别是大城市中的亮灯、彩灯工程更离不开园林供电。园林供电工程主要是对园林输配电、园林照明及园林用电设备的设计和配备
园林建筑、小品设计	所谓园林建筑是指在园林绿地中，既有使用功能，又可供观赏的景观建筑或构筑物，如亭、廊、榭等。园林小品则是指在园林绿地中体量较小，但其造型、取意经过一番艺术加工，与园林整体能协调一致的小型设施，如园椅、园凳、栏杆、小型雕塑等

二、园林设计原则

要创造一个风景优美、功能突出、特色明显的园林作品，保证工程建设顺利实施，“科学、适用、经济、美观”是园林设计必须遵循的原则。

1. 科学性原则

园林工程设计的过程，必须依据有关工程项目的科学原理和技术要求进行。如在园林地形改造设计中，设计者必须掌握设计区的土壤、地形、地貌及气候条件等详细资料。只有这样才可能最大程度地避免设计缺陷。再如，进行植物造景工程设计，设计者必须掌握设计区的气候特点，同时详细掌握各种园林植物的生物、生态学特性，根据植物对水、光、温度、土壤等因子的不同要求进行合理选配。若违反植物生长规律的要求，就会导致失败。

2. 适用性原则

园林最终的目的就是要发挥其有效功能，所谓适用性是指两个方面：一方面是因地制宜地进行科学设计；另一方面就是使园林工程本身的使用功能充分发挥，即要以人为本，既要美观、实用，还必须符合实际，且有可实施性。

3. 经济性原则

经济条件是园林工程建设的重要依据。同样一处设计区，设计方案不同，所用建筑材料及植物材料不同，其投资差异很大。设计者应根据建设单位的经济条件，达到设计方案最佳并尽可能节省开支。事实上现已建成的园林工程，并不是投资越多越好。

4. 美观性原则

在科学性和适用性原则的基础上，园林工程设计应尽可能做到美观，也就是满足园林总体布局和园林造景在艺术方面的要求。比如园林建筑工程、园林供电设施、园林中的假山、置石等。只有符合人们的审美要求，才能起到美化环境的作用。

三、园林设计的特点

1. 园林工程设计的自然科学性

园林工程设计涉及多门自然科学知识，由此决定了它的自然科学属性。

（1）园林植物造景工程设计必须掌握植物学的相关知识　由于树木及其他园林植物有着不同的生物学特性和生态学特性，只有掌握它们的习性才能在景观设计中合理选择，从而使植物充分发挥其园林造景的作用。

（2）园林工程、园林建筑设计等必须具备相应的工程技术知识　园路、园林建筑工程要求设计人员必须掌握材料学、力学，以及其他相关的工程知识，而这些都属于自然科学范畴。

2. 园林工程设计的艺术性

建造的园林是一个立体的艺术作品，而艺术作品的艺术水平高低，最主要是由设计水平的高低决定的。

① 园林景观要素的合理利用和良好布局决定了园林工程设计的艺术性。

② 园林工程设计中运用的园林艺术法则及园林造景方法无处不包含着艺术。

③ 园林建筑、小品本身就是艺术作品。园林建筑和普通建筑最大的区别就在于其更注重造景作用，也更讲究艺术性，园林小品也不例外。

④ 园林工程越来越注重工程本身反映的人文、历史、地理、艺术。我国古典园林很讲究意境，更有许多风景名胜以历史事件或历史人物而闻名于世。现代园林建设也越来越重视这一点，每一个地方的园林都特别注重反映当地的历史、人文特点，从而达到突出地方特色的目的，也只有这样，园林才更具有价值，才能焕发出持久的魅力。

3. 园林工程设计的复杂性

园林工程设计的复杂性是由园林工程本身的特点所决定的。它不仅涉及各种材料学、力学、艺术学等方面的知识，而且涉及生物学、土壤学、生态学、气象学等方面的知识。需要综合运用这些知识就决定了园林工程设计的复杂性。

四、园林设计程序

运用原理和知识并遵循一定的程序来完成某项园林设计，一般遵循以下程序。

（1）搜集建设工程设计所需的各种资料　这是设计的基础，一般包括图面资料和文字资料两大类。

（2）对设计区的基本情况进行现场调查　由于园林工程建设不是孤立的，它是存在于周围环境中的，而图面和文字资料有时不能全面反映设计区的实际情况，所以在设计前设计人员必须在现场对图面及文字资料有出入的地方进行修正，并搜集更多的现场资料。如在绿地灌溉设计中就必须在现场了解水源、水质的情况；园林供电设计必须掌握设计区的电源情况。

（3）对所收集到的和现场调查到的设计资料进行综合分析。

（4）初步方案设计　这一过程就是在资料分析的基础上运用相应的知识和设计原理确定设计指导思想，进行方案设计，并确定初步的设计方案的过程。

（5）详细设计阶段　这一过程也称为技术设计，当初步方案得到通过和确定后，根据初步设计方案的要求，做出详细的技术设计。比如一个综合性公园设计，就要设计出

(1∶500)～(1∶100) 的图面资料，确定公园的出入口设计、各分区设计及道路布局设计等。

(6) 施工设计阶段　施工设计必须根据已批准的初步设计、技术设计的资料和要求进行设计。在这一设计阶段，一般要求做出施工总图、竖向设计图及相应的园林和建设工程分类设计图等。

(7) 设计的成果　园林工程设计的成果是指设计完成的园林工程设计的文字和图面资料两大部分。

① 文字资料。文字资料主要是设计说明书，其主要内容是说明设计的意图、原理、指导思想及设计的内容，同时包括工程概预算及相关表格等。

② 图面资料。图面资料因园林建设工程类别不同而异，但一般有总体规划图、技术设计图和施工设计图三大类。

五、园林设计的发展趋势

随着社会的发展、新技术的崛起和进步，园林设计也必须要适应新时代的需要。在城市绿地逐渐减少、城市环境日益恶化的今天，园林设计越来越受到人们的重视。当人们在设计大型公共绿地或住宅区绿化时，生态化和人性化是最先考虑的两大问题。

1. 生态化设计

园林设计取之于自然，也是对自然的改造，但要尽量使生态相互协调。人们在对自然进行开发的过程当中，逐渐认识到开发自然不能等同于无所畏惧地征服和破坏自然，而是应该与自然和平共处。因此，这又回归到了原始时期人们对待环境的自然状态，人文生态与自然生态尽可能相互平衡。所以，园林设计应该走一条可持续发展的道路，使人们对自然的影响和破坏减少到最低程度。

生态化设计就是继承和发展传统园林景观设计的经验，遵循生态学的原理，建设多层次、多结构、多功能的科学植物群落，建立人类、动物、植物相关联的新秩序，使其在对环境的破坏影响最小的前提下，达到生态美、科学美、文化美和艺术美的统一，为人类创造清洁、优美、文明的景观环境。

2. 人性化设计

人性化设计是以人为轴心，注意提升人的价值，尊重人的自然需要和社会需要的动态设计哲学。人性化设计是设计发展的更高阶段，是人们对设计师所提出的更高要求。这体现在设计时要最大限度地去适应，甚至是迁就人们的生活规律，考虑不同年龄和文化层次的人们的不同需求。

人性化设计更大程度地体现在设计细节上，如各种配套设施是否完善，尺度的合理性，材质的选择等。例如近年来，人们可喜地发现，为方便残疾人的轮椅车上下行走及盲人行走，很多城市广场、街心花园都进行了无障碍设计。

这不仅仅是单纯地将人捧到极致的高度，片面地考虑人们的需求，而且是对人们生活与环境综合考虑，将社会效益与经济效益结合起来，使人们享受到园林所带来的舒适感受的同时，又把园林与社会环境融为一体。

总而言之，在整个园林设计过程中，应始终围绕着“以人为本”的理念进行每一个细部的规划设计。“以人为本”的理念不仅局限在当前规划，服务于当代的人类，而且应是长远的，尊重自然、维护生态的，以切实为人类创造可持续发展的生存空间。

六、园林设计相关软件简介

就目前而言，有不少能够辅助园林制图的软件，目前，绘制园林规划图常用的是AutoCAD、3ds Max、Photoshop、草图大师（SketchUp）和彩绘大师（Piranesi）等几个软件。

1. AutoCAD

CAD即计算机辅助设计（Computer Aided Design）的英文缩写，是计算机技术的一个重要的应用领域。AutoCAD是由美国Autodesk公司于20世纪80年代开发的通用计算机辅助设计软件，具有易于掌握、使用方便、体系结构开放等优点，能够绘制二维图形与三维图形、标注尺寸、渲染图形以及打印输出图样等，被广泛应用于机械、建筑、电子、航天、造船、石油化工、土木工程、冶金、地质、气象、纺织、轻工、商业等领域。

AutoCAD可以绘制二维图形及三维的立体模型。与传统的手工制图相比，使用AutoCAD绘制出来的园林图纸更加清晰、精确，当熟练掌握软件和一些制图技巧以后，还可以提高工作效率。它具有简洁的工作界面，即使是非计算机专业人员也能很快地学会如何使用。在AutoCAD中，通过使用菜单，或者在命令行中输入快捷命令可以进行各种操作，通过命令行进行人机交流，是AutoCAD的一大特点。

AutoCAD除了前文所介绍的工作界面简洁、操作简单以外，还具有广泛的适应性，可以在安装有各种操作系统的计算机上运行。

Autodesk公司推出的AutoCAD 2014版本，代表了当今CAD软件最新潮流和未来发展趋势。AutoCAD 2014与先前版本相比，在性能和功能方面都有较大的增强，并且与低版本完全兼容。

2. 3ds Max

我们常用的3ds Max或者3D，其全称是3D Studio Max，是由美国Discreet公司开发的基于PC系统的三维模型制作和渲染软件。如今Discreet公司已经与Autodesk公司合并。3ds Max的前身是基于DOS操作系统的3D Studio系列软件，目前最新版本是2016。

3ds Max主要用于制作各类效果图，如风景园林效果图、建筑室内效果图、展示效果图等。同时也运用在电脑游戏中的动画制作方面，更进一步参与制作影视特效。

3ds Max插件的数量相当可观，极大地丰富和强化了3ds Max软件的功能，主要可分为几大类，分别是建模型类、修改器类、渲染效果类、输入/输出类、材质贴图类、视频效果类，以及特殊工具类。

园林效果图制作主要是使用植物建模和环境建模方面的插件。最为常用的是ForestPro（森林插件），SpeedTree（树木制作插件），TreeFactory（树木工厂），以及TreeStorm（树木风暴）等。其中，ForestPro（森林插件）能够利用带有透明通道的图片迅速制作出森林效果，由于精度不高，通常用于制作远景，例如制作大型鸟瞰图中的大面积植物。SpeedTree（树木制作插件）是由Digimation公司开发的一套用于制作树木植物的插件，它利用树库中的文件生成精度较高的植物，效果较为真实，大多用于制作近景树。

3. Photoshop

Adobe Photoshop是最为优秀的图像处理软件之一，由Adobe公司开发设计，它的应用范围非常广泛，如应用在图像、图形、视频、出版等方面。而今，Photoshop 已经成为几乎所有的广告、出版、软件公司首选的平面图像处理工具。图像处理指的是对现有的位图图像进行编辑加工处理，或为其增添一些特殊效果；而图形创作则是按照设计师的构思创意，从无到有地设计矢量图形。

随着 Photoshop 软件版本的不断提高，其功能也越来越强大，因此，使用更为简单方便。Photoshop 的主要功能是图像编辑、图像合成、校色调色以及特效制作。其中，图像编辑是最基本的功能，可以对图像做出各种变换操作，也可以对图像进行修补和修饰。图像合成则是将几幅图像拼合成为一幅新的图像，这种拼合需要通过图层操作和工具应用来完成。校色调色是将图像进行明暗处理，准确还原色彩，或者为了表达某种艺术效果。特效制作在 Photoshop 中主要靠滤镜、通道等工具综合应用来完成。对于风景园林效果图来说，以上几种功能都是较常使用的。如图 1-1 所示。

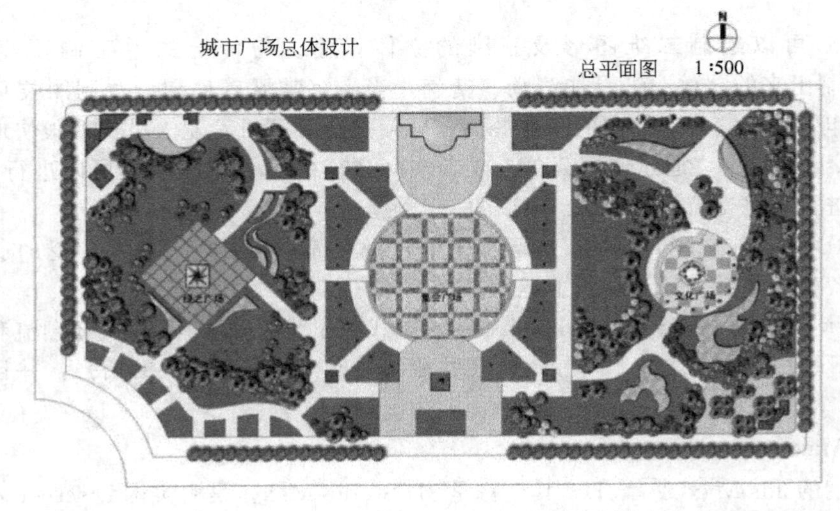

图 1-1　Photoshop 绘图

4. 草图大师（SketchUp）

SketchUp 也是一种辅助设计软件，应用于创造建筑领域的三维模型，它有很多独特之处，这也是今后三维软件发展的一种趋势。它可以非常快速和方便地将创意转为三维模型，并对模型进行创建、观察和修改，其界面如图 1-2 所示。

SketchUp 与通常的让设计过程去配合软件的程序完全不同，它是专门为配合设计过程而研发的。在设计过程中，通常习惯从不十分精确的尺度、比例开始整体地思考，随着思路的进展不断添加细节。当然，如果需要，也可以方便快速进行精确的绘制。与 CAD 的难于修改不同的是，SketchUp 可以使用户根据设计目标，方便地解决整个设计过程中出现的各种修改，即使这些修改贯穿整个项目的始终。与 3ds Max 相比较，SketchUp 更利于在设计初期进行反复推敲和修改。

现在的 SketchUp 软件已经发展到了版本 15.4.620.0，同时，也开发了大量组件，因此，SketchUp 不再只是大致地观看草图效果，它也相应地推出了一系列的渲染工具，可以独立地渲染出效果图，从最初的设计构思发展到独立设计完成品。此外，SketchUp 的数据

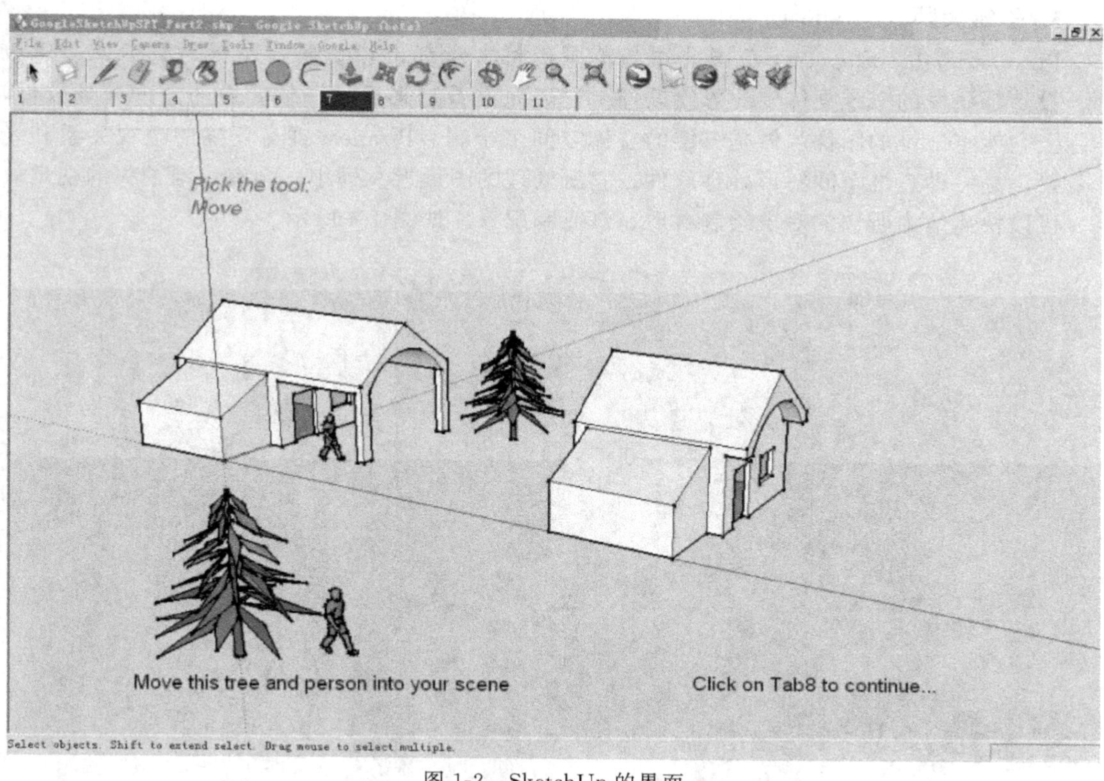

图 1-2　SketchUp 的界面

兼容性较好，使得它所创建的模型可以适用于其他软件，如 AutoCAD、3ds Max 和 Lightscape 等。也就是说我们可以在 SketchUp 中创建模型，然后利用其他软件完成剩余的工作，如赋予材质、布置灯光、渲染输出等。

图 1-3 为使用绘制的园林景观效果。

图 1-3　SketchUp 绘图

5. 彩绘大师（Piranesi）

Piranesi 是由 Informatix 英国公司与英国剑桥大学都市建筑研究所针对艺术家、建筑师、设计师研发的三维立体专业彩绘软件。它表面上看起来像是一款普通的图形处理软件，实际上它能将二维的图像当做是三维的立体空间来绘制。Piranesi 拥有正确的透视关系和光影效果，是一种三维空间图形处理软件。它所处理的图形近大远小，会有逐渐消失的视觉效果。可以快速地为所选的对象绘制材质、灯光和配景。如图 1-4 所示。

图 1-4　Piranesi 绘图

Piranesi 不同于传统的计算机图像处理软件，它可以产生写意的效果，表现出纸张及画布的质感，展现出类似于素描、水彩、油画或版画的效果。

Piranesi 的文档格式比较特殊——Epix（Extended Pixel File）文档格式。任何 3D 软件所创建的三维模型只要保存为 3D DXF 文件，就可以经 Piranesi 转换成 Epix 文件格式，然后进一步地加工润色。Piranesi 常与 SketchUp 配合使用，设计师使用 SketchUp 在短时间内创作出草图的模型，再通过 Piranesi 进一步绘制，最后形成手绘风格的作品。

第二节　AutoCAD 2014 操作基础

一、AutoCAD 2014 操作界面

AutoCAD 的操作界面是 AutoCAD 显示、编辑图形的区域，如图 1-5 所示，这个界面是 AutoCAD 2014 的新界面风格，包括标题栏、绘图区、菜单栏、显示面板、工具栏、十字光标、坐标系图标、命令行窗口、状态栏、布局标签和滚动条等。

1. 标题栏

标题栏位于 AutoCAD 绘图窗口最上端。在标题栏中，显示了系统当前正在运行的应用程序和用户正在使用的图形文件，用户第一次启动 CAD 时，在 AutoCAD 2014 绘图窗口的标题栏中，将显示 AutoCAD 2014 启动时创建并打开的图形文件名称“Drawing1. dwg”。

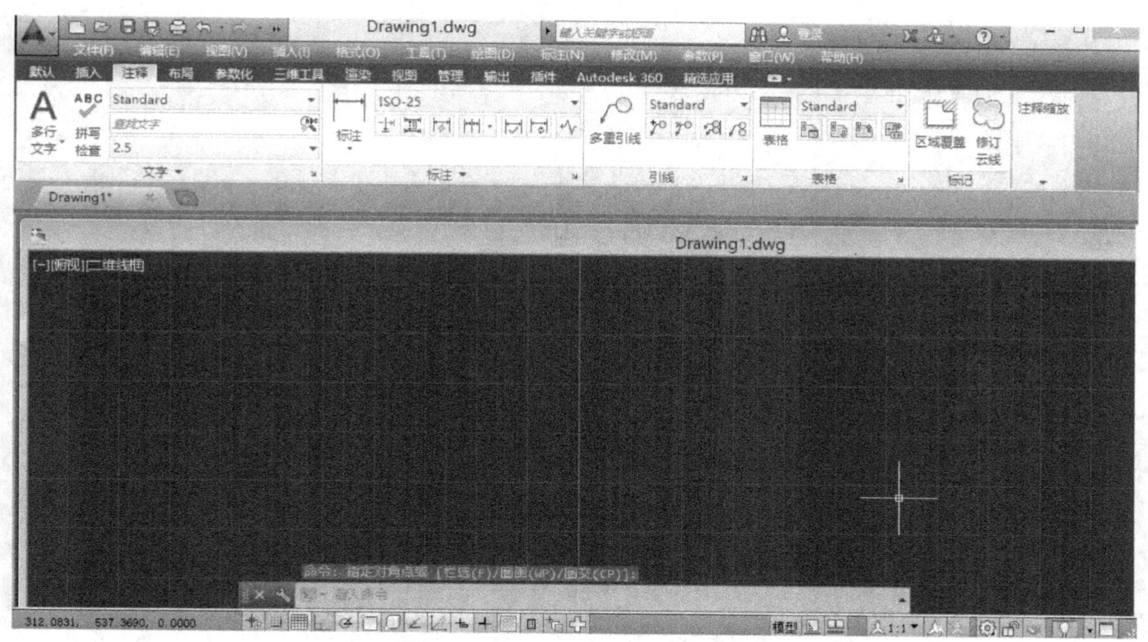

图 1-5　AutoCAD 2014 工作界面

2. 菜单栏

菜单栏位于 AutoCAD 绘图窗口标题栏下方，与其他 Windows 程序一样，AutoCAD 的菜单也是下拉形式的，并在菜单中包含子菜单，AutoCAD 菜单中包含了“文件”“编辑”“视图”“插入”“格式”“工具”“绘图”“标注”“修改”“参数”“窗口”和“帮助”12 个菜单，几乎包含了 AutoCAD 的所有绘图命令。

AutoCAD 2014 下拉菜单中通常有以下 3 种命令。

（1）带有子菜单的菜单命令　这种带有小三角形的菜单后面带有子菜单。例如，选择菜单栏中的“绘图”菜单，指向其下拉菜单中“圆弧”命令，屏幕上就会弹出“圆弧”子菜单中所包含的命令，如图 1-6 所示。

（2）打开对话框的菜单命令　这种类型的命令后面带有省略号。例如，选择菜单中的“格式”菜单，选择其下拉菜单中的“文字样式（S）…”命令，如图 1-7 所示，单击后系统会弹出对应的“文字样式”对话框，如图 1-8 所示。

（3）直接操作的菜单命令　这种类型的命令将直接进行相应的绘图或其他操作。例如，选择“视图”菜单中的“重画”命令，系统将直接对屏幕图形进行重生成，如图 1-9 所示。

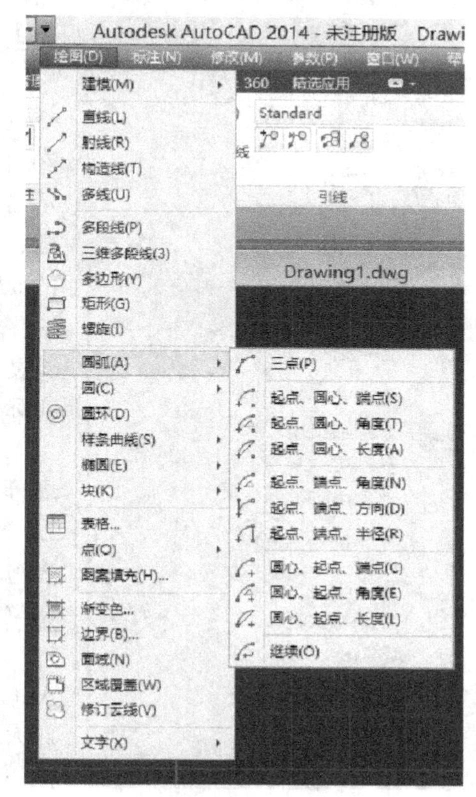

图 1-6　带有子菜单的菜单命令

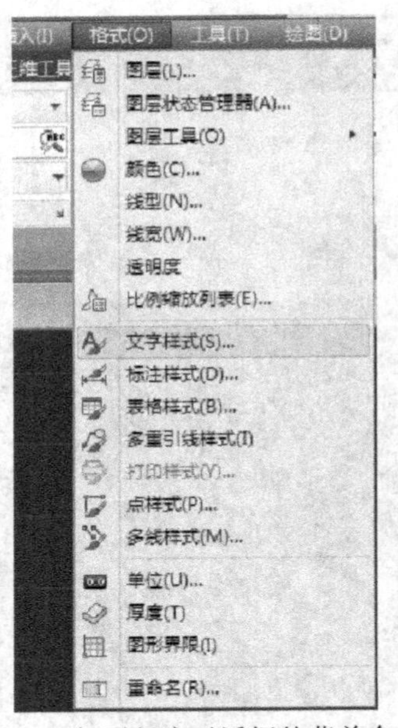

图 1-7　打开相应对话框的菜单命令

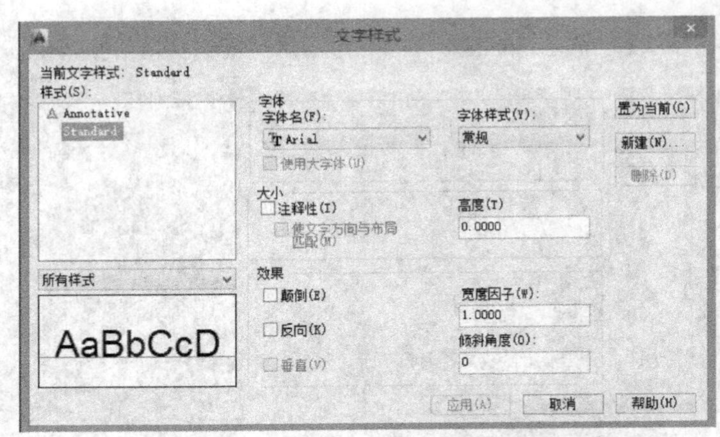

图 1-8　“文字样式”对话框

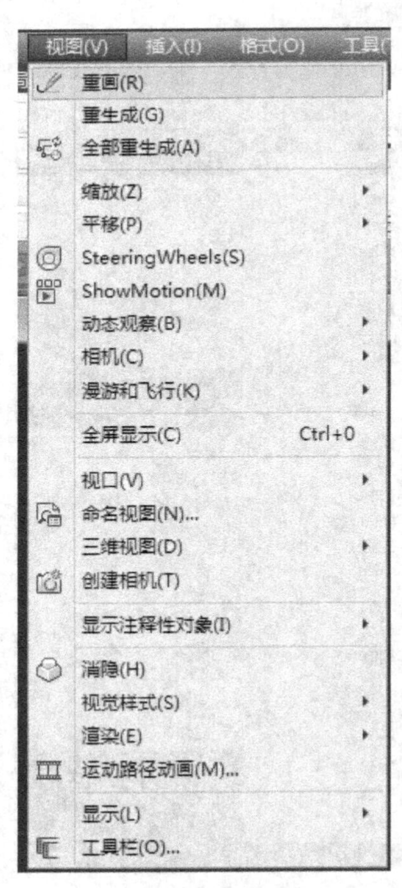

图 1-9　直接执行菜单命令

3. 绘图区

绘图区标题栏下方的大片空白区域称为绘图区，绘图区主要是图形绘制和编制区域，用户绘制一幅设计图的主要工作都是在绘图区域中完成的。

在绘图区中，还有一个作用类似光标的十字线，其交点反映了光标在当前坐标系中的位置。在 AutoCAD 2014 中，将该十字线称为光标，AutoCAD 通过光标显示当前点的位置。十字光标方向与当前用户坐标系的 X 轴、Y 轴方向平行，十字线的长度系统预设为屏幕大小的 5%，如图 1-10 所示。

(1) 修改图形窗口中十字光标的大小　十字光标的长度系统预设为屏幕大小的 5%，用户可以根据绘图的实际需要更改其大小。其方法如下：

在绘图窗口中选择“工具”菜单中的“选项”命令。屏幕上将弹出“选项”对话框，打开“显示”选项卡，在“十字光标大小”区域的文本框中直接输入数值，或者拖动文本框后的滑块，即可以对十字光标的大小进行调整，如图 1-10 所示。

(2) 修改绘图窗口的颜色　在默认情况下，AutoCAD 2014 的绘图窗口是黑色背景、白色线条，因此大多数用户都需要修改绘图窗口颜色，以符合自己的操作习惯。

绘图窗口颜色的修改步骤如下。

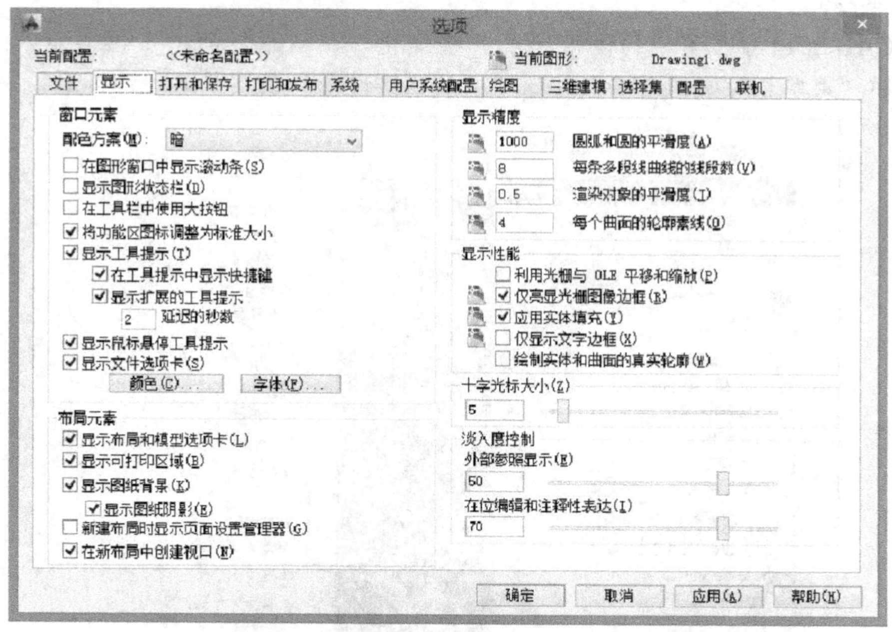

图 1-10 “选项”对话框中的“显示”选项卡

① 在图 1-10 的选项卡中单击“窗口元素”区域中的“颜色”按钮，将打开如图 1-11 所示的“图形窗口颜色”对话框。

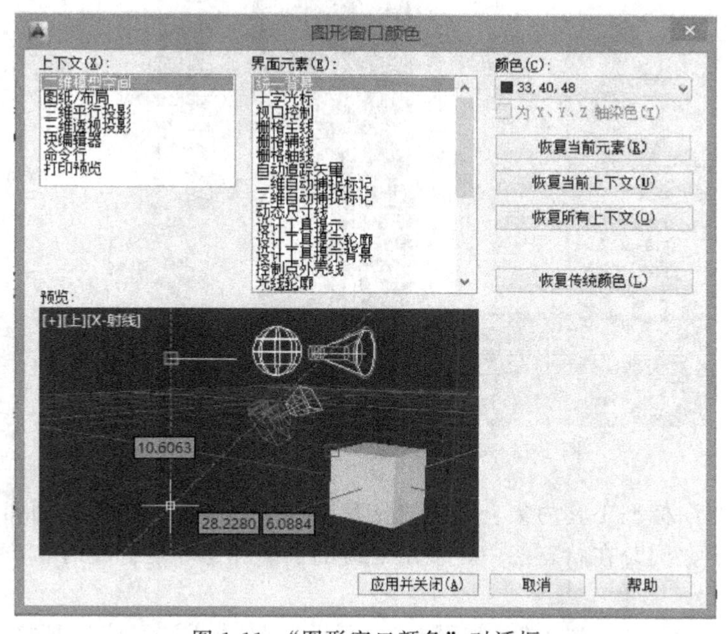

图 1-11 “图形窗口颜色”对话框

② 单击“图形窗口颜色”对话框中“颜色”字样下边的下拉箭头，在弹出的下拉列表中，选择需要的窗口颜色，然后单击“应用并关闭”按钮，此时 AutoCAD 2014 的绘图窗口变成了所选窗口背景色，通常按视觉习惯选择白色为窗口颜色。

4. 工具栏

AutoCAD 2014 中工具栏的使用有了一些变化，在初始界面中不再显示“工具栏”，用户需要在“菜单栏”中选择“工具”→“工具栏”命令，在其菜单中选择所需用的工具，如图 1-12 所示。

图 1-12　从“菜单栏”中选择的工具命令

工具栏是一组图标型工具的集合，把光标移动到某个图标，稍停片刻即在该图标一侧显示相应的工具提示，同时在状态栏中，显示对应的说明和命令名。此时，单击图标也可以启动相应命令。

工具栏可以在绘图区“浮动”，如图 1-13 所示，此时可关闭该工具栏；也可用鼠标将“浮动”工具栏拖动到绘图区边界，使它变为“固定”工具栏，此时不可直接关闭该工具栏。也可以把“固定”工具栏拖出，使它成为“浮动”工具栏。

有些图标的右边带有一个小三角，按住鼠标左键，将光标移动到某一图标上然后松手，该图标就成为当前图标。单击当前图标，即可执行相应的命令，如图 1-14 所示。

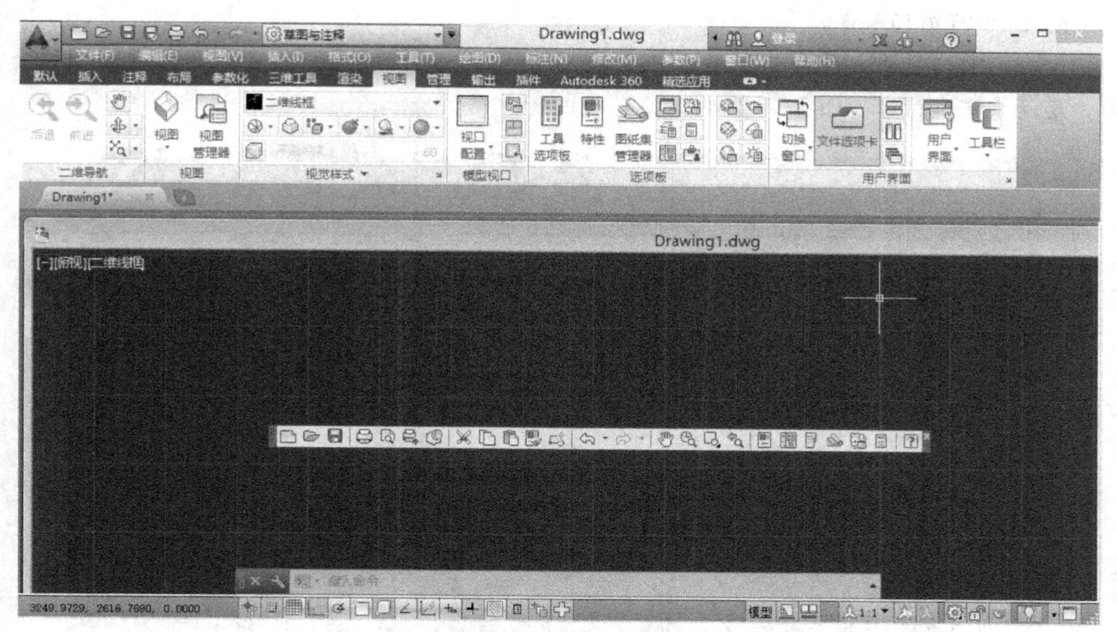

图 1-13 “浮动”工具栏

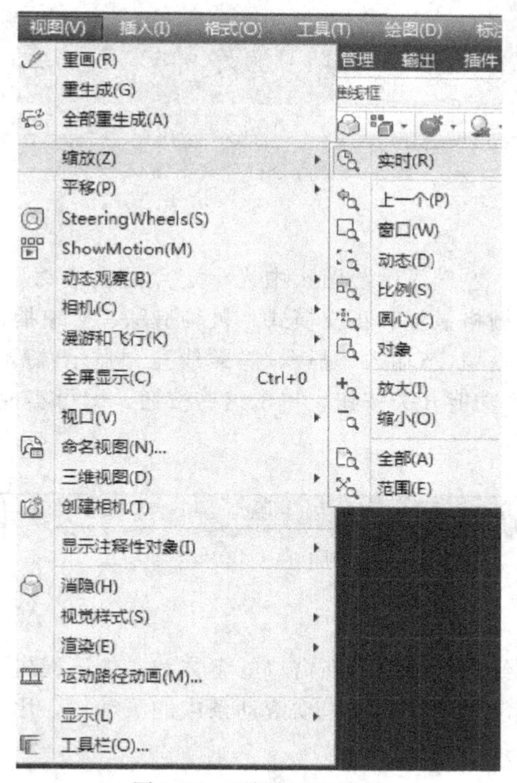

图 1-14 “缩放”工具栏

5. 坐标系图标

绘图区左下角的箭头指向图标称之为坐标系图标，表示用户绘图时正使用的坐标系。

6. 命令行窗口

命令行窗口是输入命令名和显示命令提示的区域，默认的命令行窗口布置在绘图区下方，是若干文本行，如图 1-15 所示。

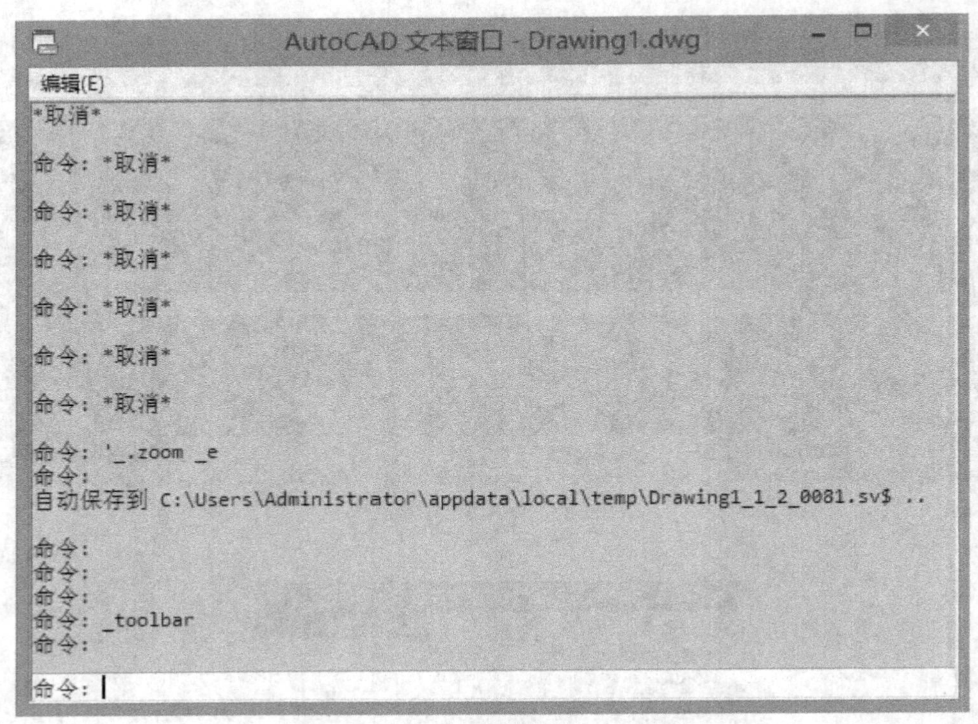

图 1-15　命令行“文本窗口”

7. 状态栏

状态栏在屏幕的底部，左端显示绘图区中光标定点的坐标 X、Y、Z，从左到右侧依次有推断约束、捕捉模式、栅格显示、正文模式、极轴追踪、对象捕捉、三维对象捕捉、对象捕捉追踪、允许/禁止状态、状态输入、显示/隐藏线宽、显示/隐藏透明度、快捷特性、选择循环和注释监视器 15 个功能开关按钮，单击这些按钮，即可实现这些功能的打开或关闭。如图 1-16 所示。

图 1-16　状态栏

8. 滚动条

在 AutoCAD 2014 的绘图窗口中，在窗口的下方和右侧还提供了用来浏览图形的水平和竖直方向的滚动条。在滚动条中单击或拖动滚动条中的滚动块，用户可以在绘图窗口中按水平或竖直两个方向浏览图形。

9. 布局标签

AutoCAD 2014 系统默认设定一个模型空间布局标签和两个图纸空间布局标签“布局 1”和“布局 2”。

（1）布局 布局是系统为绘图设置的一种环境，包括图纸大小、尺寸单位、角度设定、数值精确度等，在系统预设的 3 个标签中，这些环境变量都按默认设置。用户根据实际需要改变这些变量的值。

（2）模型 AutoCAD 2014 的空间分模型空间和图纸空间。模型空间是用户通常绘图的环境，而在图纸空间中，用户可以创建称为“浮动视口”的区域，以不同视图显示所绘图形。用户可以在图纸空间中调整浮动视口并决定所包含视图的缩放比例。如果选择图纸空间，则可打印多个视图，用户可以打印任意布局的视图。

AutoCAD 2014 系统默认打开模型空间，用户可以通过单击选择需要的布局。

10. 状态托盘

状态托盘包括一些常见的显示工具和注释工具以及模型空间与布局空间转换工具，如图 1-17 所示，通过这些按钮可以控制图形或绘图区的状态。从左到右依次是模型或图纸空间、快速查看布局、快速查看图形、注释比例、注释可见性注释比例更改时自动将比例添加至注释性对象、切换工作空间、工具栏/窗口位置未锁定、硬件加速开、隔离对象、全屏显示。

图 1-17 状态托盘工具

二、AutoCAD 执行命令的方式

为保证提高工作效率，应准确和快速地调用相关命令，AutoCAD 提供了多种执行命令的方式以供用户选择，对于初学者而言，可以使用菜单和工具栏方式，如果想快速地操作 AutoCAD，必须熟练掌握命令行输入方式。

1. 使用鼠标操作执行命令

使用鼠标操作时，可以在菜单栏和工具栏中进行命令的调用，也可以使用鼠标确定或重复调用命令。

菜单栏调用命令方式是通过选择菜单栏中的下拉菜单命令，或者快捷菜单中的相应命令来调用所需命令。例如，在绘制直线时，可以选择“绘图”→“直线”菜单命令。

工具栏调用命令方式是指在工具栏中，单击所需调用命令相应的按钮，再按照命令提示行中的提示进行操作，与菜单调用命令方式完全相同。

在需要确认命令时，单击鼠标右键，在弹出的快捷菜单中选择“确认”命令即可。

如果需要重复调用命令，可在绘图区域单击鼠标右键，选择“重复直线”项即可。如果要重复执行以前的命令，可移动鼠标至“最近的输入”项，在级联列表中单击所需的命令。如图 1-18 所示有近期执行的若干命令，并按时间的先后顺序排列。

2. 使用键盘输入命令

键盘输入命令是最常使用的一种绘图方法，是在命令提示行中输入所需的命令，再根据提示完成对图形的操作。

例如，绘制正六边形，可以在命令行输入“POL”，按 Enter 键确认，再根据命令行提示进行操作即可，如图 1-19 所示。

在命令行的提示“输入选项［内接于圆(I)/外切于圆(C)]＜Ｉ＞”中，以“/”分割开

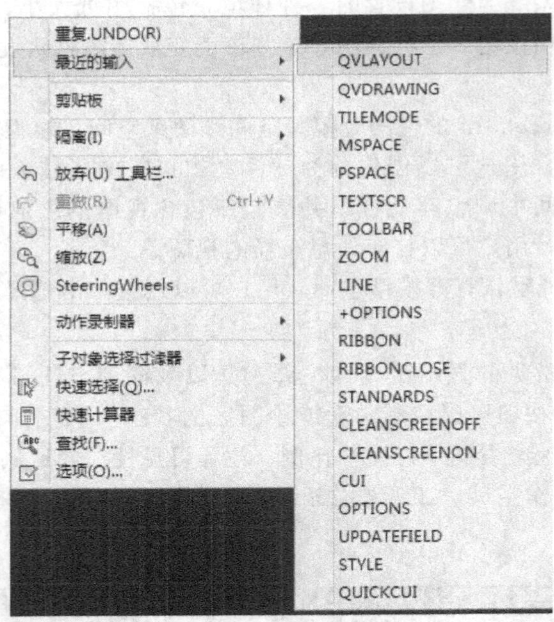

图 1-18　快捷菜单

```
命令: _.undo 当前设置: 自动 = 开, 控制 = 全部, 合并 = 是, 图层 = 是
输入要放弃的操作数目或 [自动(A)/控制(C)/开始(BE)/结束(E)/标记(M)/后退(B)] <1>: 1 TILEMODE 正在重生成模型。
命令: 指定对角点或 [栏选(F)/圈围(WP)/圈交(CP)]:
命令:
自动保存到 C:\Users\Administrator\appdata\local\temp\Drawing1_1_2_0081.sv$ ...
命令:
命令: 指定对角点或 [栏选(F)/圈围(WP)/圈交(CP)]:
命令: 指定对角点或 [栏选(F)/圈围(WP)/圈交(CP)]:
命令: 指定对角点或 [栏选(F)/圈围(WP)/圈交(CP)]:
命令: 指定对角点或 [栏选(F)/圈围(WP)/圈交(CP)]: *取消*
命令: 指定对角点或 [栏选(F)/圈围(WP)/圈交(CP)]: *取消*
命令: *取消*
命令: *取消*
命令: *取消*
命令: *取消*
命令: 指定对角点或 [栏选(F)/圈围(WP)/圈交(CP)]:
命令: *取消*
命令: *取消*
命令: *取消*
```

图 1-19　命令行输入命令

的内容，表示在此命令下的各个选项。如果需要选择，可以输入某项括号中的字母，如“C”表示外切于圆，再按 Enter 键确认。所输入的字母不分大小写。

执行命令时，如“<4>”“<Ⅰ>”等提示尖括号中的为默认值，表示上次绘制图形使用的值。可以直接按 Enter 键采用默认值，也可以输入需要的新数值再次按 Enter 键确认。

3. 撤销操作

在完成了某一项操作以后，如果希望将该步操作取消，就可以使用撤销命令。在命令行输入“UNDO”，或者其简写形式“U”后回车，可以撤销刚刚执行的操作。另外，单击“标准”工具栏的“放弃”工具按钮，也可以启动 UNDO 命令。如果单击该工具按钮右侧下拉箭头，还可以选择撤销的步骤。

4. 终止命令执行

撤销操作是在命令结束之后进行的操作，如果在命令执行过程当中需要终止该命令的执行，按键盘左上角的Esc键即可。

三、设置绘图环境

可以根据用户自身的需要，对AutoCAD 2014绘图环境进行设置，如设置图形单位、图形界限以及确定出图比例等。

1. 设置绘图单位

启动AutoCAD 2014进入模型空间绘图界面后，首先是设置图形单位。单位是精确绘制图形的依据。一般情况下，建筑制图的单位是“毫米”，由于总平面图图幅尺寸较大，有时也用“米”作单位。

单位设置的步骤如下。

① 选择“格式”→“单位”命令，打开“图形单位”对话框，如图1-20所示。

② 在“图形单位”对话框中设置长度单位与角度单位。我国建筑工程绘图习惯使用十进制，所以在对话框“长度”选项区的“类型”下拉列表中选择“小数”，在“角度”选项区的“类型”下拉列表中选择“十进制度数”。

③ 由于在建筑绘图中一般采用足尺寸作图（即1∶1），所以在“长度”和“角度”两个选项区的“精度”下拉列表中都选择0。

④ 在“图形单位”对话框中，单击“方向”按钮，打开“方向控制”对话框来确定角度的0°方向和正方向，如图1-21所示。一般以正东方向为0°，逆时针方向为正方向。

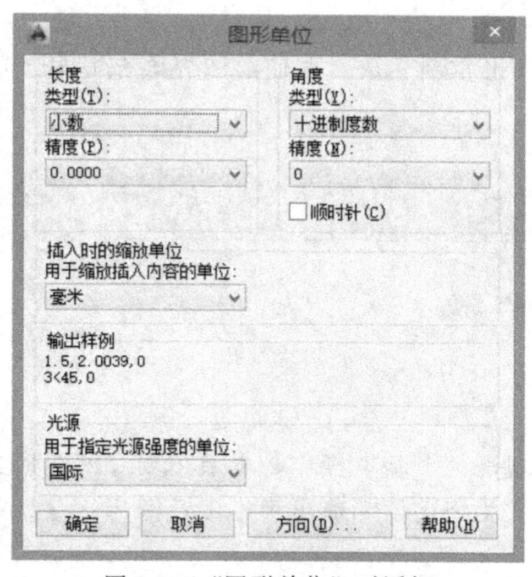

图1-20 “图形单位”对话框

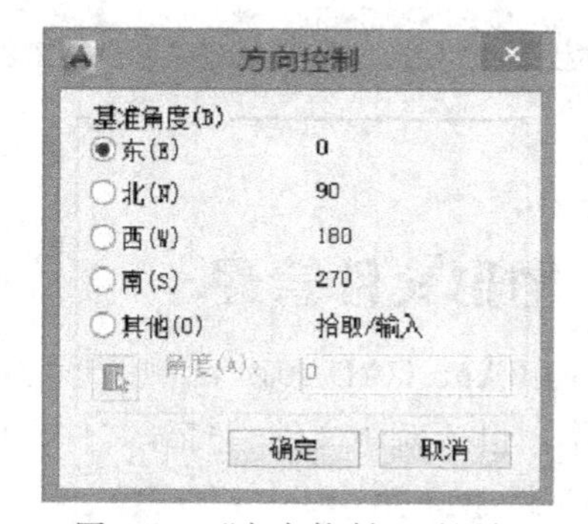

图1-21 “方向控制”对话框

⑤ 单击“确定”按钮退出“图形单位”对话框，即完成单位设置。

2. 设置图形边界

AutoCAD不同于手工绘图的一大优点是可以按1∶1的比例绘图，一般工程图纸规格有A0、A1、A2、A3、A4。如果按1∶1绘图，为使复制按比例绘制在相应图纸上，关键是设置好图形界限。表1-2提供的数据是按1∶50和1∶100出图，图形编辑区按1∶1绘图的图形界限，设计时可根据实际出图比例选用相应的图形界限。

表 1-2　图纸规格和图形编辑区按 1∶1 绘图的图形界限对照表　　单位：mm

图纸规格	A0	A1	A2	A3	A4
实际尺寸	841×1189	594×841	420×594	297×420	210×297
比例 1∶50	42050×59450	29700×42050	21000×29700	14850×21000	10500×14850
比例 1∶100	84100×118900	59400×84100	42000×59400	29700×42000	21000×29700

下面以 A4 图幅为例，介绍图形界限设置方法，具体操作如下：

① 选择“格式”→“图形界限”命令，或在命令行输入“limits”，命令行操作如图 1-22 所示。

```
命令: '_limits
重新设置模型空间界限:
指定左下角点或 [开(ON)/关(OFF)] <0.0000,0.0000>:
指定右上角点 <420.0000,297.0000>:
```

图 1-22　图形界限设置（一）

② 打开界限检查状态，在命令行输入“on”，如图 1-23 所示。

```
命令: '_limits
重新设置模型空间界限:
指定左下角点或 [开(ON)/关(OFF)] <0.0000,0.0000>: on
```

图 1-23　图形界限设置（二）

③ 用 ZOOM 命令（缩放命令）使绘图区图形重新生成，并使绘图界限充满显示区，如图 1-24 所示。

```
命令: ZOOM
指定窗口的角点, 输入比例因子 (nX 或 nXP), 或者
[全部(A)/中心(C)/动态(D)/范围(E)/上一个(P)/比例(S)/窗口(W)/对象(O)] <实时>: a
```

图 1-24　图形界限设置（三）

四、图形文件管理

使用 AutoCAD 2014 绘制图形时，文件管理是一个基本操作，本节主要介绍图形文件管理操作，包括新建文件、打开文件、保存文件、关闭文件和退出程序以及图形修复。

1. 新建文件

在 AutoCAD 2014 中新建文件，常用的方法如下。

① 在“快速访问工具栏”中单击□（新建）按钮。

② 在“菜单栏”中选择“文件”→“新建”菜单命令。

③ 按 Ctrl＋N 键。

④ 在命令输入行中直接输入“New”命令后按下 Enter 键。

⑤ 调出“标准工具栏”，单击其中的□（新建）按钮。

通过使用以上的任意一种方式，系统都会打开如图 1-25 所示的“选择样板”对话框，从其列表中选择一个样板后单击“打开”按钮或直接双击选中的样板，即可建立一个新文件，图 1-26 为新建立的文件“Drawing2. dwg”。

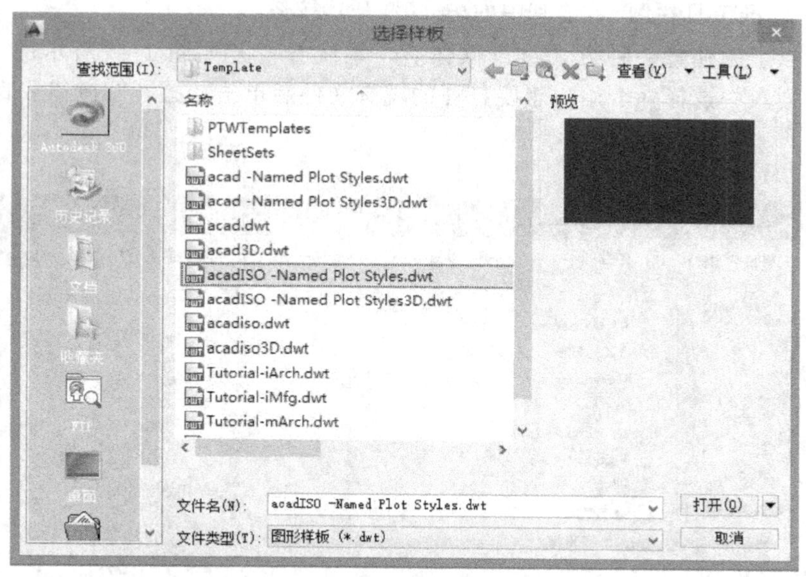

图 1-25 “选择样板”对话框

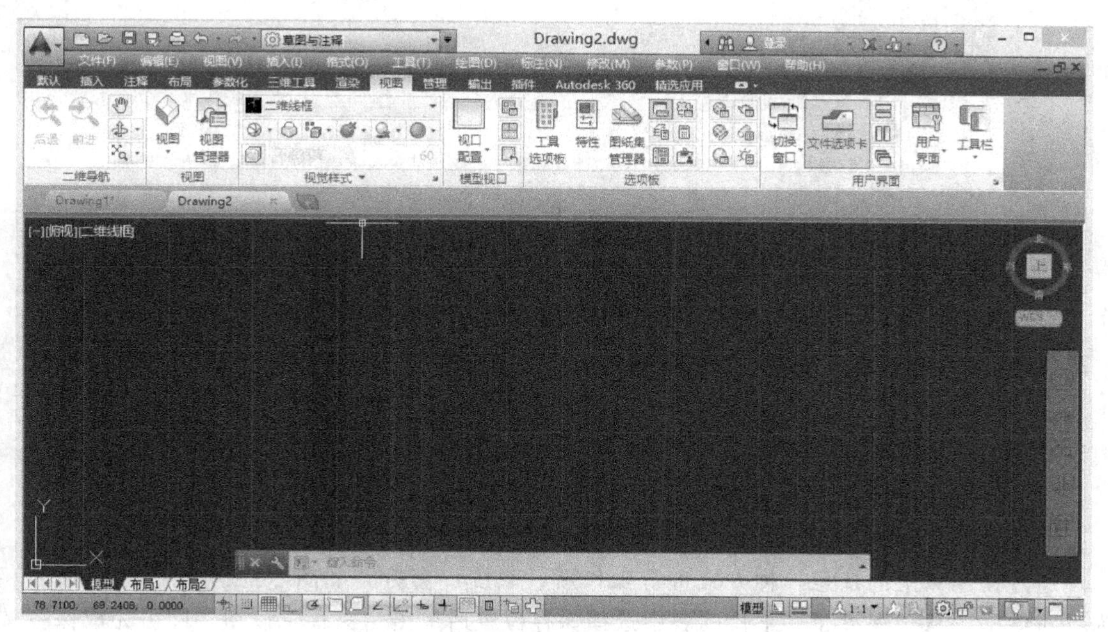

图 1-26 新建文件“Drawing2. dwg”

2. 打开文件

在 AutoCAD 2014 中打开文件，常用的方法如下。

① 单击“快速访问工具栏”中的 （打开）按钮。

② 在“菜单栏”中选择“文件”→“打开”菜单命令。

③ 按 Ctrl+O 键。

④ 在命令输入行中直接输入“Open”命令后按下 Enter 键。

⑤ 调出“标准工具栏”，单击其中的（打开）按钮。

通过使用以上的任意一种方式进行操作后，系统会打开如图 1-27 所示的“选择文件”对话框，从其列表中选择一个用户想要打开的现有文件后单击“打开”按钮或直接双击想要打开的文件。

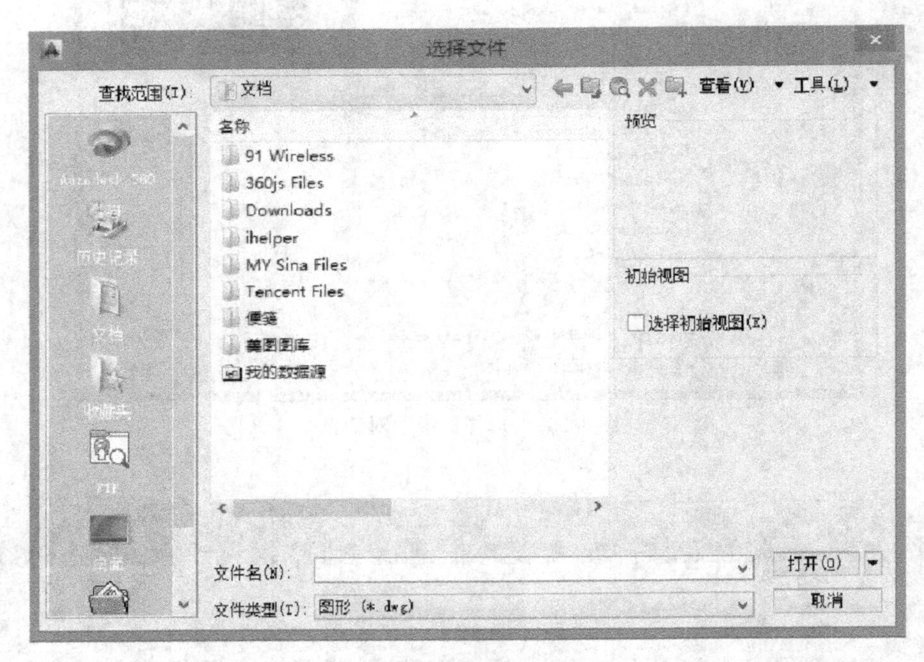

图 1-27 “选择文件”对话框

3. 保存文件

在 AutoCAD 2014 中保存现有文件，常用的方法如下。

① 单击“快速访问工具栏”中的（保存）按钮。

② 在“菜单栏”中选择“文件”→“保存”菜单命令。

③ 在命令输入行中直接输入“Save”命令后按下 Enter 键。

④ 按 Ctrl+S 键。

⑤ 调出“标准工具栏”，单击其中的（保存）按钮。

通过使用以上的任意一种方式进行操作后，系统都会打开如图 1-28 所示的“图形另存为”对话框，从“保存于”下拉列表中选择保存位置后单击“保存”按钮，即可完成保存文件的操作。

AutoCAD 中图形文件后缀除“dwg”外，还使用了以下一些文件类型，其后缀分别对应为：图形标准“dws”，图形样板“dwt”“dxf”等。

4. 文件关闭

在 AutoCAD 2014 中关闭图形文件，有以下几种方法。

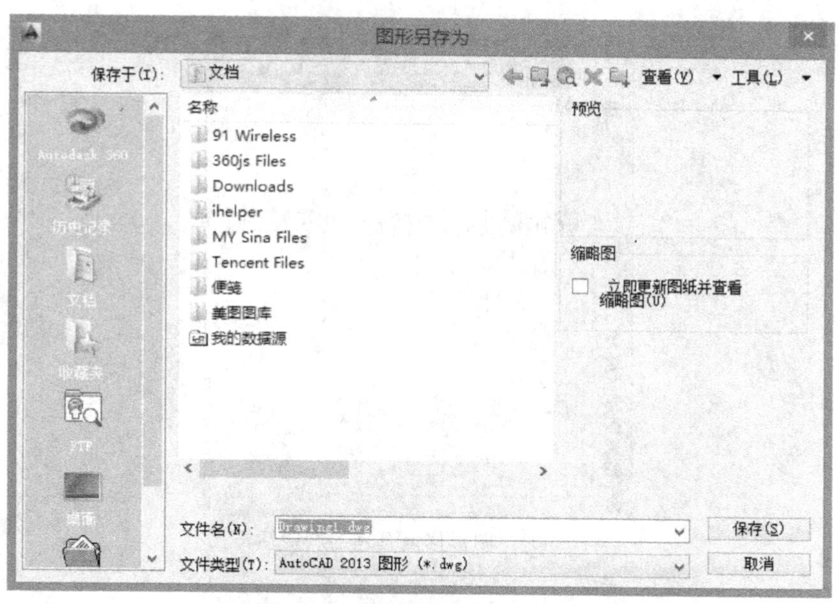

图 1-28 “图形另存为”对话框

① 单击工作窗口右上角的 ×（关闭）按钮。

② 在“菜单栏”中选择“文件”→“关闭”菜单命令。

③ 按 Ctrl+C 键。

④ 在命令输入行中直接输入“Close”命令后按下 Enter 键。

5. 文件退出

退出 AutoCAD 2014 有以下几种方法：

① 选择“文件”→“退出”菜单命令。

② 按 Ctrl+Q 键。

③ 单击 AutoCAD 2014 系统窗口右上角的 ×（关闭）按钮。

④ 在命令输入行中直接输入“Quit”命令后按下 Enter 键。

执行以上任意一种操作后，都会退出 AutoCAD 2014，若当前文件未保存，则系统会自动弹出如图 1-29 所示的提示。

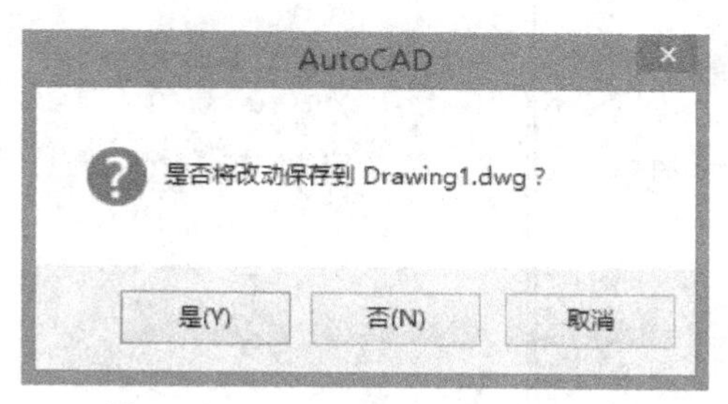

图 1-29 AutoCAD 2014 退出提示

6. 图形修复

选择菜单栏中的“文件”→“图形实用工具”→“图形修复管理器”命令系统弹出“图形修复管理器”对话框，如图 1-30 所示，展开“备份文件”列表中的文件，可以对其重新保存，从而进行修复。

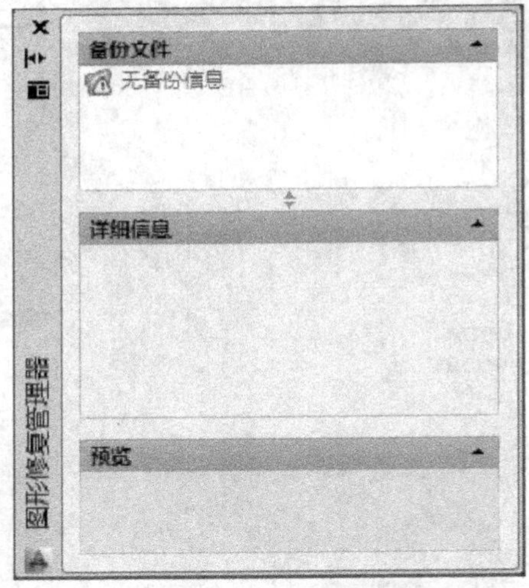

图 1-30 “图形修复管理器”对话框

五、图层设置

图层是用户组织和管理图形的强有力的工具，在中文版 AutoCAD 2014 中，所有图形对象都具有图层、颜色、线型和线宽这 4 个基本属性。用户可用不同的图层、颜色、线型和线宽绘制不同对象和元素，以便于对象显示和编辑，从而提高绘制复杂图形的效率和准确性。

（一）建立新图层

1. 创建图层

新建的 AutoCAD 图形文件中只能自动创建一个名为“0”的特殊图层。默认情况下，图层 0 将被指定使用“7 号”颜色、“Continuous”线型、“默认”线宽以及“Color _ 7”打印样式。图层 0 不能被删除或重命名。通过创建新的图层，可以将类型相似的对象指定给同一个图层使其相关联。

图层的新建和管理工作可以在“图层特性管理器”对话框中进行。单击“格式”→“图层”命令，即可打开“图层特性管理器”对话框，如图 1-31 所示。

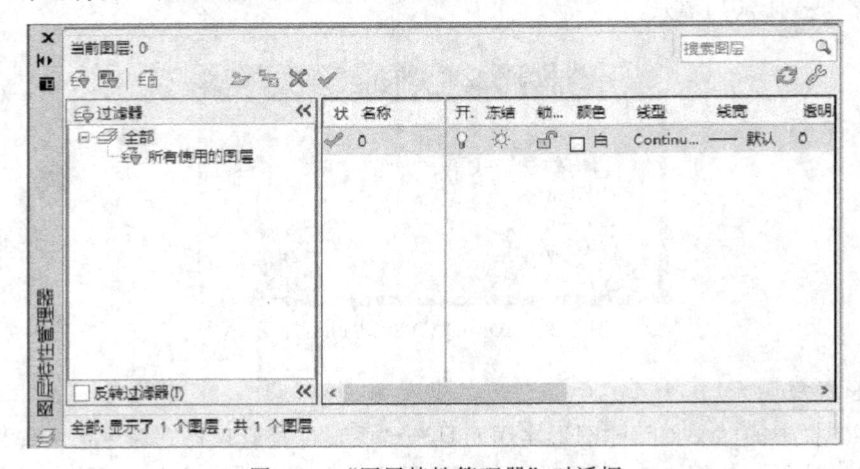

图 1-31 “图层特性管理器”对话框

单击对话框中的“新建图层”按钮，即可建立新图层，默认的图层名为“图层1”，如图 1-32 所示，单击该图层名，输入新的图层名称并按 Enter 键，即可得到新的图层名。

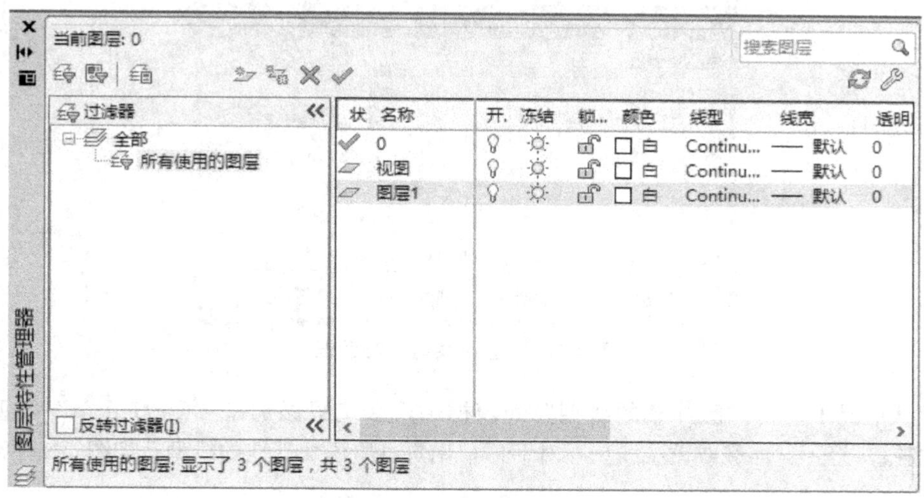

图 1-32 新建图层

2. 设置图层线条颜色

在工程制图中，整个图形包含多种不同功能的图形对象，为了便于直观区分它们，就有必要针对不同的图形对象使用不同的颜色，如实体层使用蓝色，剖面线层使用白色等。

要改变图层的颜色，单击图层所对应的颜色图标，弹出“选择颜色”对话框，如图 1-33 所示。它是一个标准的颜色设置对话框，可以使用“索引颜色”、“真彩色”和“配色系统”3 个选项卡来选择颜色。系统显示 RGB 配比，即 Red（红）、Green（绿）和 Blue（蓝）3 种颜色。

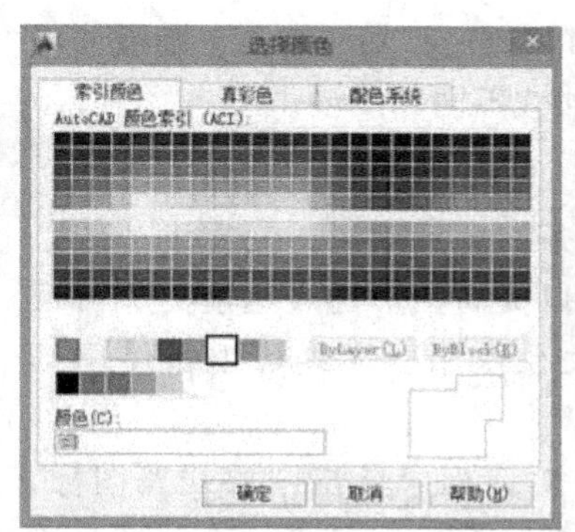

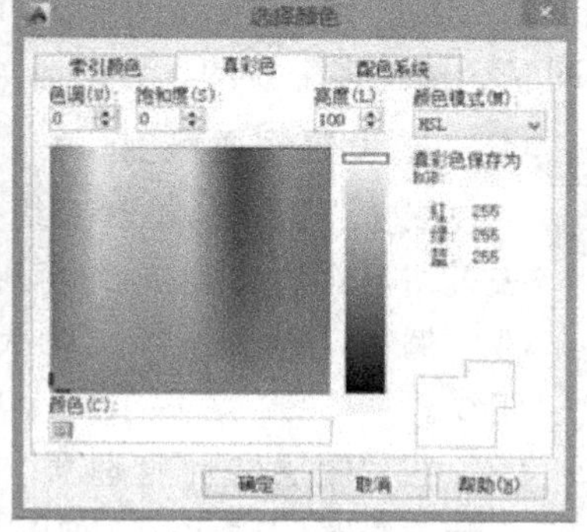

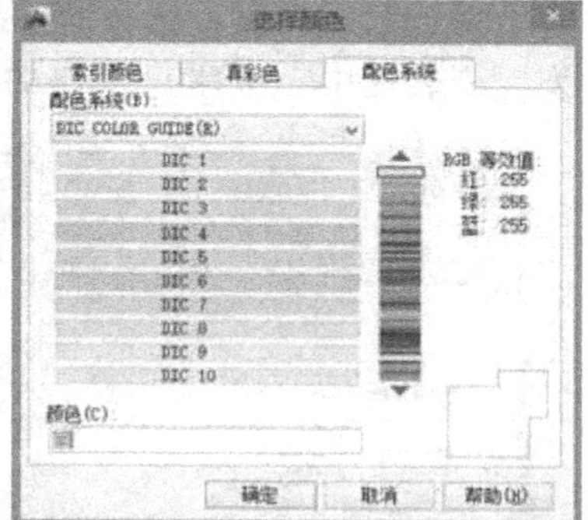

图 1-33 “选择颜色”对话框

3. 设置图层线型

线型是指图形基本元素线条的组成和显示方式，如实线、虚线等。在 AutoCAD 中既有简单线型又有由一些特殊符号组成的复杂线型。在园林制图规范中，对不同的对象使用的线型做出了明确的规定，在实际工作中，应严格按照相关规定进行绘制。

单击“图层特性管理器”对话框图层线型图标，在弹出的“选择线型”对话框即可选择所需的线型，如图 1-34 所示。

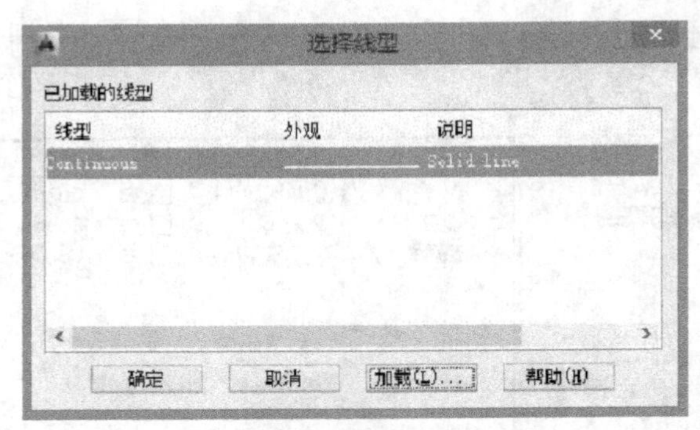

图 1-34 “选择线型”对话框

在默认情况下，在“已加载的线型”列表框中，系统只添加了“Continuous”线型。单击“加载”按钮，打开“加载或重载线型”对话框，用户可以添加其他的线型，如图 1-35 所示。

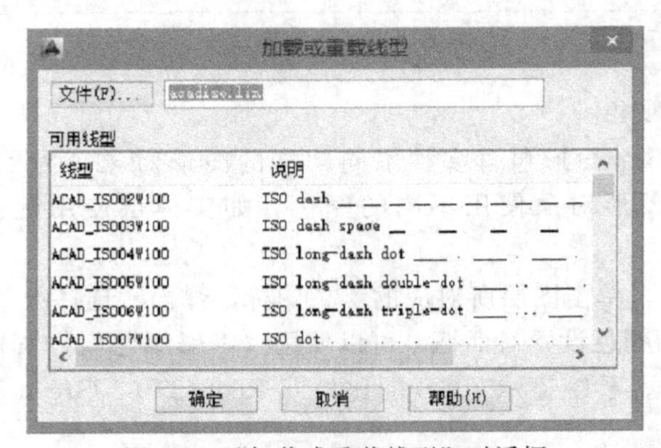

图 1-35 “加载或重载线型”对话框

单击鼠标左键，选择所需线型，单击“确定”按钮，即可把该线型加载到“已加载的线型”列表框中。按住 Ctrl 键的同时，选择多个线型，可同时加载不同的线型。

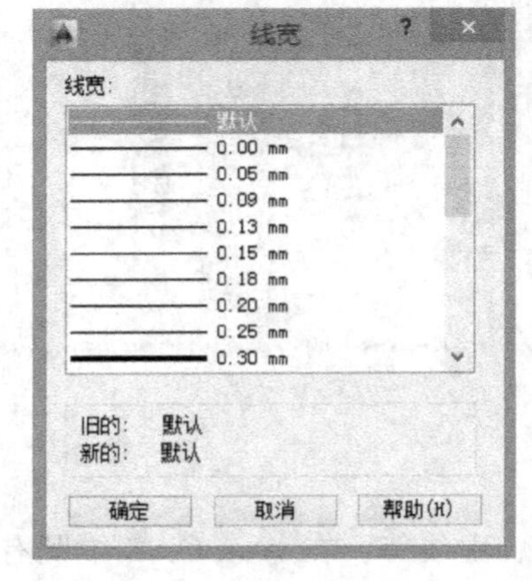

图 1-36 “线宽”对话框

4. 设置图层线宽

线宽设置指的是改变线条的宽度，用不同宽度的线条表现图形对象的类型，也可以提高图形的表达能力和可读性，例如，绘制外螺纹时大径使用粗实线，小径使用细实线。

在“图层特性管理器”对话框中单击图层线宽图标，打开“线宽”对话框，如图 1-36 所示。选择一个线宽，单击“确定”按钮完成对图层线宽的设置。

同理，在设置线宽时，也可以采用其他的途径。

① 在“视图”选项卡的“选项板”面板中单击“特性”按钮，打开“特性”选项板，在“常规”选项组的

“线宽”列表中选择线的宽度。

② 也可以在“特性”面板的“选择线宽” 下拉列表中选择。

“ByLayer（随层）”：逻辑线宽，表示对象与其所在图层的线宽保持一致。

“ByBlock（随块）”：逻辑线宽，表示对象与其所在块的线宽保持一致。

“默认”：创建新图层时的默认线宽设置，其默认值为0.25mm（0.01″）。

（二）图形状态和特性

图层设置包括图层状态和图层特性。在“图层特性管理器”对话框列表中显示了图层和图层过滤器状态及特性和说明。用户可以通过单击状态和特性图标来设置或修改图层状态和特性。

①“状态”列：双击其图标，可改变图层的使用状态。图标表示该图层正在使用，图标表示该图标未被使用。

②“名称”列：显示图层名。可以选择图层名后单击并输入新图层名。

③“开”列：确定图层打开还是关闭。若图层被打开，该层上的图形可以在绘图区显示或在绘图区中绘出。被关闭的图层仍然是图的一部分，但关闭图层上的图形不显示，也不能通过绘图区绘制出来。用户可根据需要，打开或关闭图层。

图标表示图层是打开的，图标表示图层是关闭的。

④“冻结”列：在所有视口中冻结选定的图层。冻结图层可以加快ZOOM、PAN和许多其他操作的运行速度，增强对象选择的性能并减少复杂图形的重生成时间。AutoCAD不显示、打印、隐藏、渲染或重生成冻结图层上的对象。

⑤“打印样式”列：修改与选定图层相关联的打印样式。若正在使用颜色相关打印样式（PSTYLEPOLICY系统变量设为1），则不能修改与图层关联的打印样式。单击任意打印样式均可以显示“选择打印样式”对话框。

⑥“打印”列：控制是否打印选定的图层。即使关闭了图层的打印，该图层上的对象仍会显示出来。关闭图层打印只对图形中的可见图层（图层是打开的并且是解冻的）有效。若图层设为打印但该图层在当前图形中是冻结的或关闭的，则AutoCAD不打印该图层。若图层包含了参照信息，则关闭该图层的打印可能有益。

⑦“新视口冻结”列：冻结或解冻新创建视口中的图层。

⑧“说明”列：为所选图层或过滤器添加说明，或修改说明中的文字。过滤器的说明将添加到该过滤器及其中的所有图层。

（三）图层管理

图层管理包括图层的创建、图层过滤器的命名，图层保存、恢复等。

1. 命名图层过滤器

在绘制一个图形时，可能需要创建多个图层，当只需列出部分图层时，通过“图层特性管理器”对话框的过滤图层设置，可以按一定的条件对图层进行过滤，最终只列出满足要求的部分图层。

在过滤图层时，为了更加方便地选择或消除具有特定名称或特性的图层，可依据图层名称、颜色、线型、线宽、打印样式或图层的可见性等条件过滤图层。

单击“图层特性管理器”对话框中的“新建特性过滤器”按钮，打开“图层过滤器特性”对话框，如图1-37所示。

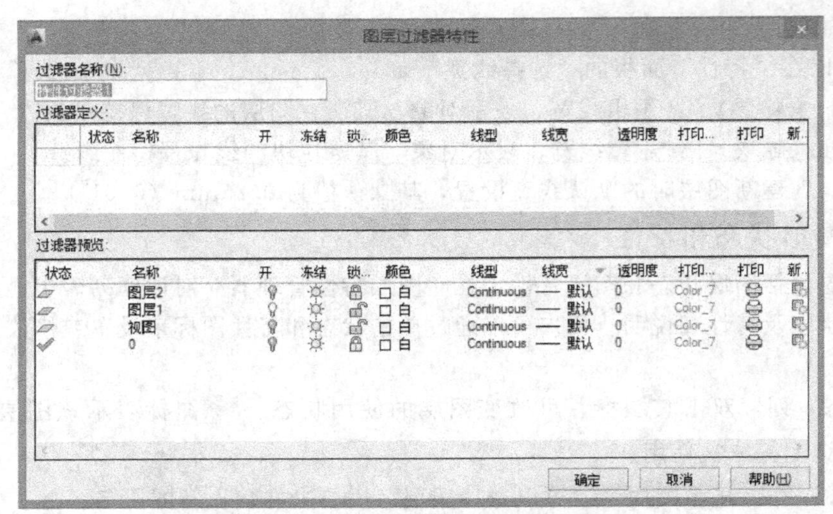

图 1-37 “图层过滤器特性”对话框

在该对话框中可以选择或输入图层状态、特性设置，包括状态、名称、开、冻结、锁定、颜色、线型、线宽、透明度、打印样式、打印、新视口冻结等。

2. 设置当前图层

绘图时，新创建的对象将置于当前图层上。当前图层可以是默认图层（0），也可以是用户自己创建并命名的图层。通过将其他图层置为当前图层，可以从一个图层切换到另一个图层，随后创建的任何对象都与新的当前图层关联并采用其颜色、线型和其他特性。但是不能将冻结的图层或依赖外部参照的图层设置为当前图层。其操作步骤如下。

在“图层特性管理器”对话框中选择图层，单击“置为当前”按钮✓，选定的图层被设置为当前图层。

3. 删除图层

对于不使用的图层，可以通过从“图层特性管理器”对话框中删除图层来从图形中删除不使用的图层，但是只能删除未被参照的图层。

在“图层特性管理器”对话框中选择图层，单击“删除图层”按钮✕，如图 1-38 所示，则选定的图层被删除，效果如图 1-39 所示，继续单击“删除图层”按钮，可以连续删除不

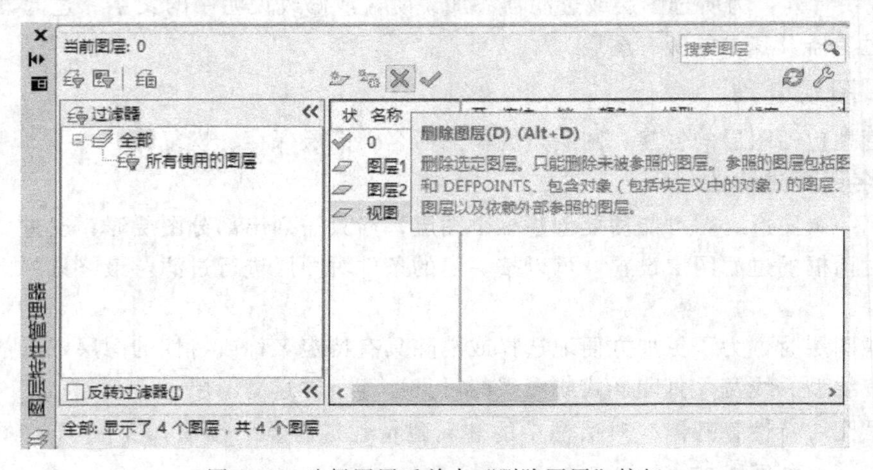

图 1-38 选择图层后单击“删除图层”按钮

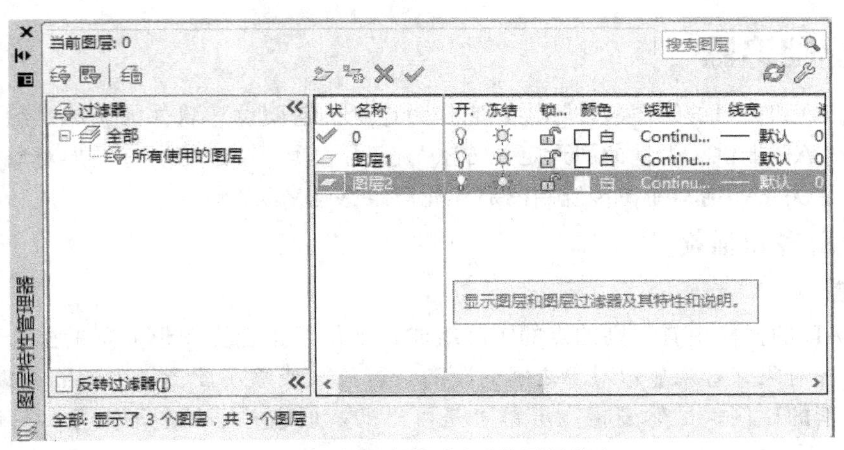

图 1-39　选择删除图层后的图层状态

需要的图层。

4. 保存图层状态

可以通过单击“图层特性管理器”对话框中的“图层状态管理器”按钮，打开“图层状态管理器”对话框，运用“图层状态管理器”来保存、恢复和管理命名图层状态，如图 1-40 所示。

“要保存的新图层状态”对话框，如图 1-41 所示。

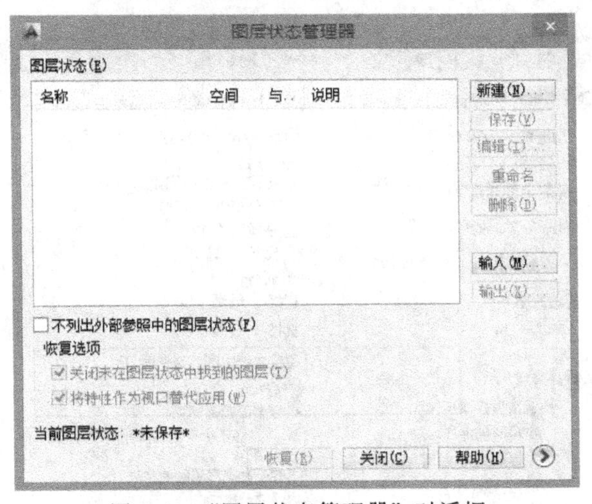

图 1-40　“图层状态管理器”对话框

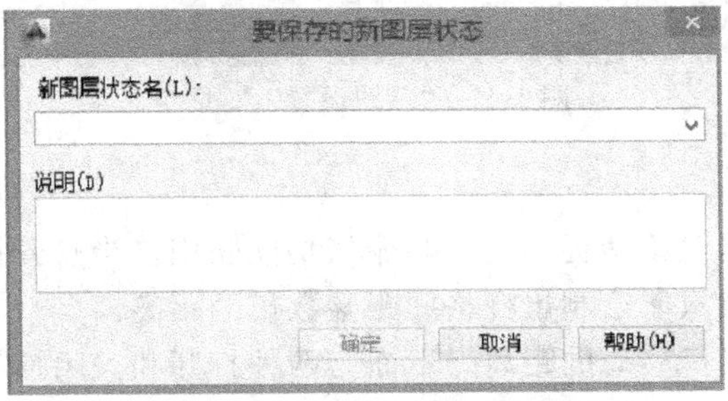

图 1-41　“要保存的新图层状态”对话框

六、捕捉和追踪

AutoCAD 和一般的绘图软件不同，它作为计算机辅助设计软件强调的是绘图的精度和效率。AutoCAD 提供了大量的图形定位方法与辅助工具，绘制的所有图形对象都有其确定的形状和位置关系，绝不能像传统制图那样凭肉眼感觉来绘制图形。

（一）栅格和捕捉

1. 栅格

AutoCAD 的栅格由有规则的点的矩阵组成，延伸至指定为图形界限的整个区域。利用栅格可以对齐对象并直观显示对象之间的距离，若放大或缩小图形，可能需调整栅格间距，使其更适合新的比例。虽然栅格在屏幕上是可见的，但它并不是图形对象，打印时不会被输出。

打开或关闭栅格，可以单击状态栏上的“栅格”按钮或按“F7”键。启用栅格并设置栅格在 X 轴方向和 Y 轴方向上的间距的方法如下。

① 命令行：DSETTINGS（或 DS、SE、DDRMODES）。

② 菜单：选择菜单栏中的“工具”→“草图设置”命令。

③ 快捷菜单：在状态栏中的“栅格”按钮上单击鼠标右键，在弹出的快捷菜单中选择“设置”命令。

执行上述命令后，系统弹出“草图设置”对话框，如图 1-42 所示。

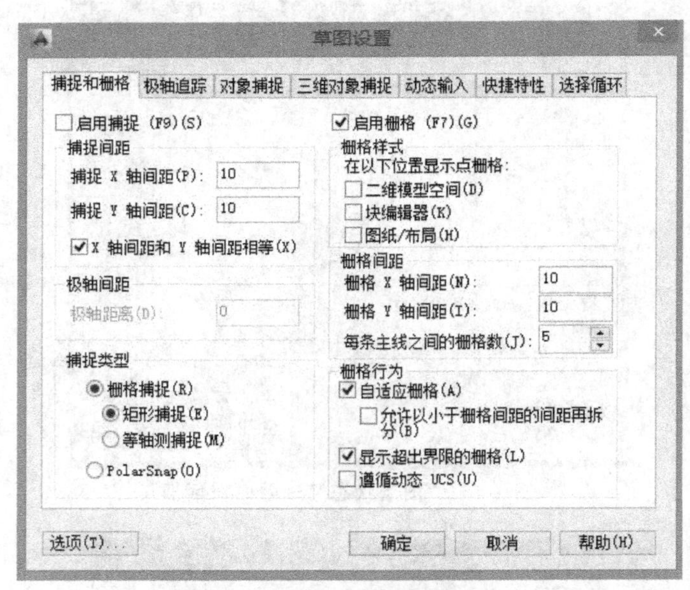

图 1-42 “草图设置”对话框

2. 捕捉

捕捉功能（这里不是对象捕捉）经常和栅格功能联用。当打开捕捉功能时，光标只能停留在栅格点上。这样，就只能绘制出栅格间距整数倍的距离。

捕捉功能可以控制光标移动的距离，下面为两种打开和关闭捕捉功能的常用方法：

① 连续按功能键“F9”，可以在开、关状态间切换。

② 单击状态栏“捕捉”开关按钮。

（二）极轴追踪

创建或修改对象时，按事先给定的角度增量和距离增量来追踪特征点，即捕捉相对于初始点，且满足指定极轴距离和极轴角的目标点即为极轴追踪。

极轴追踪设置主要是设置追踪的距离增量和角度增量，以及与之相关联的捕捉模式。这些设置可以通过“草图设置”对话框的“捕捉和栅格”选项卡与“极轴追踪”选项卡来实现。

1. 设置极轴距离

如图 1-42 所示，在“草图设置”对话框的“捕捉和栅格”选项卡中，可以设置极轴距离，单位为毫米。

2. 设置极轴角度

如图 1-43 所示，在“草图设置”对话框的“极轴追踪”选项卡中，可以设置极轴角增量角度。设置时，可以单击列表框右侧的下拉按钮，在弹出的下拉列表中可选择 90、45、30、22.5、18、15、10 和 5 的极轴角增量，也可以直接输入数值，指定其他任意角度。光标移动时，如果接近极轴角，将显示对齐路径和工具栏提示。

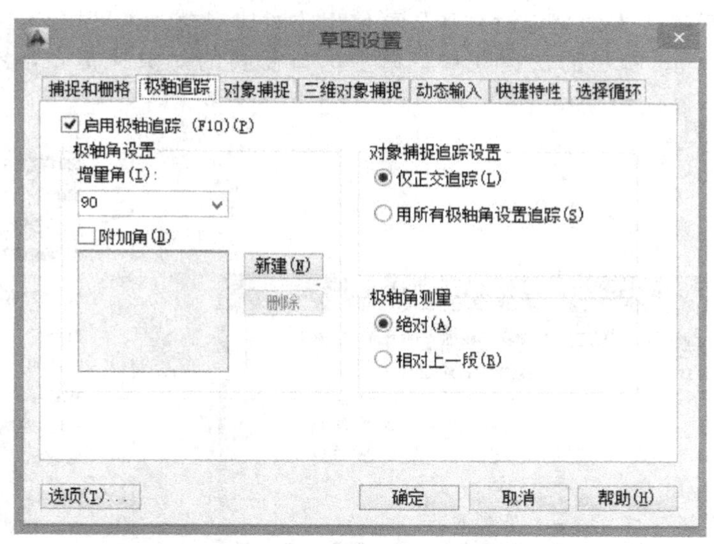

图 1-43 “极轴追踪”选项卡

“附加角”用于设置极轴追踪时是否采用附加角度追踪。选择“附加角”复选框，通过“新建”按钮或者“删除”按钮来增加、删除附加角度值。

3. 对象捕捉追踪设置

用于设置对象捕捉追踪的模式。如果选择“仅正交追踪”单选按钮，则当采用追踪功能时，系统仅在水平和垂直方向上显示追踪数据；如果选择“用所有极轴角设置追踪”单选按钮，则当采用追踪功能时，系统既可以在水平和垂直方向显示追踪数据，还可以在设置的极轴追踪角度与附加角度所确定的一系列方向上显示追踪数据。

4. 极轴角测量

用于设置极轴角的角度测量采用的参考基准，“绝对”是相对水平方向逆时针测量，“相对上一段”则是以上一段对象为基准进行测量。

（三）对象捕捉

在园林绘图的过程中，经常要指定一些对象上已有的点。例如，圆心、中点和两个对象的交点等。AutoCAD 2014 提供了对象捕捉功能，将光标移动到这些特征点附近时，系统能够自动地捕捉到这些点的位置，从而为精确绘图提供了条件。

根据实际需要，打开或关闭对象捕捉有以下两种常用的方法：

① 连续按功能键“F3”，可以在开、关状态间切换。

② 单击状态栏“对象捕捉”开关按钮□。

另外，依次单击“工具”→“草图设置”菜单命令，或输入命令“OSNAP”，打开“草图设置”对话框。单击“对象捕捉”标签，选中或取消“启用对象捕捉”复选框，如图 1-44 所示，也可以打开或关闭对象捕捉。

AutoCAD 提供了自动捕捉和临时捕捉两种对象捕捉模式。自动捕捉模式要求使用者先在如图 1-44 所示对话框中设置好需要的对象捕捉点，以后当光标移动到这些对象捕捉点附近时，系统就会自动捕捉到这些点。而临时捕捉是一种一次性的捕捉模式，不能反复使用。当用户需要临时捕捉某个特征点时，需要在捕捉之前手工设置需要捕捉的特征点，然后再进行对象捕捉。但当下一次遇到相同的对象捕捉点时，需要再次设置。

在命令行提示输入点的坐标时，如果要使用临时捕捉模式，可按 Shift 键＋鼠标右键，系统会弹出如图 1-45 所示的快捷菜单。单击选择需要的对象捕捉点，系统将会捕捉到该点。

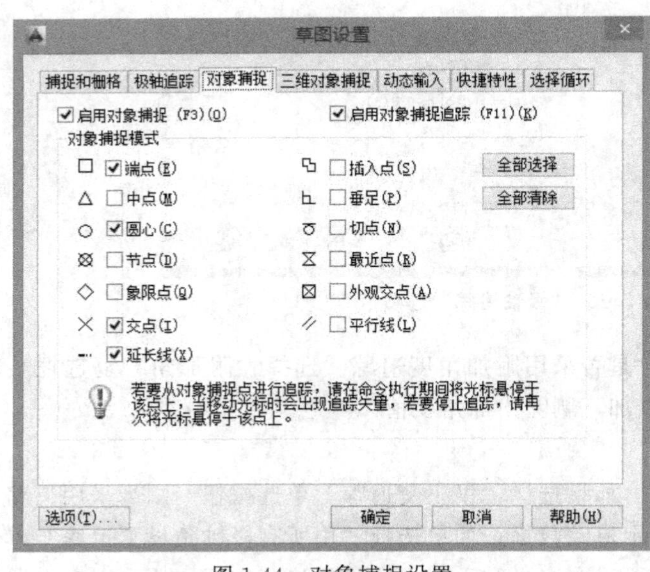

图 1-44　对象捕捉设置

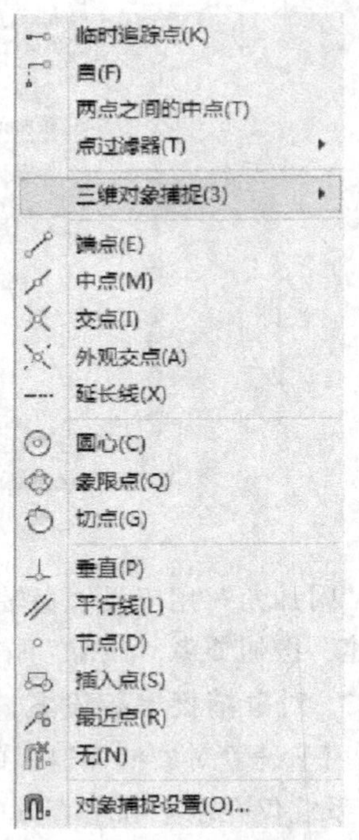

图 1-45　捕捉快捷菜单

（四）正交模式

在进行园林绘图时，有相当一部分直线是水平或垂直的。针对这种情况，AutoCAD 提供了一个正交开关，以方便绘制水平或垂直直线。

设置正交模式可以直接单击状态栏中的“正交模式”按钮，或按“F8”键，相应的会在文本窗口中显示开/关提示信息。也可以在命令行中输入“ORTHO”命令，执行开启或关闭正交模式。

（五）动态输入

在AutoCAD 2014中，使用动态输入功能可以在指针位置处显示坐标、标注输入和命令提示等信息，从而极大地方便了绘图。可以通过在“草图设置”对话框的“动态输入”选项卡中进行设置，如图1-46所示。

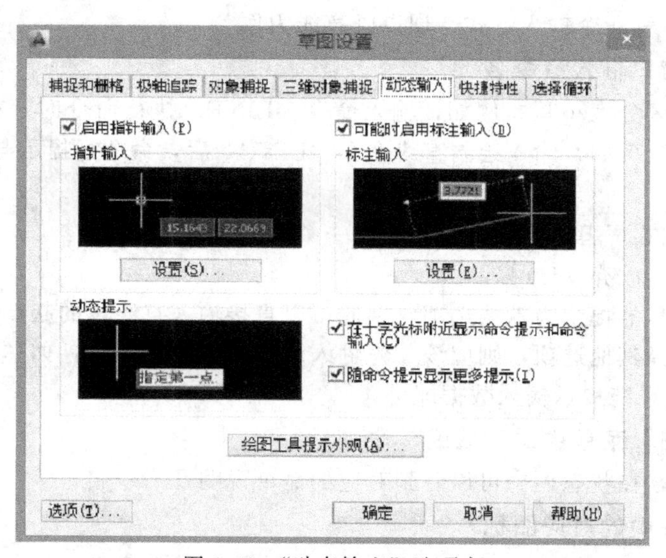

图1-46 “动态输入”选项卡

动态输入有3个组件：指针输入、标注输入和动态提示。打开动态输入时，工具提示将在光标旁边显示信息，该信息会随光标移动动态更新。当某命令处于活动状态时，工具提示将为用户提供输入的位置。在输入字段中输入值并按“Tab”键后，该字段将显示一个锁定图标，并且光标会受用户输入的值约束。随后可以在第二个输入字段中输入值。另外，如果用户输入值然后按“Enter”键，则第二个输入字段将被忽略，且该值将被视为直接距离输入，如图1-47所示。单击底部状态栏上的动态输入按钮图标以打开和关闭动态输入。

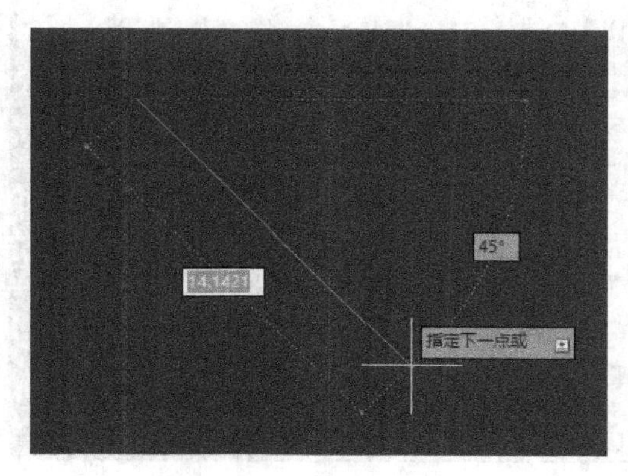

图1-47 动态输入

动态输入不会取代命令窗口。可以隐藏命令窗口以增加绘图屏幕区域，但是在有些操作中还是需要显示命令窗口的。按“F2”键可根据需要隐藏和显示命令提示和错误消息。另外，也可以浮动命令窗口，并使用“自动隐藏”功能来展开或卷起该窗口。

七、基本输入操作

在 AutoCAD 2014 中，有一些基本输入操作方法，这些基本方法是进行 AutoCAD 绘图的必备知识基础，也是深入学习 AutoCAD 的前提。

（一）命令输入方式

AutoCAD 有多种命令输入方式，现以画直线为例。

1. 在命令行窗口输入命令名

命令字符可不区分大小写。例如，输入命令：LINE。执行命令时，在命令行提示中经常会出现命令选项。例如，输入绘制直线命令“LINE”后，命令行提示与操作如下。

命令：LINE

指定第一点：(在屏幕上指定一点或输入一个点的坐标)

指定下一点或 [放弃（U)]：

选项中不带括号的提示为默认选项，因此可以直接输入直线段的起点坐标或在屏幕上指定一点，如果要选择其他选项，则应该首先输入该选项的标识字符，如“放弃”选项的标识字符“U”，然后按系统提示输入数据即可。

2. 选择“绘图”菜单中的“直线”命令

选择该命令后，在状态栏中可以看到对应的命令说明及命令名。

3. 单击工具栏中的对应图标

单击该图标后在状态栏中也可以看到对应的命令说明及命令名。

4. 在命令行中打开快捷菜单

如果在之前刚使用过要输入的命令，可以在命令行打开快捷菜单，在“最近的输入”子菜单中选择需要的命令，如图 1-48 所示。“最近的输入”子菜单中储存最近使用的命令，这种方法就比较快速、简洁。

图 1-48　命令行快捷菜单

5. 在命令行窗口输入命令缩写

命令缩写如 L（Line）、C（Circle）、A（Arc）、Z（Zoom）、R（Redraw）、M（More）、CO（Copy）、PL（Pline）、E（Erase）等。

6. 在绘图区单击鼠标右键

如果用户要重复使用上次使用的命令，可以直接在绘图区单击鼠标右键，系统立即重复执行上次使用的命令，这种方法适用于重复执行某个命令。

（二）命令的重复、撤销与重做

1. 命令的重复

在命令行窗口中直接按 Enter 键可重复调用上一个命令，不管上一个命令是完成了还是被取消了。

2. 命令的撤销

在命令执行的任何时刻都可以取消和终止命令的执行。操作方式如下。

① 命令行：UNDO。

② 菜单：选择菜单栏中的“编辑”→“放弃”命令。

③ 快捷键：“Esc”。

3. 命令的重做

已被撤销的命令还可以恢复。使用“重做”命令可以恢复撤销的命令。操作方式如下。

① 命令行：REDO。

② 菜单：选择菜单栏中的“编辑”→“重做”命令。

该命令可以一次执行多重放弃和重做操作。单击“UNDO”或“REDO”列表箭头，可以选择要放弃或重做的操作，如图 1-49 所示。

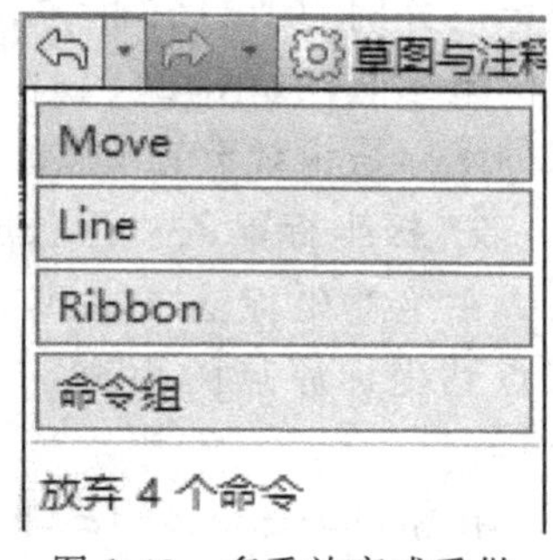

图 1-49　多重放弃或重做

（三）按键定义

在 AutoCAD 2014 中，不仅可以通过在命令行窗口输入命令、单击工具栏图标或选择菜单项来完成操作，而且可以使用键盘上的一组功能键或快捷键。通过这些功能键或快捷键，可以快速实现指定功能，如按“F1”键，系统弹出“AutoCAD 帮助”对话框。

（四）命令执行方式

有的命令可以通过对话框或通过命令行输入命令两种方式执行。如指定使用命令行窗口方式，可以在命令名前加短画线来表示，如“LAYER”表示用命令行方式执行“图层”命令。而如果在命令行输入“LAYER”，系统则会自动弹出“图层”对话框。

另外，有些命令同时存在命令行、菜单和工具栏 3 种执行方式，这时如果选择菜单或工具栏的方式，命令行会显示该命令，并在前面加“_”，如通过菜单或工具栏方式执行“直线”命令时，命令行会显示“_line”，命令的执行过程和结果与命令行方式相同。

（五）坐标系统

1. 世界坐标系（WCS）

AutoCAD 2014 中的坐标系按定制对象的不同，可分为世界坐标系（WCS）和用户坐标系（UCS）两种，刚刚进入 AutoCAD 时的坐标为世界坐标系，是固定的坐标系统，也是坐标系统中的基准，用户通常都是在这个坐标系统下进行绘制图形的。

2. 用户坐标系（UCS）

相对于世界坐标系（WCS），可以创建无限多的坐标系，这些坐标系通常称为用户坐标系（UCS），并且可以通过调用 UCS 命令去创建用户坐标系。

用户坐标系（UCS）是一种可以自定义的坐标系，可修改坐标系的原点和轴的方向，即 X、Y、Z 轴以及原点方向都可以移动和旋转，这在绘制三维对象时非常有用。

通常用下列几种方法调用用户坐标，首先需要执行用户坐标命令。

① 在“菜单栏”中选择“工具”→“新建 UCS”→“三点”菜单命令，执行用户坐标命令。

② 调出“UCS”工具栏，单击其中的“三点”按钮，执行用户坐标命令。

③ 在命令输入行中输入“UCS”命令，执行用户坐标命令。

（六）数据输入方法

在 AutoCAD 2014 中，点的坐标可以用直角坐标、极坐标、球面坐标和柱面坐标表示，每一种坐标又分别具有绝对坐标和相对坐标两种坐标输入方式。其中，常用的是直角坐标和极坐标，下面主要介绍一下它们的输入方法。

1. 直角坐标输入：用点的 *X*、*Y* 坐标值表示的坐标

例如，在命令行中输入点的坐标提示下，输入“16，19”，则表示输入了一个 X、*Y* 的坐标值分别为 16、19 的点，此为绝对坐标输入方式，表示该点的坐标是相对于当前坐标原点的坐标值，如图 1-50(a) 所示。如果输入“@10，20”，则为相对坐标输入方式，表示该点的坐标是相对于前一点的坐标值，如图 1-50(c) 所示。

2. 极坐标输入：用长度和角度表示的坐标，只能用来表示二维点的坐标

在绝对坐标输入方式下，表示为：“长度＜角度”，如“27＜50”，其中长度表示为该点到坐标原点的距离，角度为该点至原点的连线与 X 轴正向的夹角，如图 1-50(b) 所示。

在相对坐标输入方式下，表示为：“@长度＜角度”，如“@27＜45”，其中长度为该点到前一点的距离，角度为该点至前一点的连线与 X 轴正向的夹角，如图 1-50(d) 所示。

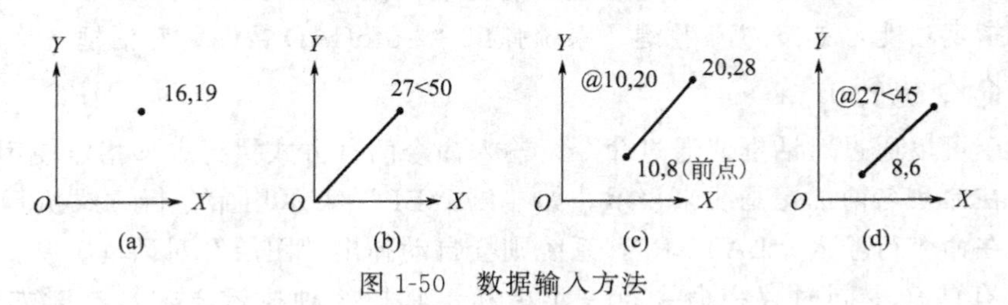

图 1-50　数据输入方法

八、文字与表格样式

文字和标注是 AutoCAD 图形中一部分非常重要的内容。在进行各种设计时，不但要绘制图形，而且还需要标注一些文字，如技术要求、注释说明等，更重要的是必须标注尺寸及表面形位公差等。为满足用户的多种需要，AutoCAD 提供了多种文字样式与标注样式。

1. 文字样式设置

在 AutoCAD 图形中，所有的文字都有与之相关的文字样式。当输入文字时，AutoCAD 会使用当前的文字样式作为其默认的样式，该样式可以包括字体、样式、高度、宽度比例和其他文字特性。

常用的打开“文字样式”对话框的方法有以下几种。

① 在“菜单栏”中选择“格式”→“文字样式”菜单命令。

② 在命令输入行中输入“style”后按下“Enter”键。

③ 在“常用”选项卡的“注释”面板中单击“文字样式”按钮。

“文字样式”对话框如图 1-51 所示。

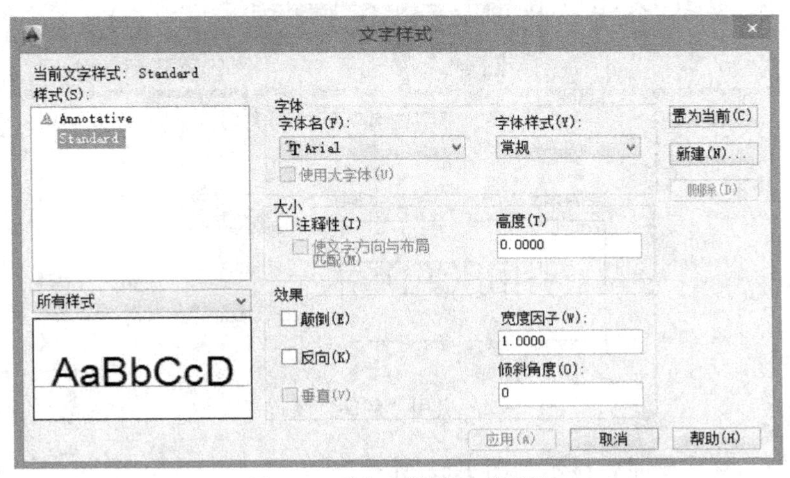

图 1-51　“文字样式”对话框

(1) 样式名　当用户所需的文字样式不够使用时，要创建一个新的文字样式，具体操作如下。

① 在命令输入行中输入“style”命令后按下“Enter”键。

② 在打开的“文字样式”对话框中，单击“新建”按钮，打开如图 1-52 所示的“新建文字样式”对话框。

图 1-52　“新建文字样式”对话框

③ 在“样式名”文本框中输入新创建的文字样式的名称后，单击“确定”按钮。若未输入文字样式的名称，AutoCAD 会自动将该样式命名为样式 1。

(2) 字体　AutoCAD 为用户提供了许多不同的字体，用户可以在“字体名”下拉列表中选择自己所需要的字体，如图 1-53 所示。

(3) 文字效果　在“文字样式”选项组中，在“效果”选项中，用户可以选择自己所需要的文字效果。当启用“颠倒”复选框时，显示如图 1-54 所示。

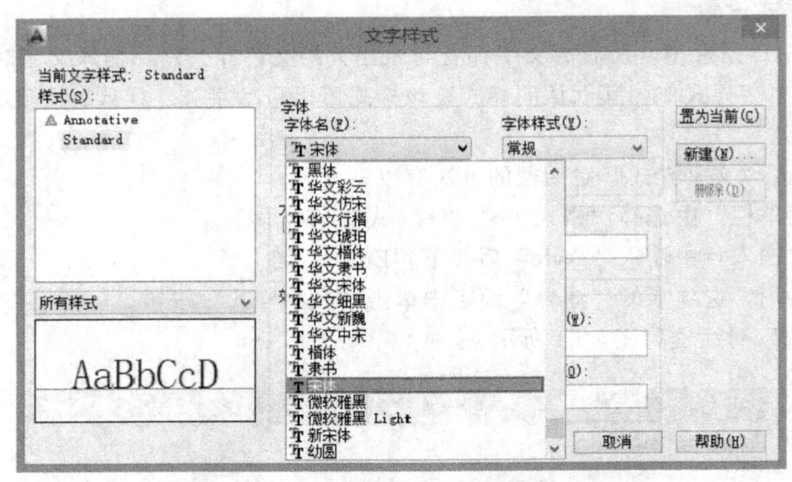

图 1-53 “字体名”下拉列表

图 1-54 启用“颠倒”复选框

启用“反向”复选框时，显示如图 1-55 所示。

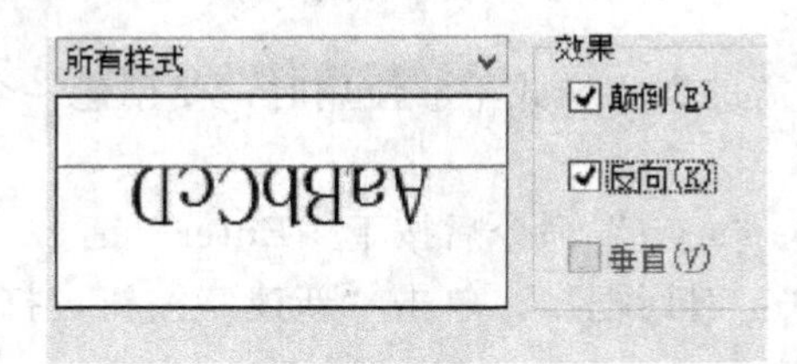

图 1-55 启用“反向”复选框

启用“垂直”复选框时，显示如图 1-56 所示。显示垂直对齐的字符。只有在选定字体支持双向时“垂直”才可用。“TrueType”字体的垂直定位不可用。

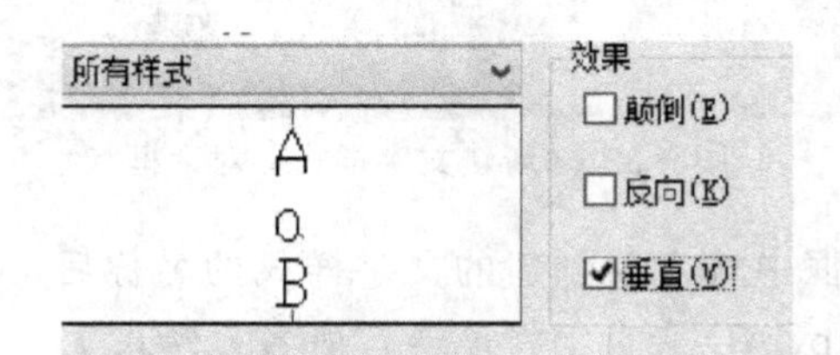

图 1-56 启用“垂直”复选框

2. 表格样式设置

在 AutoCAD 中，用户可以使用“表格”命令创建表格，还可以从 Microsoft Excel 中直接复制表格，并将表格对象粘贴到图形中，也可以从外部直接导入表格对象，此外，还可以输出来自 AutoCAD 的表格数据，以供 Microsoft Excel 或其他程序使用。

使用表格可以使信息表达得很有条理、便于阅读，同时表格也具备计算功能。

在“菜单栏”中选择“格式”→“表格样式”菜单命令，弹出如图 1-57 所示的“表格样式”对话框。在此对话框中可以设置当前表格样式，以及创建、修改和删除表格样式。

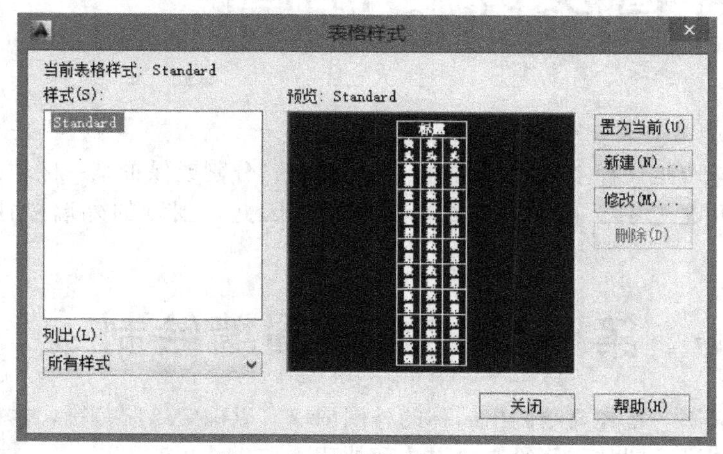

图 1-57　“表格样式”对话框

第二章 园林围墙设计与制图

在建筑学上，墙是一种空间隔断结构，用来围合、分割或保护某一区域。园林外墙位于绿地边缘，代表用地边界，由于靠临街面的界线，因此，围墙的外墙皮往往沿建筑红线而筑。

第一节 园林围墙绘制

绘制园林平面图，首先要绘制出园林的外围围墙，以确定绘制范围，本节通过绘制别墅庭院围墙，来具体讲述园林围墙绘制的方法和技巧。

一、绘制围墙墙体

园林平面图绘制时，首先要绘制出围墙，用以界定需要设计的范围，绘制步骤如下：

① 启动 AutoCAD 软件。执行“文件”→“打开”命令，打开一个园林制图常用图层“.dwg”文件。

② 单击“图层特性管理器”按钮，打开“图层特性管理器”对话框。

③ 创建“围墙”图层，单击“置为当前”按钮，单击“确定”按钮，将“围墙”层设置为当前图层，如图 2-1 所示。

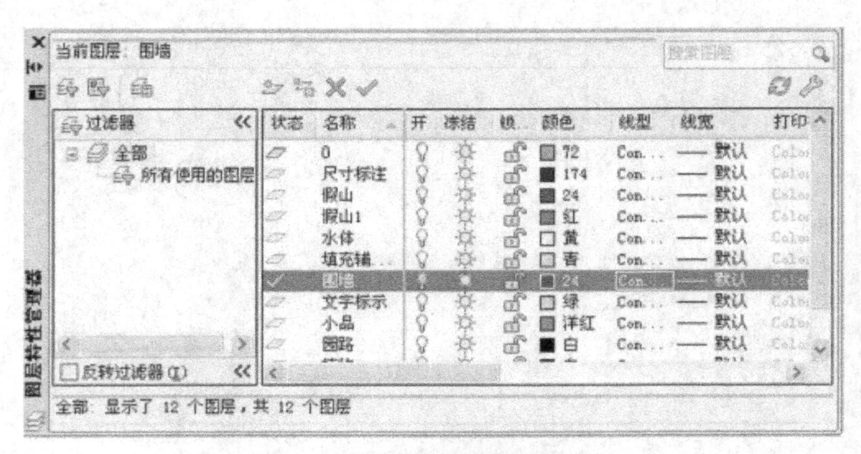

图 2-1 “图层特性管理器”对话框

④ 为方便绘制完全水平或垂直的线条，在绘图区下面的辅助工具栏中，单击“正交”按钮或执行快捷键命令“F8”。

⑤ 绘制围墙中线。执行“多段线”命令，单击绘图区域，用光标引导 X 轴水平正方向，用键盘输入“7480”，按下空格键。用光标引导 Y 轴垂直负方向，输入“15250”，按下空格键。用光标引导 X 轴水平负方向，用键盘输入“12350”，按两次空格键，结束画线命令。

⑥ 执行“偏移”命令，输入“100”为偏移距离，按下空格键。选择刚才绘制的线段为偏移对象，分别单击线段内外两侧以指定偏移的方向，如图 2-2 所示。

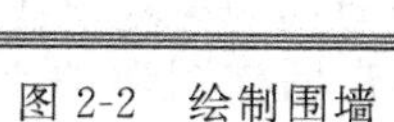

图 2-2　绘制围墙

二、绘制围墙墙柱

下面打开前面绘制好的围墙，绘制墙柱，并创建为图块，然后用“定距等分”和“定数等分”命令均匀将其插入围墙，步骤如下。

① 执行“矩形”命令，单击绘图区域指定矩形第一个角点的位置，输入相对坐标(@300，300)，按下空格键。绘制出一个 300mm×300mm 的矩形，将矩形向外侧偏移 50。

② 单击“对象捕捉”按钮，打开对象捕捉功能。

③ 右击“对象捕捉”按钮，选择“设置”，打开“草图设置”对话框。

④ 单击“对象捕捉”标签，在“对象捕捉模式”复选框中勾选“端点”、“圆心”、“交点”和“延长线”选项。由于这四种捕捉既可以捕捉到需要的点，又不会发生冲突，因此被称为“黄金组合”。设置如图 2-3 所示。

⑤ 执行“直线”命令，连接内侧矩形的两个对角点，如图 2-4 所示。

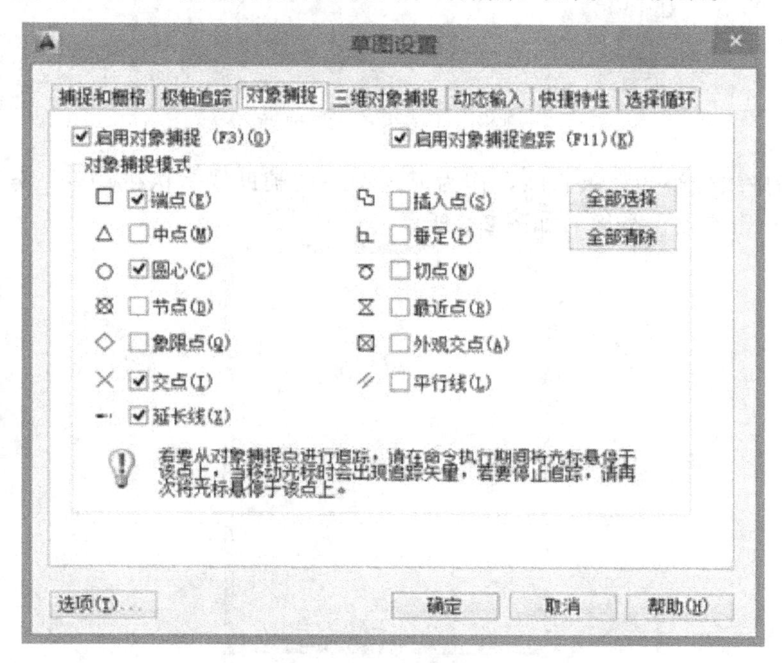

图 2-3　“草图设置”对话框

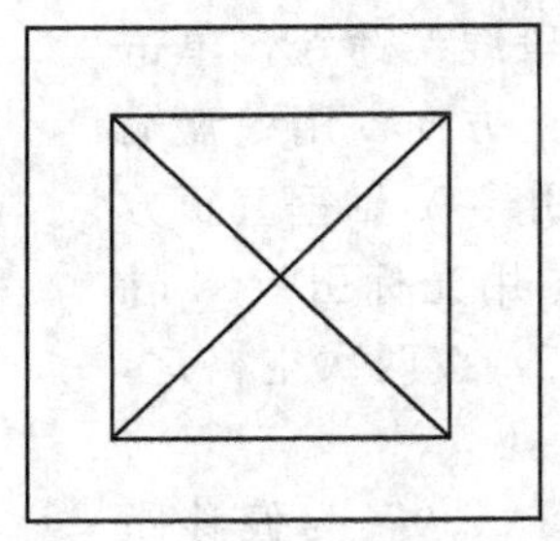

图 2-4　绘制墙柱图

⑥ 将墙柱图形创建成图块。选择“绘图”→“块”→“创建”命令，打开“块定义”对话框。

⑦ 在“名称”文本框中输入“墙柱”。在“对象”选项组中单击“选择对象”按钮，在绘图区框选墙柱图形，按下空格键返回对话框。在“基点”选项组中单击“拾取点”按钮，在绘图区单击墙柱图形的十字交叉点，作为图块的插入点，自动返回对话框，如图 2-5 所示。单击“确定”按钮，即完成“墙柱”图块的创建。

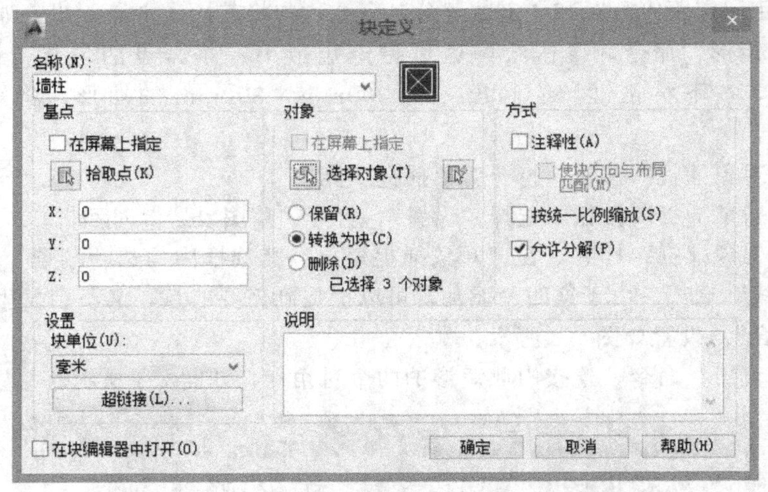

图 2-5　“块定义”对话框

⑧ 将围墙中线分解为 3 条直线，作为插入图块的辅助线。执行菜单“分解”命令，选择围墙中线，单击空格。分解后如图 2-6 所示。

图 2-6　打断辅助线后的图形

⑨ 用“定数等分”命令插入“墙柱”图块。图 2-6 中所选中的垂直线长度为“15250”，墙柱通常间隔为“3000”左右，所以垂直的围墙大约可以等分为 5 份。执行“定数等分”命令，选择图 2-6 中亮显的垂直线作为等分对象，输入“B”，按下空格键，即将要插入图块。输入图块的名称“墙柱”，按“Enter”键确认。命令行提示“是否对齐块和对象？[是(Y)/否(N)]＜Y＞：”时，按下空格键，表示采纳尖括号中的默认值，即将块和对象进行对齐。输入等分的数量“5”，按下空格键结束命令。

⑩ 垂直中线上首尾两端的墙柱则需要另外复制。执行“复制”命令选择任意一个墙柱，单击墙柱的十字交叉点，作为复制的基点，单击垂直中线的一端完成复制。用同样的方法复制一个墙柱到中线的另一端，如图 2-7 所示。

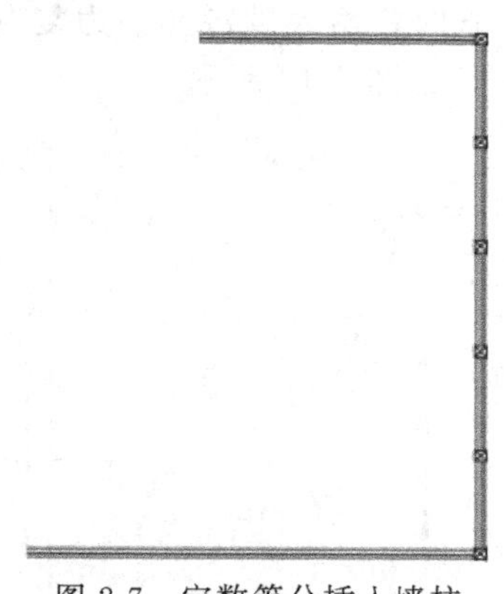

图 2-7　定数等分插入墙柱

⑪ 水平方向的中线使用“定距等分”命令插入“墙柱”图块。执行菜单“定距等分”命令，选择下方围墙的水平中线为等分对象，参数同“定数等分”命令，唯一不同的是输入等分线段的长度为“3000”。

⑫ 将两个墙柱图块复制到上方的围墙上。删除 3 条中线，结果如图 2-8 所示。

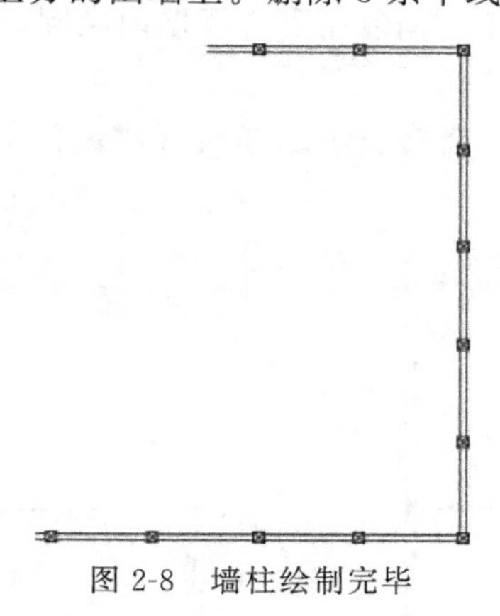

图 2-8　墙柱绘制完毕

第三节　主建筑墙体轮廓绘制

建筑在园林总平面图中，通常只需绘制出轮廓线。建筑轮廓线，是指建筑外墙面水平投影的外轮廓线，即从建筑物的正上方向下看所能看到的结构。

在别墅花园平面图中，为方便清楚地看到建筑的内部，主体建筑则通常要绘制出剖面图。建筑平面图，视情况不同，有时只绘制出墙体、门窗和台阶的位置；有时需要详细绘制出建筑内部的结构，包括房间的布置、墙（或柱）的位置、厚度和材料，门窗的类型和位置等情况。

一、绘制墙体中线

墙体通常以其中线为依据进行准确定位，将前面绘制围墙的图形文件打开，绘制中线的方法如下。

① 执行“分解”命令将围墙内轮廓的多段线分解为独立的直线。

② 执行“复制”命令，选择右侧围墙外轮廓，如图 2-9 所示。用鼠标单击绘图区域指定基点，用光标引导 X 轴水平正方向，输入“7700”为复制的距离，按下空格键。继续输入第 2 条直线的复制距离“9700”，如图 2-10 所示。

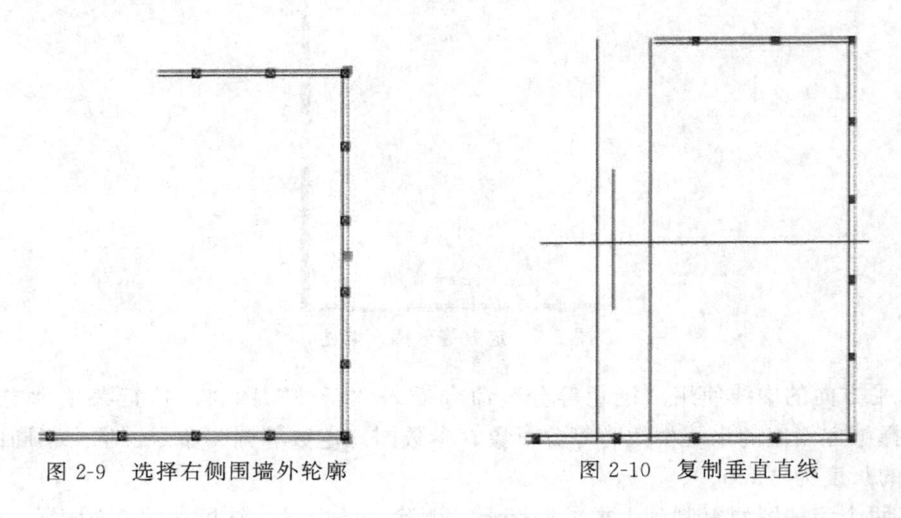

图 2-9　选择右侧围墙外轮廓　　　　图 2-10　复制垂直直线

③ 方法同上，沿 Y 轴垂直正方向复制下方围墙内轮廓，距离分别为 3050mm、9050mm 和 15150mm，如图 2-11 所示。

④ 执行“修剪”命令，单击空格表示选择所有对象为剪切边。修剪多余线段，中线绘制如图 2-12 所示。

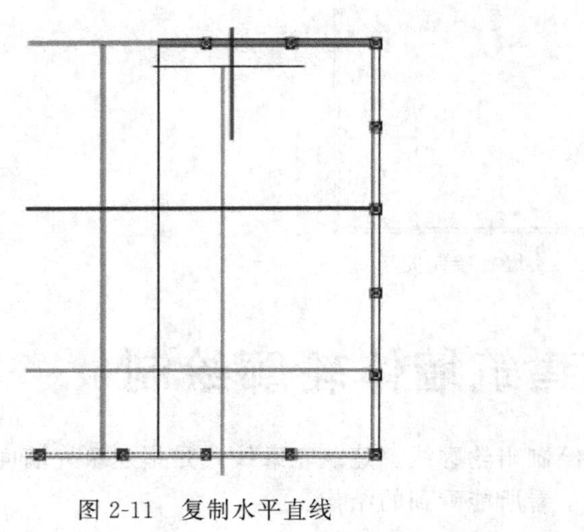

图 2-11　复制水平直线

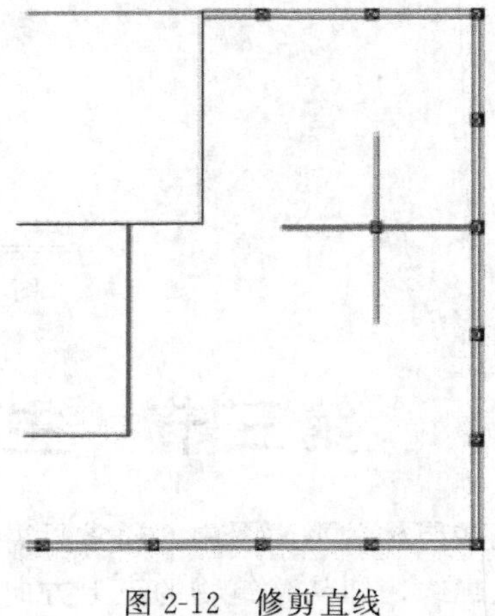

图 2-12　修剪直线

二、绘制墙体

① 将中线以“115”的距离分别向其两侧偏移，如图 2-13(a) 所示。

② 删除中线。

③ 执行“圆角”命令，选择相互垂直的两条直线，进行连接，如图 2-13(b) 所示。以同样的方法处理其他墙线，如图 2-13(c) 所示。

④ 用修剪命令，修剪多余线条，如图 2-13(d) 所示。

⑤ 选择绘制完成的墙线，将墙线放至“建筑”图层中。

三、绘制承重墙柱

墙柱绘制具体步骤如下。

① 将“建筑”图层设为当前层。在绘图区空白处绘制一个 550mm×260mm 的矩形。

② 单击菜单栏中“绘图”按钮，单击“图案填充”，如图 2-14 所示。

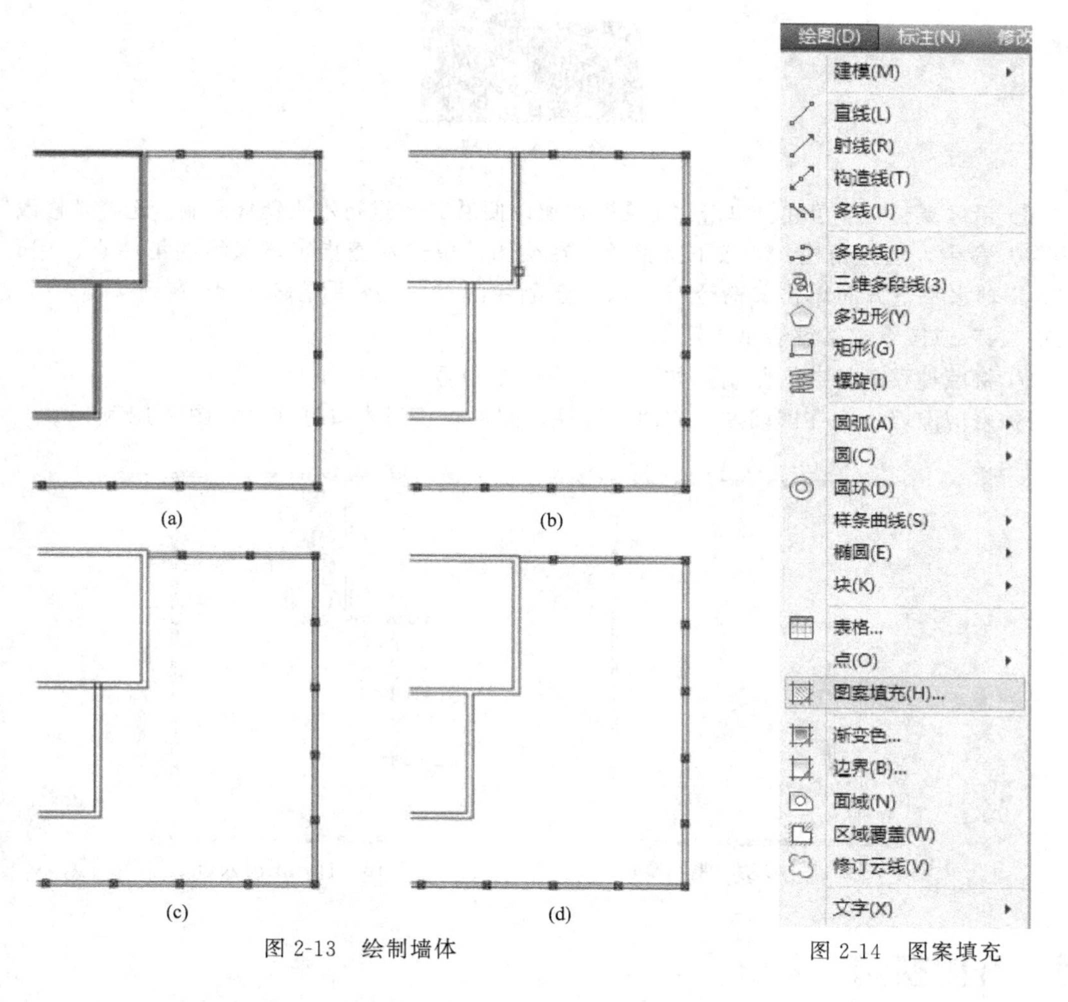

图 2-13　绘制墙体

图 2-14　图案填充

③ 单击“图案”按钮，选择“AR-B88”图案类型。如图 2-15 所示。

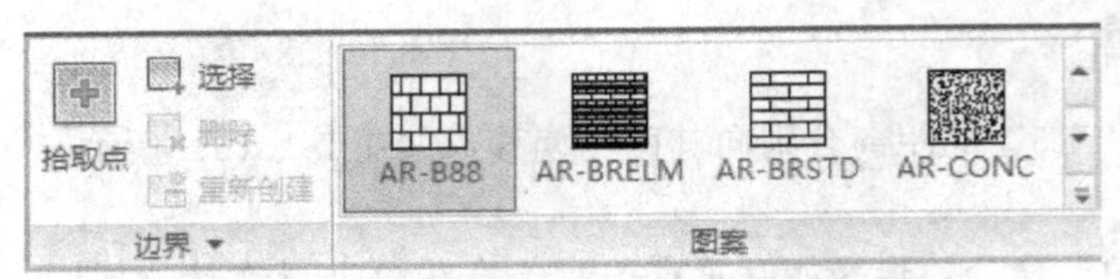

图 2-15 选择“AR-B88”图案类型

④ 在“边界”选项组中，单击“拾取点”按钮，在绘图区选择之前绘制好的矩形。单击左键，绘制完一个方柱。

⑤ 复制并旋转一个方柱。执行菜单“旋转”命令，选择刚才绘制的方柱，按下空格键。单击方柱右下角点为旋转的基点，输入“C”，按下空格键，表示在旋转的同时进行复制。输入“90”为旋转角度。将旋转复制出的方柱向左水平移动“220”，构成角柱，如图 2-16 所示。

图 2-16 角柱

⑥ 镜像复制一个角柱。单击“正交”按钮以便沿 X 轴进行水平镜像复制。选择“修改”→“镜像”命令，选择角柱，并按下空格键。在绘图区单击左键指定镜像线的第一点，用光标引导 X 轴水平正方向单击。命令行提示“要删除源对象吗？［是(Y)/否(N)］<N>：”时，输入“N”或按下空格键表示否定。

⑦ 将墙柱移动，或者复制到如图 2-17 所示的位置。

⑧ 修剪围墙，并在围墙左下方两个墙柱之间，将正门入口打开，如图 2-18 所示。

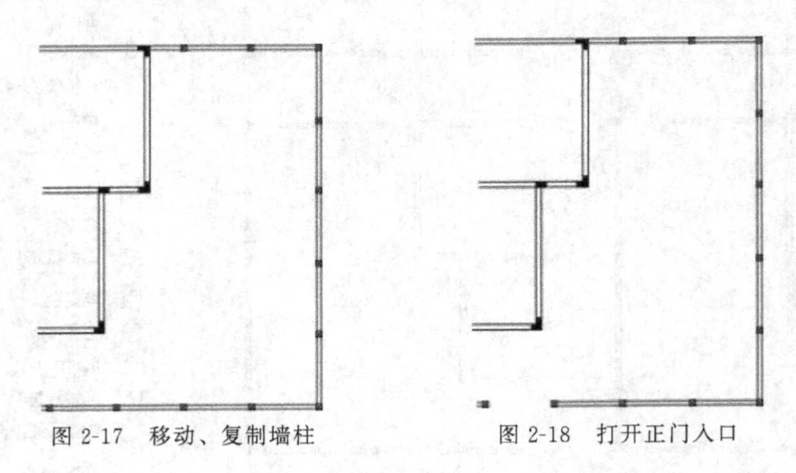
图 2-17 移动、复制墙柱　　图 2-18 打开正门入口

四、开门窗洞

绘制出窗的位置是为了确定靠窗处所能观赏到的园景。具体绘制步骤如下。

① 沿墙体最下方的角柱绘制一条短线，如图 2-19 所示。将短线水平向左移动“1400”，如图 2-20 所示，确定出别墅主体建筑入户正门的位置。

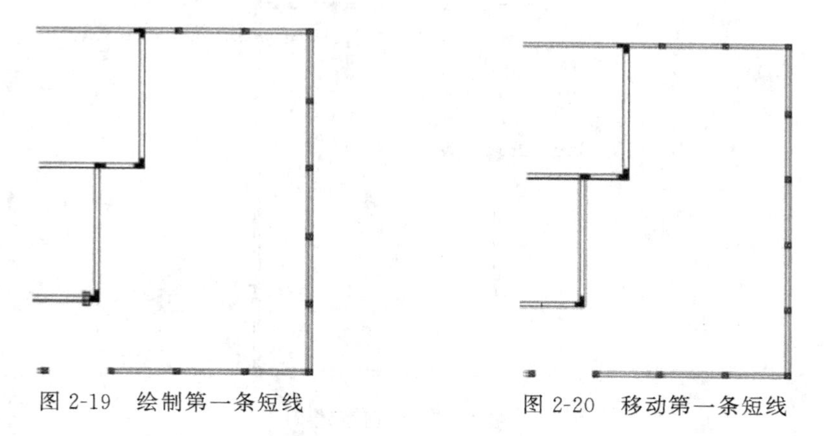

图 2-19　绘制第一条短线　　　图 2-20　移动第一条短线

② 绘制一条短线，位置如图 2-21 所示。将短线垂直向下移动“105”，确定出推拉门的门垛位置。以“1700”的距离垂直向下复制短线，如图 2-22 所示。

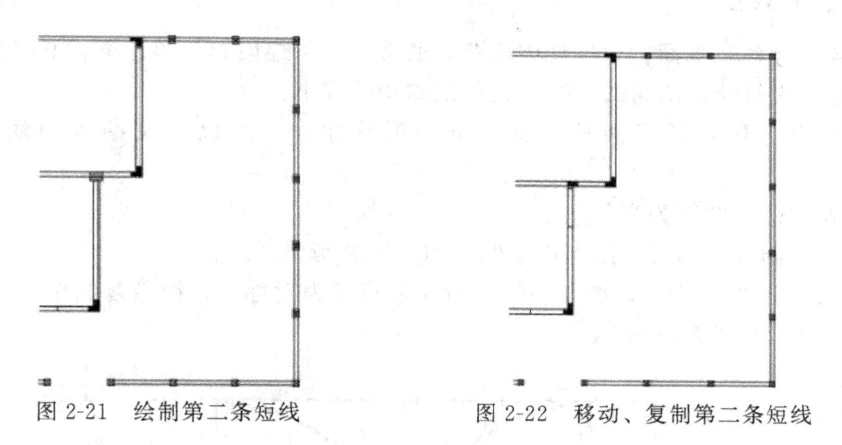

图 2-21　绘制第二条短线　　　图 2-22　移动、复制第二条短线

③ 沿墙体上方的角柱绘制一条短线，如图 2-23 所示。将短线垂直向下移动“900”，确定出单开门的位置。将短线垂直向下复制出两条直线，距离分别为“1000”和“3400”，如图 2-24 所示。

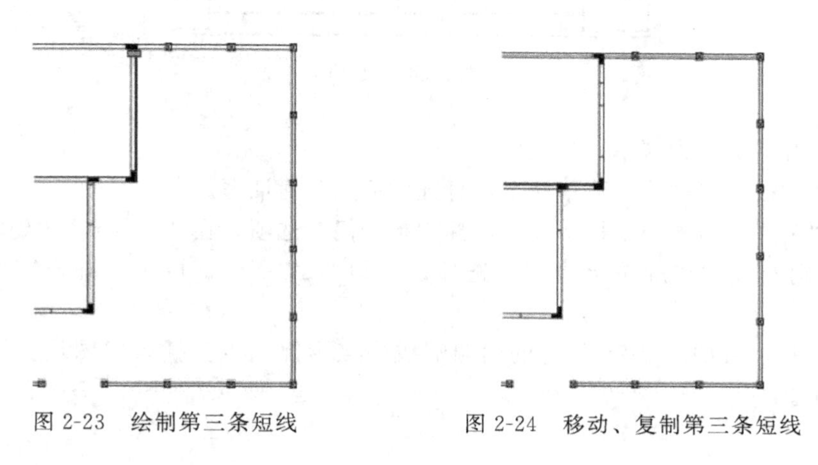

图 2-23　绘制第三条短线　　　图 2-24　移动、复制第三条短线

④ 将多余墙线修剪掉，打开门窗洞，如图 2-25 所示。

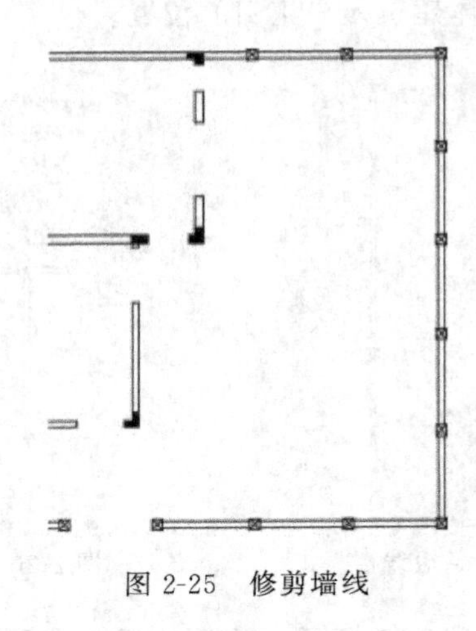

图 2-25 修剪墙线

五、绘制门窗

门窗的尺寸各有不同。根据住宅规范，通常情况下连门套一起计算。下面打开前面开门窗洞的文件，讲解绘制门窗的方法，具体绘制步骤如下。

门有单开门和双开门两种类型，由于形状相同，可以使用插入图块的方式快速绘制。

① 设置“门”图层为当前图层。

② 首先绘制双开门。用绘制围墙侧门的方法绘制单开门。

③ 输入“MI”命令，以圆弧右端点所在垂直线为对称轴，镜像复制单开门，得到门廊位置的双开门，如图 2-26 所示。

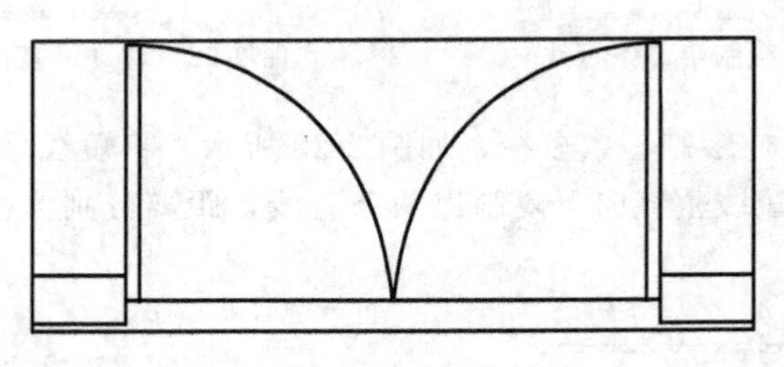

图 2-26 双开门

④ 将单开门定义为“单开门”块。

⑤ 选择“插入”→“块”菜单命令，打开“插入”对话框。

⑥ 在“名称”右侧的下拉列表中选择“单开门”选项，在“插入点”“旋转”选项组的复选框中分别勾选“在屏幕上指定”选项，如图 2-27 所示。单击“确定”按钮，关闭对话框。

⑦ 捕捉并单击如图 2-28 所示的门洞端线中点为插入点，插入门图块。旋转后放至如图 2-29 所示。

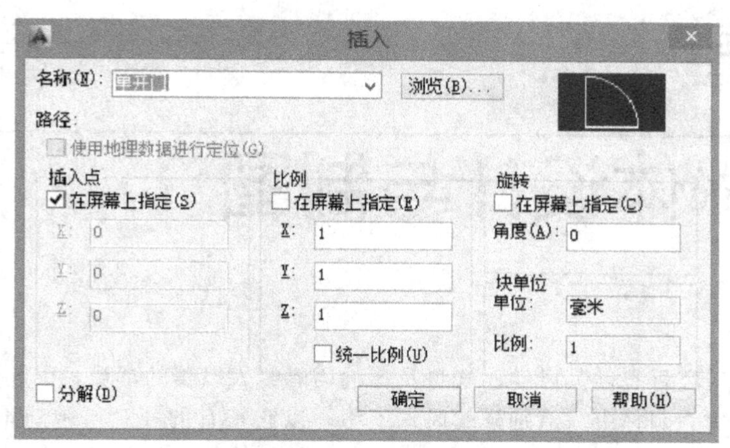

图 2-27 “插入”对话框

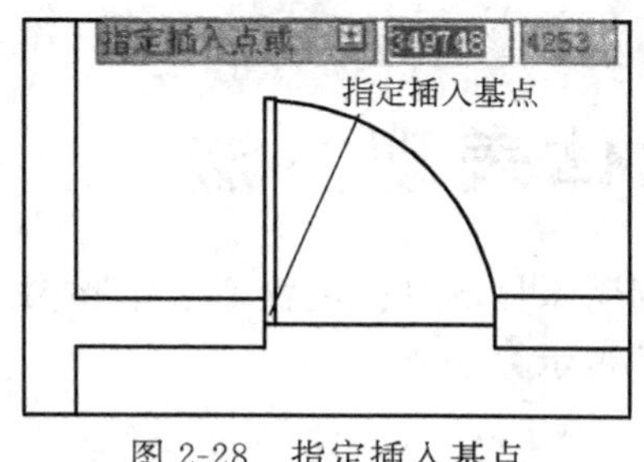

图 2-28 指定插入基点

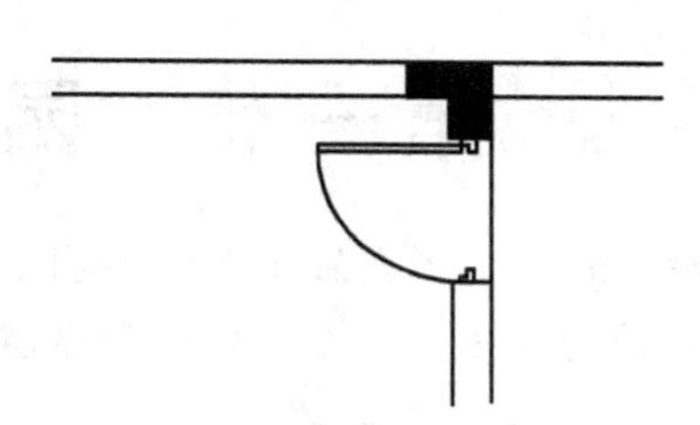

图 2-29 绘制单开门

⑧ 绘制另外 2 条门口线。选择 3 条门口线，放至“门口线”图层中。

⑨ 将“窗”图层置为当前图层。绘制窗线，将窗线向上复制三次，距离分别为“90”“150”和“240”，如图 2-30 所示。

⑩ 门窗绘制效果如图 2-31 所示。

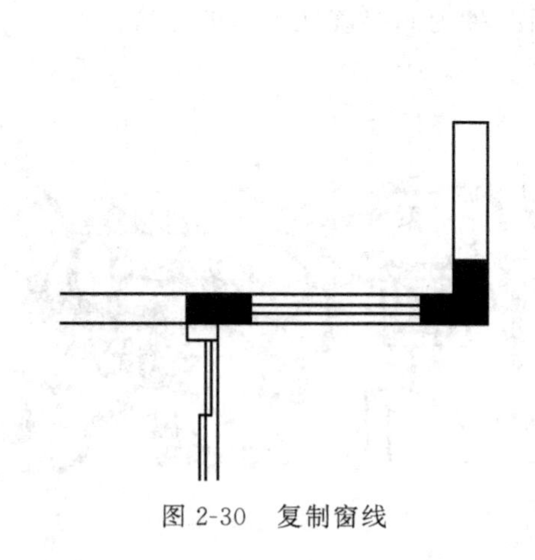

图 2-30 复制窗线

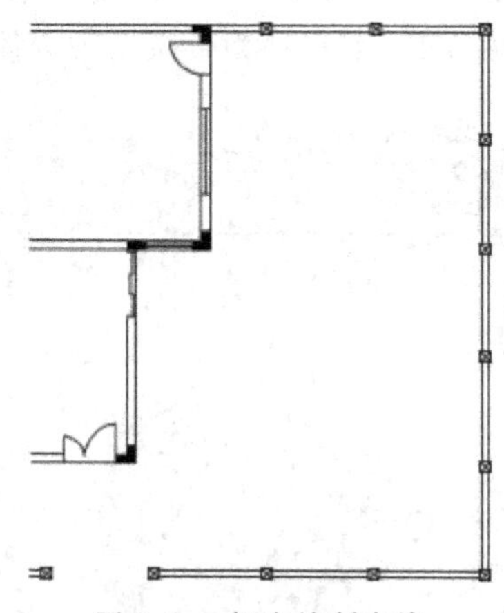

图 2-31 门窗绘制完毕

第三章

园林水体设计与制图

自然界的水千姿百态，其风韵、气势及音响均能给人以美的享受，引起游赏者无穷的遐思，因此，水景作为园林中一道别样的风景点缀，以它特有的气息与神韵感染着每一个人。它是园林景观和给水排水的有机结合。随着房地产等相关行业的发展，人们对居住环境有了更高的要求，水景逐渐成为居住区环境设计的一大亮点，水景的应用技术也得到很快发展，而且许多技术已大量应用于实践中。

第一节　园林水体表现方法

水体设计时，为了在施工时清晰明了，应该标明水体的平面位置，水体形状、深浅及工程做法，水景设计图有平面、立面和纵横剖面三种表示方法。

一、水平面表示方法

园林水体平面图可以表示水体的位置和标高，如园林的竖向设计图和施工总平面图。首先应在这些平面图中，画出平面坐标网格，然后画出各种水体的轮廓和形状，如果沿水域布置有山石、汀步、小桥等景观元素，也要一一绘出，另外，还需分段注明水底和岸边的标高。如图 3-1 所示。

总而言之，水体的平面表现可采用填充法、线条法、等深线法和添加景物法等几种方法，见表 3-1。前三种为直接表现水体的方法，最后一种为间接表现水体的方法。

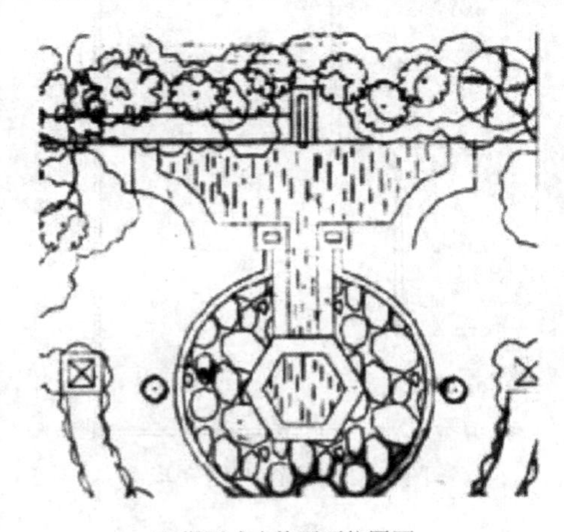

(a) 规则式水体平面位置图

(b) 自然水体平面位置图

图 3-1　水体平面图

表 3-1 水体平面位置图表现方法

方法	说明	图示
填充法	使用 AutoCAD 的预定义或自定义的填充图案填充闭合的区域表示水体。填充的图案一般选择直排线条，以表示出水面的波纹效果，如右图所示	
线条法	使用“直线”命令在水面上绘制长短不一的短线，如右图所示。绘制的线条应疏密有致，无论是太过密集还是太过稀疏，都无法达到良好的表现效果	凤尾竹 塑石 肾蕨 止回阀 丰花月季
等深线法	依据岸线的走向，使用“多段线”命令绘制一条较粗的折线段，用“拟合”命令将其修改为弧线段后，向内偏移 2～3 条较细的曲线。这种类似等高线的闭合曲线称为等深线，通常用于表现不规则的水面，如右图所示	
添加景物法	在水面上绘制一些与水面相关的内容。这些内容包括水上活动工具(如船只、游艇等)、水生植物(如荷花、睡莲等)、水面上产生的水纹和涟漪以及石块驳岸、码头等，如右图所示	樟树 亲水平台 松柏 常春藤/地 南天竹

二、水立面表示方法

水体需要依附驳岸、山石来表现。绘制时以流畅的线条表示水体的流向，切忌过于零乱，如图 3-2 所示，为喷水立面效果，它用线条表示了喷泉造型效果。

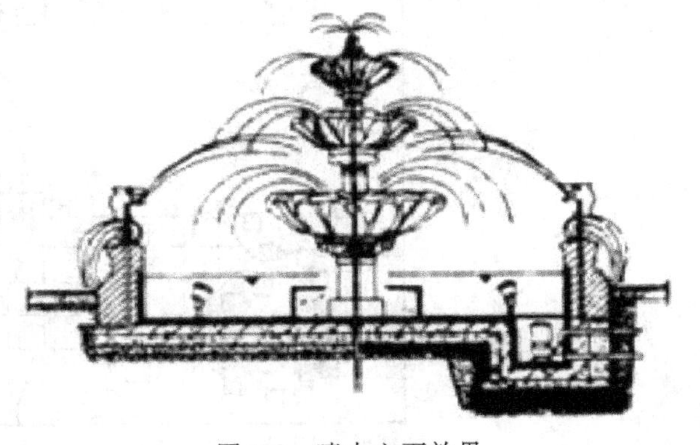

图 3-2 喷水立面效果

三、纵横剖面图

水体平面及高程有变化的地方需要绘制出剖面图，如图 3-3 所示为跌水喷泉的剖面图，该剖面图表达了跌水的高程变化。

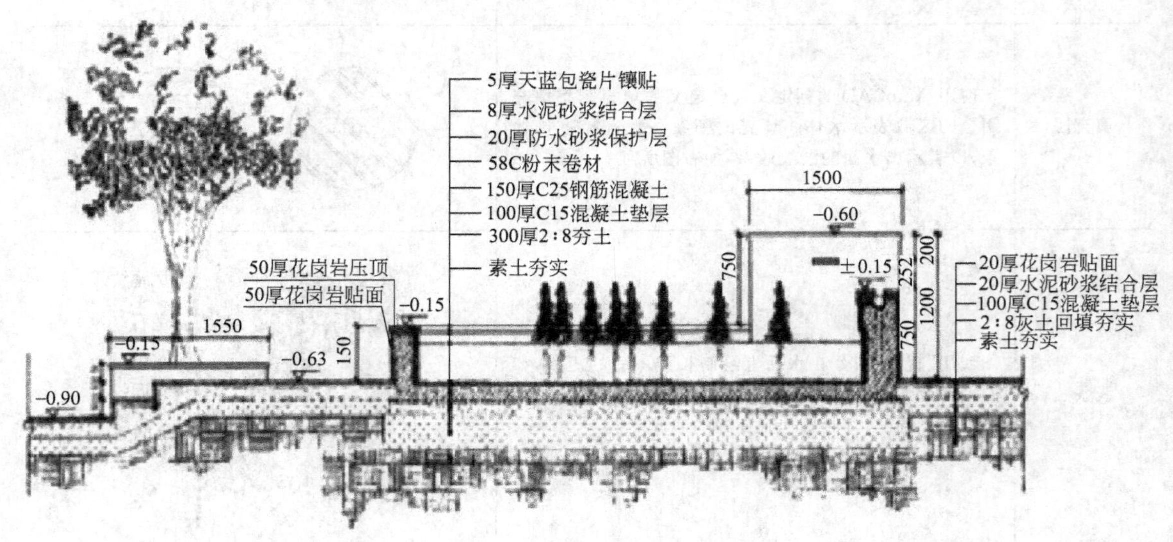

图 3-3　跌水喷泉剖面图

第二节　景观水池绘制

一般景观水池绘制时，水体绘制分为池岸绘制、添加水面景物、复制园桥和填充水面图案四部分。

一、绘制池岸

绘制水体，首先应先绘制出池岸，池岸无论规则与否，通常都会先使用“多段线”命令绘制成直线段或者曲线段。不规则的池岸则是在多段线上添加大小不一的石块。本例为相对较规则的曲线池岸。绘制池岸的具体方法如下。

① 将“水体”层设置为当前图层。使用“多段线”命令，绘制水池的第一条轮廓线，如图 3-4 所示。

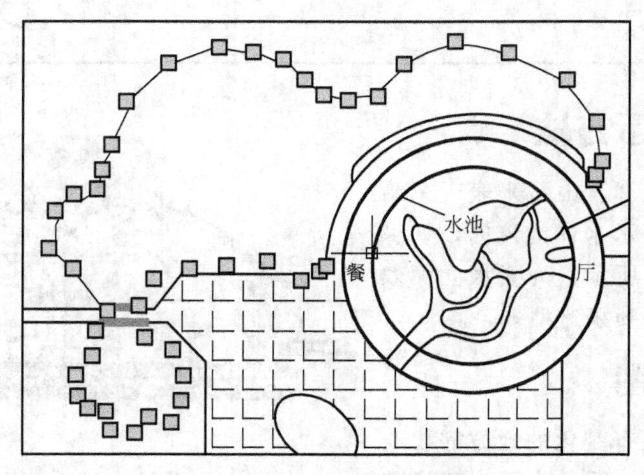

图 3-4　绘制水池第一条轮廓线

② 使用“多段线”命令，继续绘制水池的另外一条轮廓线，如图 3-5 所示。

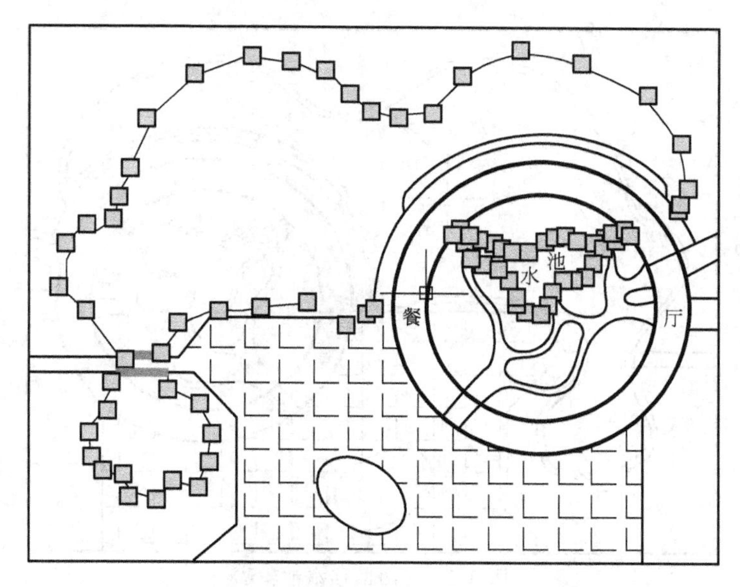

图 3-5　绘制水池第二条轮廓线

③ 在菜单中执行“多段线”命令，选择水池的第一条轮廓线，输入“F”，按下空格键表示选择“拟合”命令，按下空格键，将多段线转换为圆弧。按下空格键结束命令，结果如图 3-6 所示。

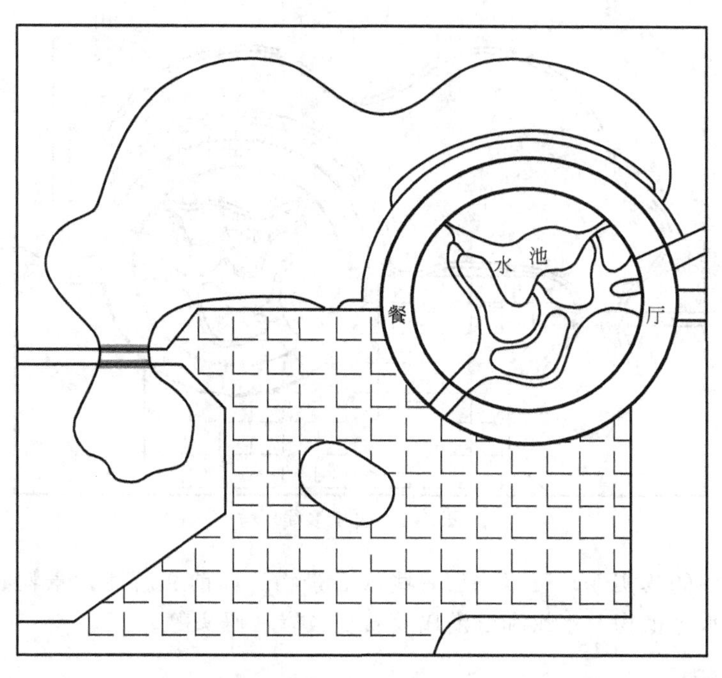

图 3-6　将多段线转换为圆弧

④ 使用夹点编辑模式，对多段线稍做调整，将水池轮廓向内偏移“200”，并进行延伸

线修剪，如图 3-7 所示。

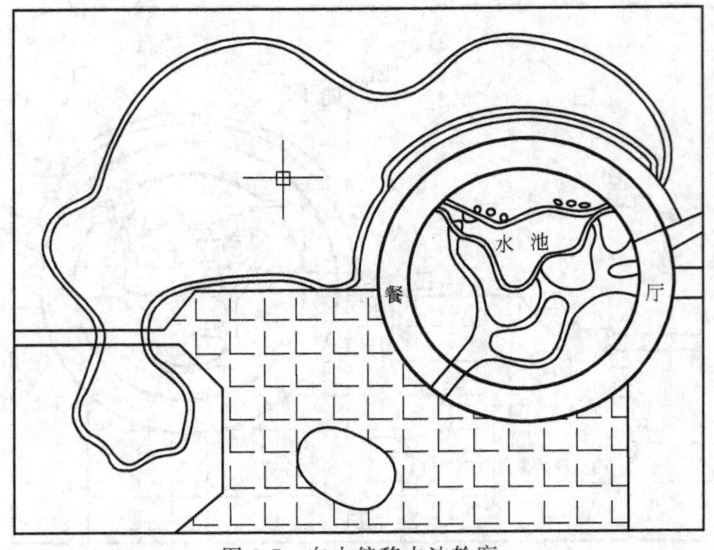

图 3-7　向内偏移水池轮廓

⑤ 加粗水池外轮廓。使用编辑多段线命令，输入“M”，按下空格键，表示选择多条多段线。依次选择需要加粗的多段线，按下空格键确认选择。输入“W”，按下空格键，并指定所有线段的新宽度为“20”，如图 3-8 所示。

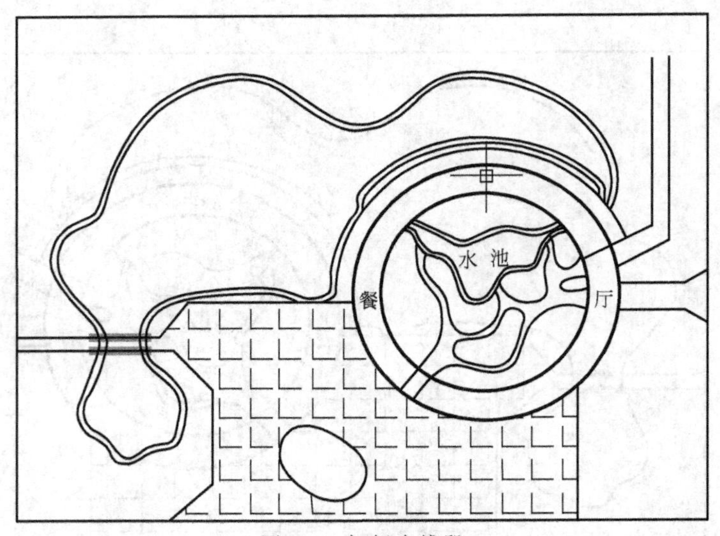

图 3-8　加粗多线段

为了增加水面的真实性，可以添加一些水面景物。如前文所述，景物必须与水面有关，如船只、游艇、水生植物、水纹和涟漪以及石块驳岸、码头等。

二、填充图案

选择类似水面的图案“DASH”作为填充图案。

输入命令：bhatch

选择对象或［拾取内部点（K）/删除边界（B）］：找到 1 个
选择对象或［拾取内部点（K）/删除边界（B）］：
水面造型如图 3-9 所示。

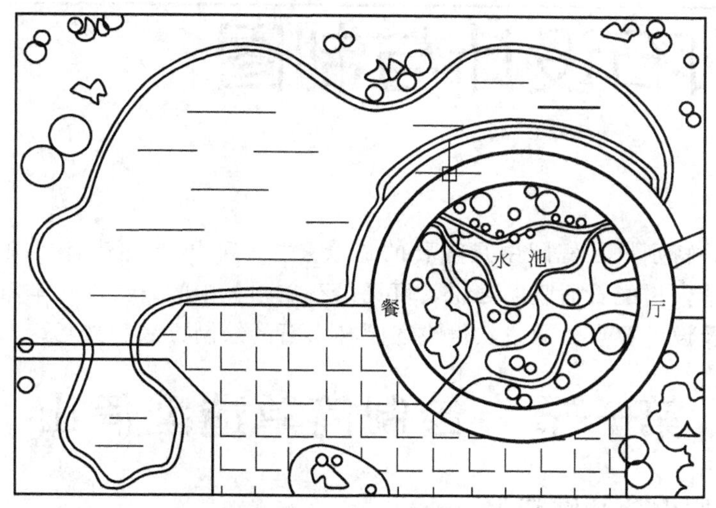

图 3-9　勾画水面造型

第四章

园林山石设计与制图

石在园林中，特别是在庭园中是重要的造景素材。我国自古就有“园可无山，不可无石”，“石配树而华，树配石而坚”之说，可见山石在园林中的重要性。本章介绍了山石的功能、特点、分类及设计要点，通过实例讲述园林山石的绘制方法和技巧。

第一节　绘制简单造型假山

（一）勾画假山外轮廓造型

操作方法：假山造型根据构思确定，可以是其他类似石头的形状即可。

① 输入命令：PLINE

指定起点：

当前线宽为 0.0000

指定下一个点或［圆弧(A)/半宽(H)/长度(L)/放弃(U)/宽度(W)］：

指定下一点或［圆弧(A)/闭合(C)/半宽(H)/长度(L)/放弃(U)/宽度(W)］：

……

指定下一点或［圆弧(A)/闭合(C)/半宽(H)/长度(L)/放弃(U)/宽度(W)］：

② 输入命令：CHAMFER

（“修剪”模式）当前倒角距离 1＝0.0000，距离 2＝0.0000

选择第一条直线或［放弃(U)/多段线(P)/距离(D)/角度(A)/修剪(T)/方式(E)/多个(M)］：

选择第二条直线，或按住 Shift 键选择要应用角点的直线：

③ 输入命令：LENGTHEN

选择对象或［增量(DE)/百分数(P)/全部(T)/动态(DY)］：

当前长度：1025.8152

选择对象或［增量(DE)/百分数(P)/全部(T)/动态(DY)］：DY

选择要修改的对象或［放弃（U)］：

指定新端点：

选择要修改的对象或［放弃（U)］：

④ 输入命令：TRIM

当前设置：投影＝UCS，边＝延伸

选择剪切边

选择对象或〈全部选择〉：找到 1 个

选择对象：

选择要修剪的对象，或按住 Shift 键选择要延伸的对象，或［栏选(F)/窗交(C)/投影(P)/边(E)/删除(R)/放弃(U)］：

选择要修剪的对象，或按住 Shift 键选择要延伸的对象，或［栏选(F)/窗交(C)/投影(P)/边(E)/删除(R)/放弃(U)］：

勾画出的假山外轮廓造型如图 4-1 所示。

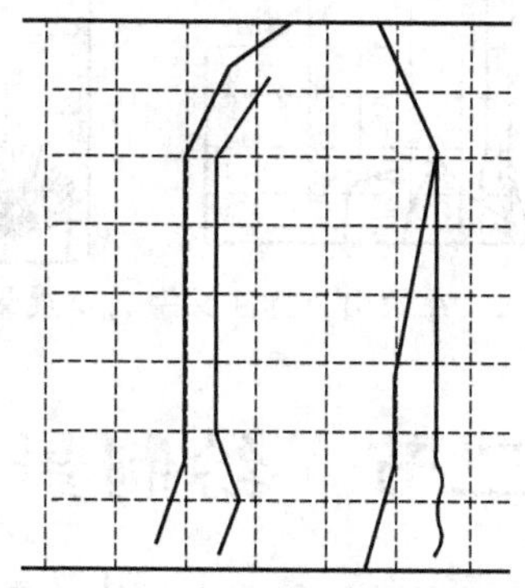

图 4-1　勾画出的假山轮廓造型

（二）勾画假山内侧一些线条轮廓，按相同方法勾画矮石头轮廓线

绘制时假山石头轮廓造型随机一些，以显得自然，如图 4-2 所示。

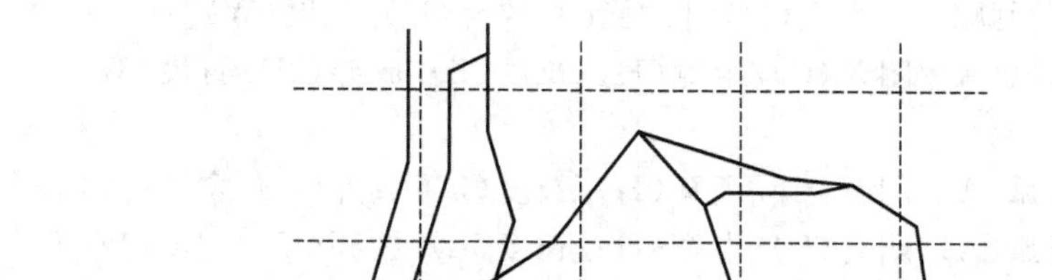

图 4-2　勾画假山内侧一些线条轮廓

（三）在其他位置继续进行假山绘制

假山由不同形状和高度的石头造型构成，如图 4-3 所示。

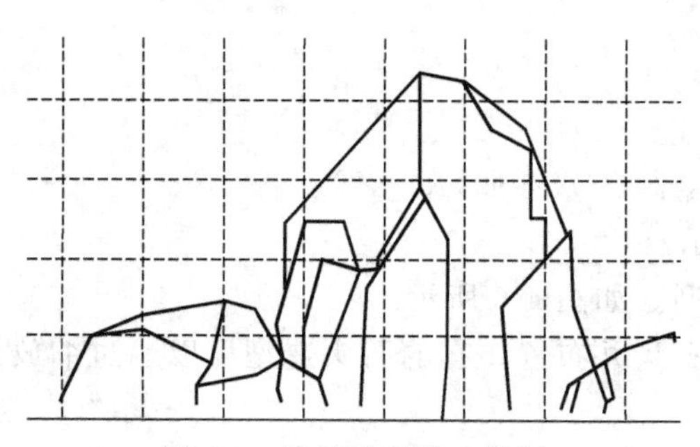

图 4-3　继续进行假山绘制

（四）在假山主体造型处标注文字，适当布置花草

美化环境，即完成假山绘制，如图 4-4 所示。

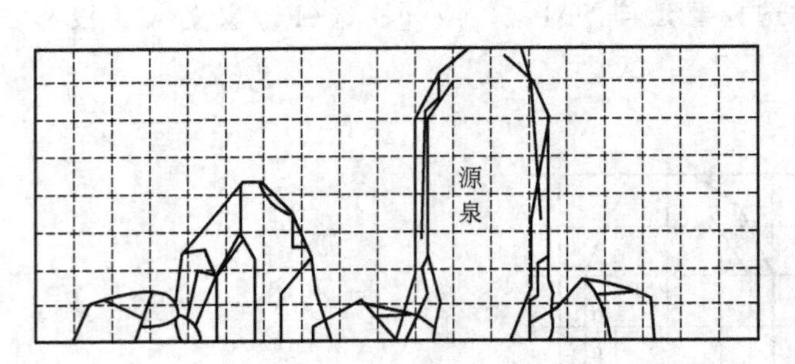

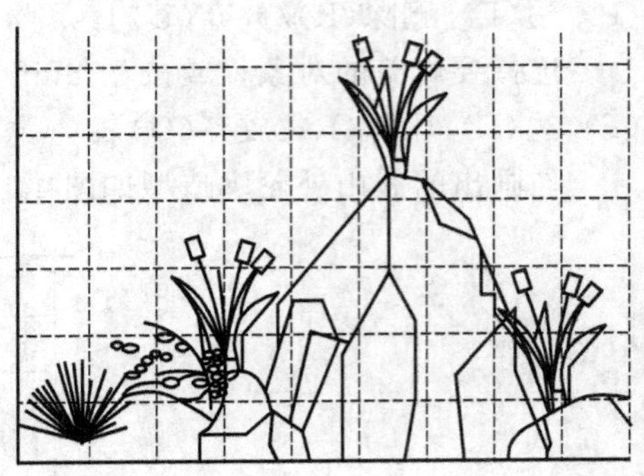

图 4-4　在假山上标注文字、布置花草

第二节　绘制景石

景石一般布置在绿地或水边，可以随机勾画，目的是自然随意。

① 输入命令：PLINE

指定起点：

当前线宽为 0.0000

指定下一个点或 [圆弧(A)/半宽(H)/长度(L)/放弃(U)/宽度(W)]：

指定下一点或 [圆弧(A)/闭合(C)/半宽(H)/长度(L)/放弃(U)/宽度(W)]：

……

指定下一点或 [圆弧(A)/闭合(C)/半宽(H)/长度(L)/放弃(U)/宽度(W)]：

指定下一点或 [圆弧(A)/闭合(C)/半宽(H)/长度(L)/放弃(U)/宽度(W)]：

② 输入命令：arc

指定圆弧的起点或 [圆心(C)]：

指定圆弧的第二个点或 [圆心(C)/端点(E)]：

指定圆弧的端点：

③ 输入命令：ROTATE

UCS 当前的正角方向：ANGDIR＝逆时针　ANGBASE＝0

选择对象：找到 1 个

选择对象：

指定基点：

指定旋转角度，或 [复制(C)/参照(R)]〈0〉：

景石造型如图 4-5 所示。

继续勾画一些石头造型。如图 4-6 所示。

继续按前面方法勾画石头并布置。有的石头造型可以通过缩放、旋转后得到不同的石头造型。如图 4-7 所示。

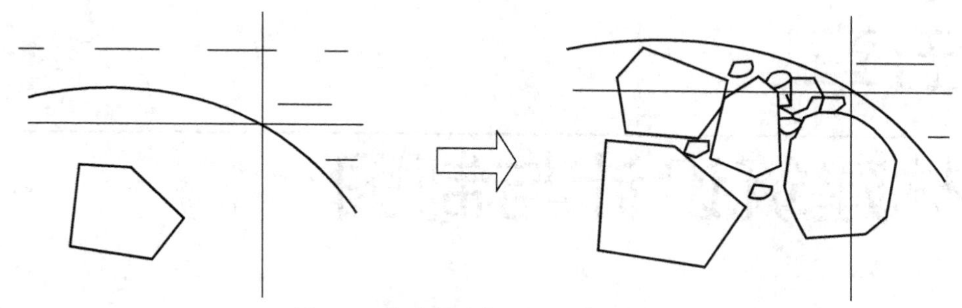

图 4-5　在水景边勾画一些石头造型

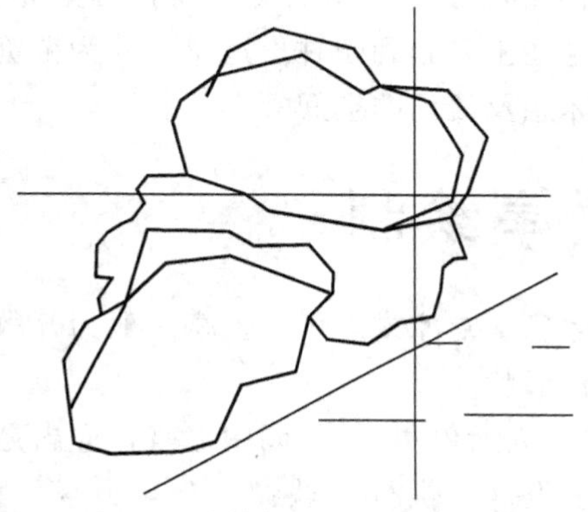

图 4-6　继续勾画一些石头造型

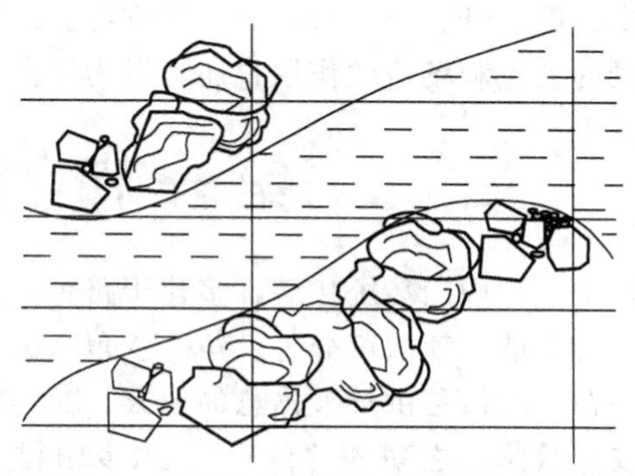

图 4-7　继续按前面方法勾画石头并布置

第五章 园林建筑设计与制图

园林建筑是建造在园林和城市绿化地段内供人们游憩或观赏用的建筑物，常见的有亭、榭、廊、阁、轩、楼、台、舫、厅堂等。通过建造这些主要起到园林里造景，并为游览者提供观景的视点和场所的作用；还可以为游览者提供休憩及活动的空间等。

第一节 观景亭绘制

亭是一种中国传统建筑，多建于路旁，供行人休息、乘凉或观景用。亭一般为开敞性结构，没有围墙，顶部可分为六角、八角、圆形等多种形状。

亭在古时候是供行人休息的地方。“亭者，停也。人所停集也。”园中之亭，应当是自然山水或村镇路边之亭的“再现”。水乡山村，道旁多设亭，供行人歇脚，有半山亭、路亭、半江亭等，由于园林作为艺术是仿自然的，所以许多园林都设亭。但正是由于园林是艺术，所以园中之亭是很讲究艺术形式的。亭在园景中往往是个“亮点”，起到画龙点睛的作用。从形式来说也就十分美而多样了。《园冶》中说，亭“造式无定，自三角、四角、五角、梅花、六角、横圭、八角到十字，随意合宜则制，惟地图可略式也。”这许多形式的亭，以因地制宜为原则，只要平面确定，其形式便基本确定了。

一、园亭的基本特点

亭在我国园林中是应用最多的一种建筑形式，亭的构造大致可分为亭顶、亭身、亭基三部分。体置宁小勿大，形制也较为细巧，用竹、木、石、砖瓦等地方性传统材料均可修建。现在更多的是用钢筋混凝土或兼以轻钢、铝合金、玻璃钢、镜面玻璃等新材料组建而成。

园亭，是指园林绿地中精致细巧的小型建筑物。可分为供人休憩观赏的亭和具有实用功能的票亭、售货亭等几大类。

（一）园亭的功能与作用

园林之中，亭的作用可以概括为“观景”和“景观”两个方面。

在园林中，亭常常作为游人停留、小憩的场所，并可以避免日晒、雨淋，这是亭榭的最基本功能。然而，与原始亭榭含义稍有不同的是：园亭除了为游人提供休息场所外，还要考虑游人的游览需要。因为游园与赶路不同，人们在赶路途中的休息主要为了恢复体力，而游园之时，观览四周景致有时较休息更为重要，所以园林中的亭榭要结合园林的地形、环境来建造。在园景构成中，亭榭与其他园林建筑一样，常会成为视线的焦点，因此，亭榭的设置常被当做重要的点景手段。因亭榭造型优美、形式多变，因而山巅水际、花间竹里若置一亭榭，往往会平添无限诗意。另外，还有许多为特定的目的而建造的亭榭，如传统名胜、园林中的碑亭、井亭、纪念亭、鼓乐亭等；现代公园中，亭榭被赋予了更多的用途，如书报亭、茶水亭、展览亭、摄影亭等。

（二）亭的分类

亭的分类方式有多种，见表5-1。

表5-1　园亭的分类

类别	内容
按平面分	(1)正多边形　正多边形尤以正方形平面是几何形中最严谨、规整、轴线布局明确的图形。常见多为三、四、五、六、八角形亭。 (2)长方形　平面长阔比多接近于黄金分割1∶1.6，由于亭同殿、阁、厅堂不同，其体量小巧，常可见其全貌，比例若过于狭长就不具有美感的基本条件了。同时平面为长方形的亭多用面阔为三间，三间四步架。 江南路亭——常用二间面阔； 水榭——进深三间四步架或六步架。 梁架布局：亭尤以歇山亭榭与殿、阁、厅堂异曲同工，然更自由，江南多遵循古制。 山花——明代及明以前是作悬山，清代则出现了硬山山花。 (3)仿生形亭　睡莲形，扇形(优美，华丽)，十字形(对称，稳定)，圆形(中心明确，向心感强)，梅花形。 (4)多功能复合式亭
按亭顶分	(1)攒尖式　角攒易于表达向上，高峻，收集交汇的意境；圆攒表达向上之中兼有灵活、轻巧之感。 (2)歇山　易于表达强化水平趋势的环境。 (3)卷棚　卷棚歇山亭顶的具体易于表现平远的气势。 (4)路顶与开口顶。 (5)单檐与重檐的组合
按柱分	单柱——伞亭； 双柱——半亭； 三柱——角亭； 四柱——方亭，长方亭； 五柱——圆亭，梅花五瓣亭； 六柱——重檐亭，六角亭； 八柱——八角亭； 十二柱——方亭，12个月份亭，12个时辰亭； 十六柱——文亭，重檐亭
按材料分	地方材料：木，竹，石，茅草亭； 混合材料(结构)：复合亭； 轻钢亭； 钢筋混凝土亭——仿传统，仿竹，书皮，茅草亭； 特种材料(结构)亭——塑料树脂，玻璃钢，薄壳充气软结构，波折板，网架
按功能分	休憩遮阳遮雨——传统亭，现代亭； 观赏游览——传统亭，现代亭； 纪念，文物古迹——纪念亭，碑亭； 交通，集散组织人流——站亭，路亭； 骑水——廊亭，桥亭； 倚水——楼台水亭； 综合——多功能组合亭

（三）园亭的位置选择

位置选择应考虑两个方面的因素：一是要遮阴避雨，有良好的观赏条件，即是由内向外好看，因此要设在能观赏风景的地方；二是园亭也是风景的组成部分，所以亭的设计要与周围环境相协调，自身应具有观赏作用，即由外向内也好看。园亭要建在风景好的地方，使入内歇足休息的人有景可赏留得住人，同时更要考虑建亭后成为一处园林美景，园亭在这里往往可以起到画龙点睛的作用。

1. 山地设亭

中、小型的园林，如果周围绿化封闭较好，并有优美的借景，将亭设在山顶或山脊处，很易形成该园的构图中心。反之，若山顶和山脊处无景可赏，那么亭就应该设在视线较低的山腰部分，在比较高大的山上设亭，其位置应设在山腰且地势向外凸出。切忌将亭设置于山巅，避免形成降低山的高度的视觉感受效果。

2. 水边和水上设亭

水面较小，亭宜设在临水或水中，且接近水面，体形宜小。水面较大时，常在长桥上设桥亭，结合划分空间，为人们提供驻足欣赏岸边景色的处所。如图5-1所示。

图5-1　水边和水上设亭

3. 平地设亭

在平地上建亭视点较低，亭的基座要抬高些，且设在其周围环境有景可赏的位置。若环境较封闭，应避开风景透视线。切忌将亭设在交通干道一侧或路口处，起不到休息和赏景的作用。如图5-2所示。

（四）园亭的设计构思

1. 园亭构思要求

① 选择所设计的园亭，是传统或是现代，是中式或是西洋，是自然野趣或是奢华富贵，这些款式的不同是不难理解的。

② 同种款式中，平面、立面、装修的大小、形状、繁简也有很大的不同，应仔细斟酌。

③ 所有的形式、功能、建材是在演变进步之中的，常常是相互交叉的，必须着重于创造。

图 5-2 平地设亭

只有深入考虑这些环节，才能标新立异，不落俗套。

2. 园亭的平面

园亭体量小，平面严谨。自然状伞亭起，三角、正方、长方、六角、八角以至圆形、海棠形、扇形，由简单而复杂，基本上都是规则几何形体，或再加以组合变形。根据这个道理，可构思其他形状，也可以和其他园林建筑如花架、长廊、水榭组合成一组建筑。一般的亭只作休息、点景之用，因此体量上不宜过大过高。亭的直径一般为 3～4m，小的有 2m，大的可为 5m，亭的大小应以环境来决定。

园亭的平面布置，一种是一个出入口，终点式的；另一种是两个出入口，穿过式的。视亭大小而采用。如图 5-3 所示。

图 5-3 园亭的平面布置

3. 园亭的立面

园亭的立面因款式的不同有很大差异，但有一点是共同的，就是内外空间相互渗透，立面显得开畅通透；个别有四面装门窗的。

园亭的立面，可以分成几种类型。这是决定园亭风格款式的主要因素。如：中国古典、西洋古典传统式样。这种类型都有程式可依，困难的是施工十分繁复。

中国传统园亭柱子有木和石两种，用真材或混凝土仿制；但屋盖变化多，如以混凝土代替木，则所费工、料均不合算，效果也不太理想。西洋传统型式有现在市面有各种规格的玻璃钢、GRC 柱式、檐口，可在结构外套用。

园亭顶面分为古典和现代形式。古典有攒尖和歇山等形式。

攒尖是指建筑物的屋面与顶部有四条垂脊，在顶部交汇为一点，形成尖顶，如图 5-4 所示。

图 5-4　攒尖顶亭

歇山建筑是明清建筑中最基本、最常见的一种建筑形式。歇山建筑屋面峻拔陡峭，四角轻盈翘起，玲珑精巧，气势非凡；歇山建筑屋顶四面出檐，其中，前后檐檐缘的后尾搭置在前后檐的下金檩上，两山面檐椽后尾则搭置在山面的一个既非梁又非檩的特殊构件上，这个只有歇山建筑才有的特殊构件叫“踩步金”，如图 5-5 所示。

图 5-5　歇山顶

现代有平顶、斜坡、曲线等各种式样，要注意园亭平面和组成均甚简洁，观赏功能又强，因此屋面变化不妨要多一些。如做成折板、弧形、波浪形，或者用新型建材、瓦、板材；或者强调某一部分构件和装修，来丰富园亭外立面。

现代园亭可根据环境要求做成仿自然、野趣和仿生的式样。目前用得多的是竹、松木、棕榈等植物外形或木结构、真实石材或仿石结构，用茅草作顶也特别有表现力，还有帐幕等新式样，以其自然柔和的曲线，应用日渐增多。

现代园亭的形式如图5-6～图5-9所示。

图5-6　现代亭仿西瓜

图5-7　现代亭古为今用

（五）园亭的设计要点

有关亭的设计归纳起来应掌握下面几个要点。

① 必须选择好位置，按照总的规划意图选点。

② 亭的体量与造型的选择，主要应看它所处的周围环境的大小、性质等，因地而定。

图 5-8 玻璃钢亭

图 5-9 拉膜亭

③ 亭的材料及色彩，应力求就地选用地方材料，不只加工便利，又易于配合自然。

二、亭的画法及表现

亭的造型极为多样，从平面形状可分为圆形、方形、三角形、六角形、八角形、扇面形、长方形等。亭的平面画法（图 5-10）十分简单，但其立面和透视画法则非常复杂。

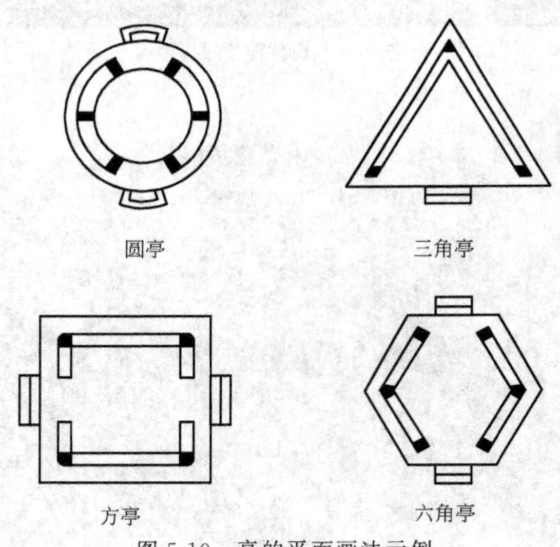

图 5-10 亭的平面画法示例

亭的形状不同，其用法和造景功能也不尽相同。三角亭以简洁、秀丽的造型深受设计师的喜爱。在平面规整的图面上三角亭可以分解视线，活跃画面。而各种方亭、长方亭则在与其他建筑小品的结合上有不可替代的作用。

三、亭的立面图绘制

方亭的立面图如图 5-11 所示。

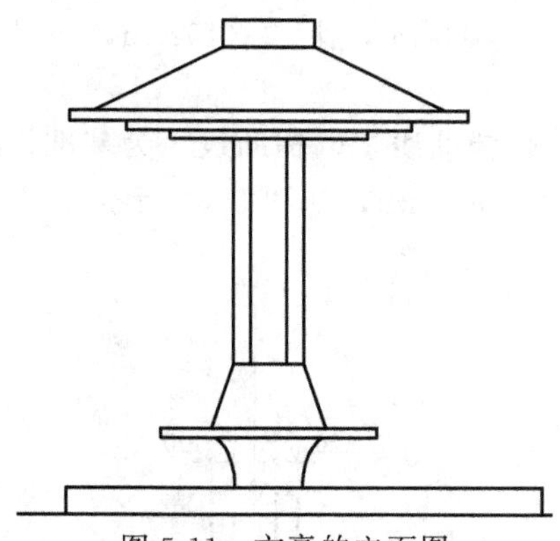

图 5-11　方亭的立面图

方亭绘制步骤如下。

① 用直线命令绘制地平线。

② 用矩形工具绘制 3000mm×150mm 的地台。

③ 在距地台左边 1200mm 位置，画垂直辅助线 1，如图 5-12 所示。

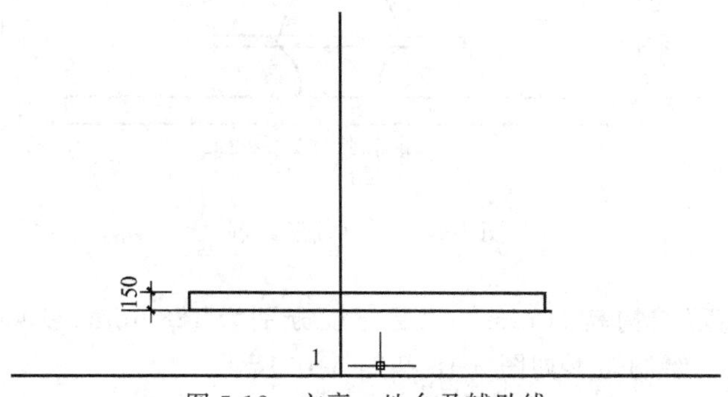

图 5-12　方亭、地台及辅助线

④ 分别在辅助线 1 两侧，以 220mm、130mm、300mm 绘制辅助线。

⑤ 以辅助线 1 为基准，用矩形工具绘制坐凳，离地台 300mm，尺寸为 1300mm×60mm。

⑥ 坐凳左侧，辅助线 3 位置到辅助线 2 位置用弧线绘制底座，右侧同理。如图 5-13 所示。

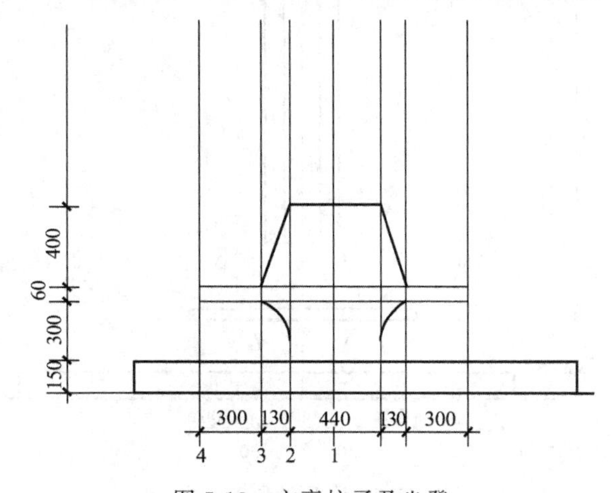

图 5-13　方亭柱子及坐凳

⑦ 方亭柱子下部，绘制高 400mm，上边 440mm，下边 700mm 的梯形，如图 5-13 所示。

⑧ 删除辅助线 1 以外的其余辅助线，以辅助线 1 为基准，对称绘制方亭柱子。

⑨ 柱直径为 120mm，高为 1640mm，如图 5-14 所示。

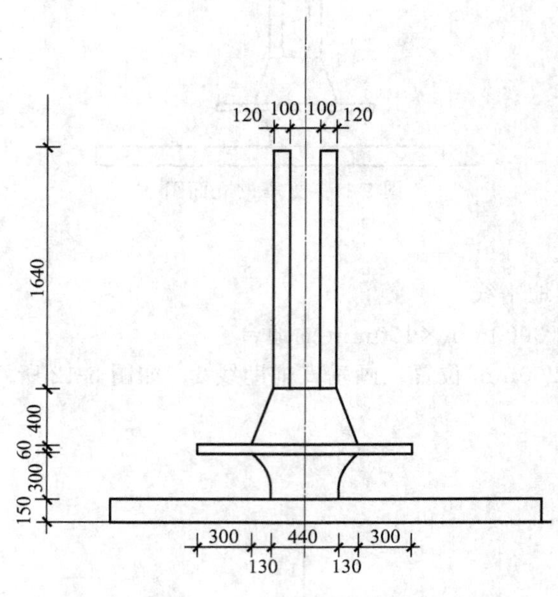

图 5-14　方亭柱子绘制

⑩ 绘制亭顶。每层结构高 60mm，三层宽度分别为 1280mm、1900mm、2600mm。引三根直线，确定端点，绘制矩形如图 5-15 和图 5-16 所示。

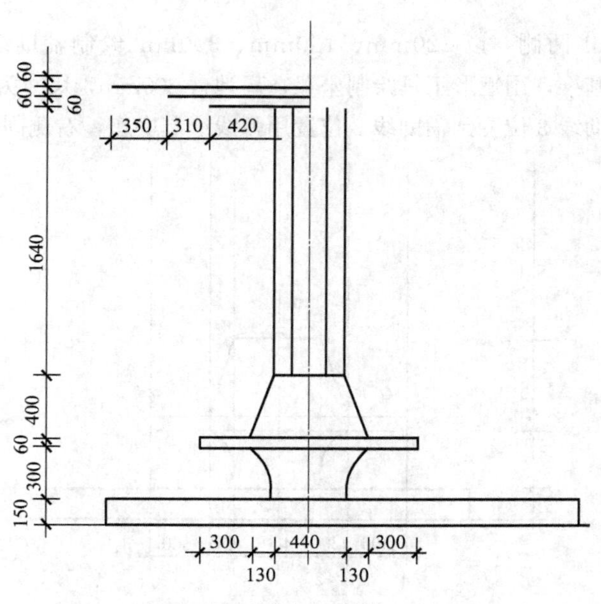

图 5-15　亭顶绘制第一步

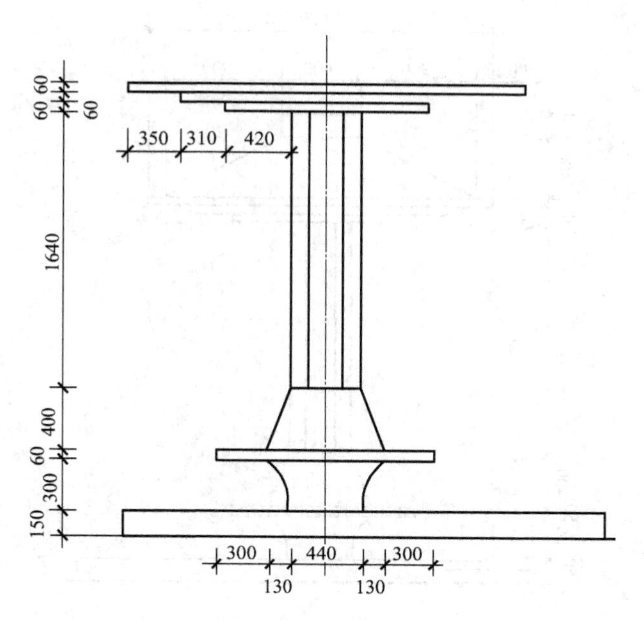

图 5-16 亭顶绘制第二步

方亭顶，高 400mm，左右收 100mm，上边 600mm，下边 2400mm 的梯形，如图 5-17 所示。

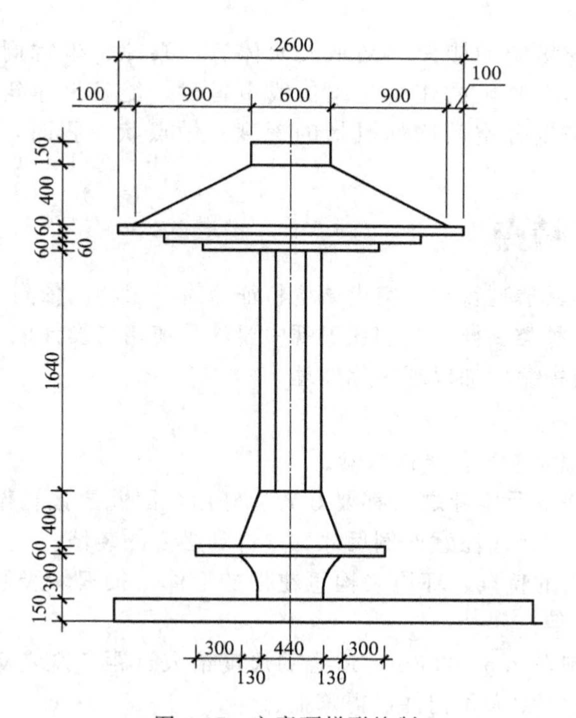

图 5-17 方亭顶梯形绘制

⑪ 方亭完成效果如图 5-18 所示。

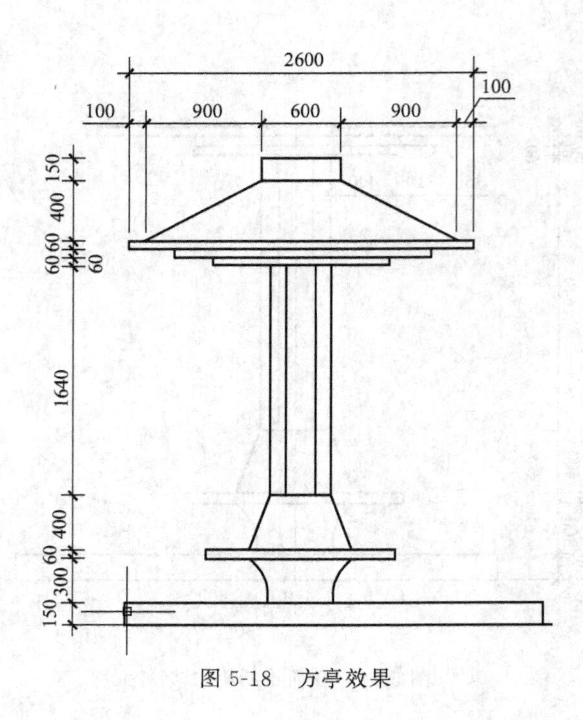

图 5-18　方亭效果

第二节　花架绘制

花架是供攀缘植物攀爬的棚架，又是人们休息、乘凉、坐赏周围风景的场所。它造型灵活、富于变化，具有亭廊的作用。作长线布置时，能发挥建筑空间的脉络作用，形成导游路线，也可用来划分空间增加风景的深度；做点状布置时，可自成景点，可形成观赏点。

一、花架的基本特点

花架的表现要根据其造型特点，突出结构特征。对于植物的依附表达以不阻碍对花架本身表现为原则。花架的种类多样，我们在表现中要注重使用与设计风格相协调的造型，表现时要对花架的样式和透视角度加以理想化处理。

1. 花架设计要点

① 花架体型不宜太大，尽量接近自然。

② 花架在绿荫掩映下及落叶之后都要好看、好用，因此要把花架作为一件艺术品，而不单作为构筑物来设计，且应注意比例尺寸、选材和必要的装修。

③ 要根据攀缘植物的特点、环境来构思花架的形体；根据攀缘植物的生物学特性，来设计花架的构造、材料等。

④ 花架高度应控制在 2.5～2.8m，适宜的尺度给人近距离观赏藤蔓植物的机会。花架开间一般控制在 3～4m，太大了构件显得笨拙臃肿。

⑤ 花架的四周，一般都较为通透开畅，除了做支承的墙、柱，没有围墙门窗。花架的上下两个平面，也并不一定要对称和相似，可以自由伸缩交叉，相互引申，使花架置身于园林之内，融汇于自然之中，不受阻隔。

2. 花架的造型

花架的形式多种多样，主要有以下几种表现形式。

① 单片花架、透视效果表现，如图 5-19 所示。

图 5-19　单片花架的透视表现

② 直廊式花架、透视效果表现，如图 5-20 所示。

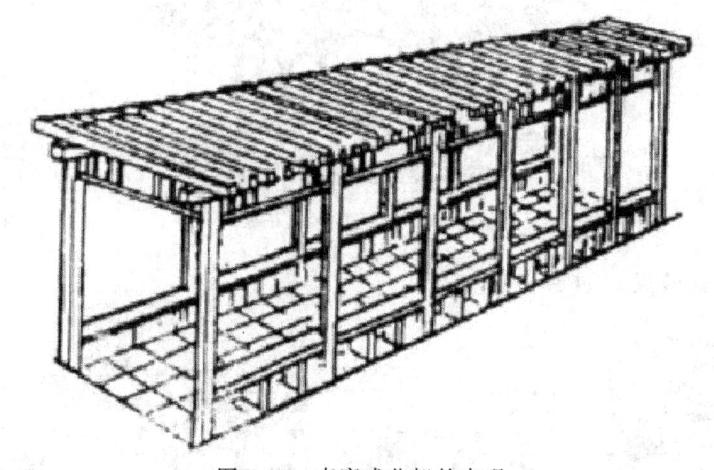

图 5-20　直廊式花架的表现

③ 单柱 V 形花架的效果表现，如图 5-21 所示。

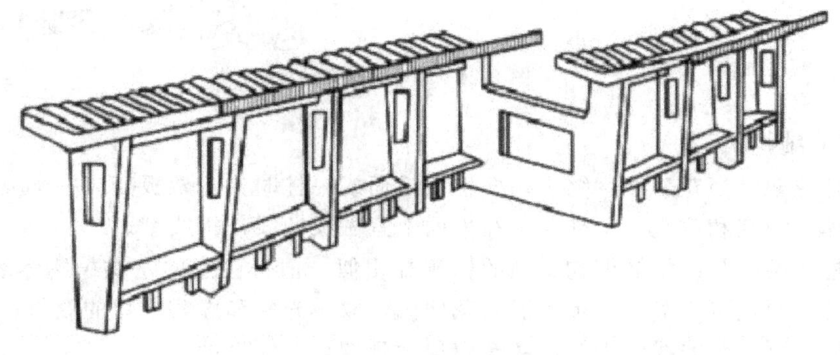

图 5-21　单柱 V 形花架

④ 弧顶直廊式花架效果，如图 5-22 所示。

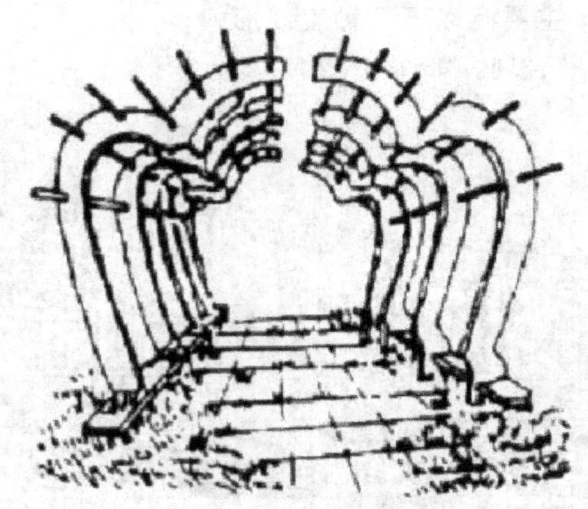

图 5-22　弧顶直廊式花架

⑤ 环形廊式花架效果，如图 5-23 所示。

图 5-23　环形廊式花架

⑥ 组合式花架效果，如图 5-24 所示。

图 5-24　组合式花架

3. 花架的结构类型

(1) 单柱花架　当花架宽度缩小，两柱接近而成一柱时，花架板变成中部支承，两端外悬。为了整体的稳定和美观，单柱花架在平面上宜做成曲线、折线型。

(2) 双柱花架　与以攀缘植物做顶的休憩廊相似。值得注意的是供植物攀缘的花架板，其平面排列可等距也可不等距，板间嵌入花架砧，取得光影和虚实变化的效果；其立面也不一定是直线的，可以为曲线、折线，甚至由顶面延伸至两侧地面。

（3）各种供攀缘用的花墙、花瓶、花钵、花柱。

4. 花架常用建筑材料

（1）竹木材　朴实、自然、价廉、易于加工，但耐久性差。竹材限于强度及断面尺寸，梁柱间距不宜过大。

（2）钢筋混凝土　可根据设计要求浇灌成各种形状，也可做成预制构件，现场安装，灵活多样，经久耐用，使用最为广泛。

（3）石材　厚实耐用，但运输不便，常用块料做花架柱。

（4）金属材料　轻巧易制，构件断面及自重均小，采用时要注意使用地区和选择攀缘植物种类，以免炙伤嫩枝叶，并应经常油漆养护，以防脱漆腐蚀。

（5）玻璃钢　常用于花钵、花盆。

配植合适美观的植物要根据花架的材料、高度及当地的气候条件，如金属材料或比较低矮的花架可以攀缘藤本月季，竹木材料、钢筋混凝土及比较高的花架可以攀缘紫藤、芸实、三叶木通等。

5. 花架的色彩

花架的色彩主要是通过其形体感、质感和色泽感的花架材料来传递人们视觉感触的。一般的花架主要使用人工材料，当然也不乏由一些木材、竹材或塑料胶制成。一般钢筋混凝土预制的架条要将其表面涂上白色的涂料，如果做成仿木制成仿木制的形式，则应与原材料有相同的色彩。花朵的植物使用，具有广泛的选择性，因设计要求可选择有观花、观果或观叶的植物种类来布置花架，营造一份有绿叶、有黄花、有红果的景观。

二、花架绘制方法

1. 建立图层

打开“图层特性管理器”对话框，先建立基础、柱梁、花架条、辅助、标注、文字说明、图框等层。图层的颜色设置参照对话框，“辅助”层的线型为“ACAD、IS003W100”，其余各层的线型为“Continuous”，设置如图 5-25 所示。

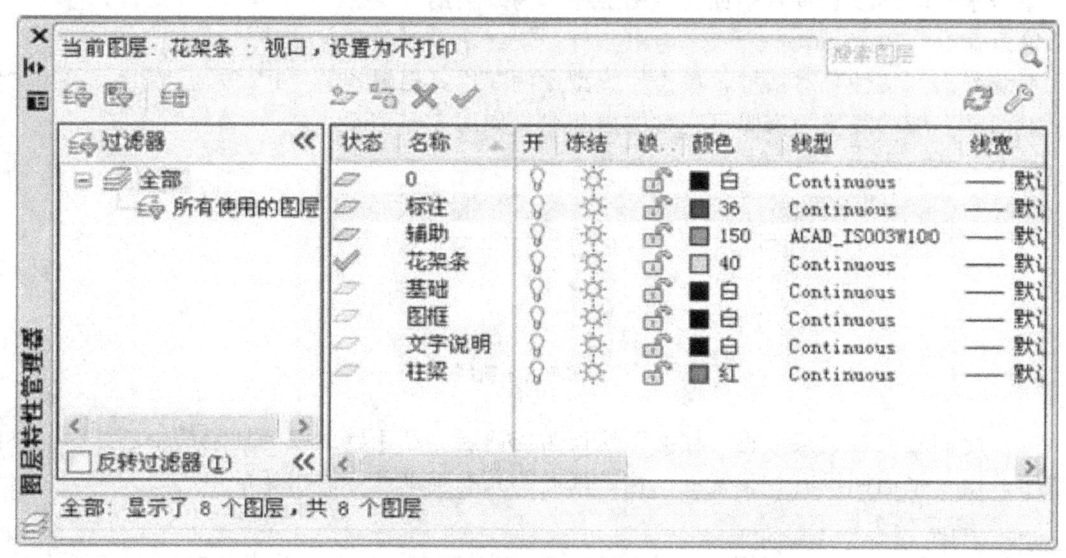

图 5-25　建立图层

2. 绘制花架平面图

花架的柱、梁和花架条等是花架的主要构件，尺寸的标注是以它们的中心尺寸为基准点进行的，因此我们先进行辅助线的绘制。由于图形线条比较规则而重复，可先进行单个的柱、花架条绘制，然后用阵列工具等距离复制即可。

（1）辅助线绘制　单击特性工具条中图层表框右侧省略按钮，在图层的下拉表框中选择“辅助”层，并将“辅助”层设为当前层。为方便画辅助线可打开正交方式水平辅助线绘制：

输入命令：Line

指定第一点：2600，8600　　（选取左侧中间一点）

指定下一点或［放弃（U）］：@22000，0

指定下一点或［放弃（U）］：

水平辅助线完成，然后输入：Zoom

指定窗口的角点，输入比例因子（nX 或 nXP），或者［全部（A）/中心点（C）/动态（D）/范围（E）/上一个（P）/比例（S）/窗口（W）/对象（O）］<实时>：A

重新生成模型，全图显示水平辅助线。

垂直辅助线绘制如图 5-26 所示。

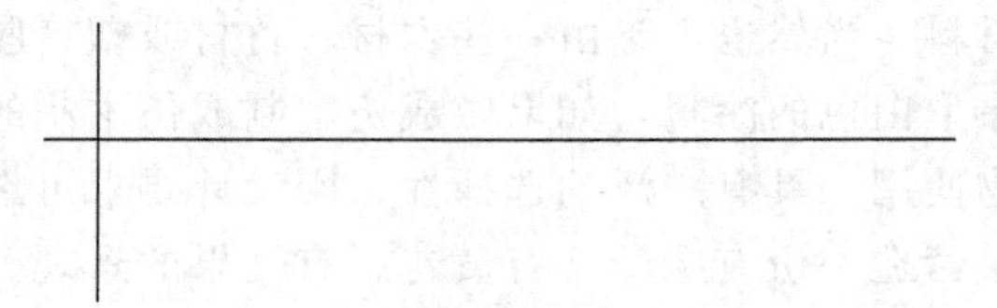

图 5-26　辅助线绘制

输入命令：Line

指定第一点：3600，10000

指定下一点或［放弃（U）］：@0，－4500

指定下一点或［放弃（U）］：

单击水平辅助线和垂直辅助线，图层显示为“辅助”层。

输入命令：Properties

系统弹出“特性”对话框，单击“线型比例”栏，把缺省的“1”改为“10”，关闭“特性”对话框。辅助线变为肉眼可观察的虚断线，如图 5-27 所示。

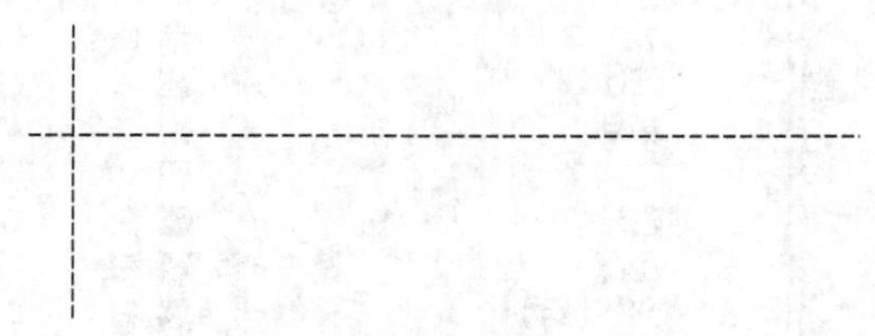

图 5-27　虚断线

（2）绘制花架柱、梁　将“柱梁”层设为当前层。利用辅助线为柱梁的中心线，对称绘制柱子。由于平面图没有花架梁的结构，因此，只有辅助线标志出梁的中心线。

① 绘制第一个柱子。

打开“草图设置”对话框，勾选端点、中点、圆心、交点，单击“确定”后返回绘图区域。

单击状态行的按钮□，打开“对象捕捉”。

花架柱子绘制的具体步骤如下：

输入命令：Polygon

输入边的数目<4>：

指定正多边形的中心点或 [边（E）]：（把光标靠近辅助线的交叉点屏幕出现交点符号）

输入选项 [内结于圆（I）/外切于圆（C）]<I>：C

指定圆的半径：150

即完成花架柱子的绘制。

② 其余柱子绘制。

打开“阵列”命令对话框，单击“矩形阵列”，在“行”的表框中输入“1”，在“列”的表框中输入“7”；在“行”偏移距离中输入“0”，在“列”偏移距离中输入“3000”。

“选择对象”按钮下显示“已选择 0 个对象”；单击“选择对象”按钮，光标变为小方框，选择柱子和垂直辅助线，命令行显示：

选择对象：指定对角点，找到 2 个

选择对象：

窗口再次弹出“阵列”命令对话框，对话框中“选择对象”按钮下显示“已选择 2 个对象”；单击“确定”后返回绘图区域，如图 5-28 所示。

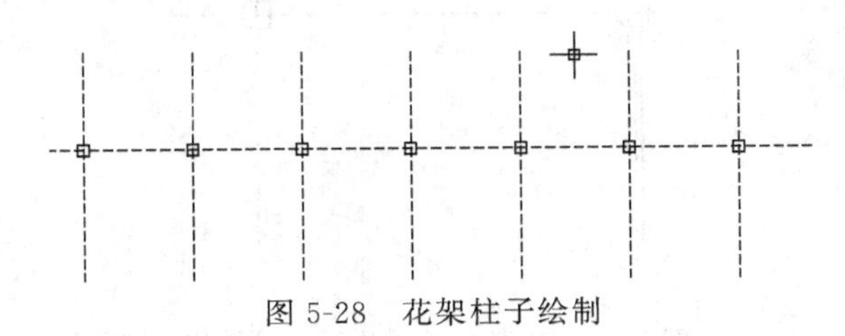

图 5-28　花架柱子绘制

③ 花架条绘制。

将“花架条”层设为当前层。

在绘制前先用鼠标单击状态行的按钮□，或按下“F3”键，关闭“对象捕捉”，以免点的捕捉对绘图造成干扰。

绘图区域显示放大的垂直辅助线。如图 5-29 所示。

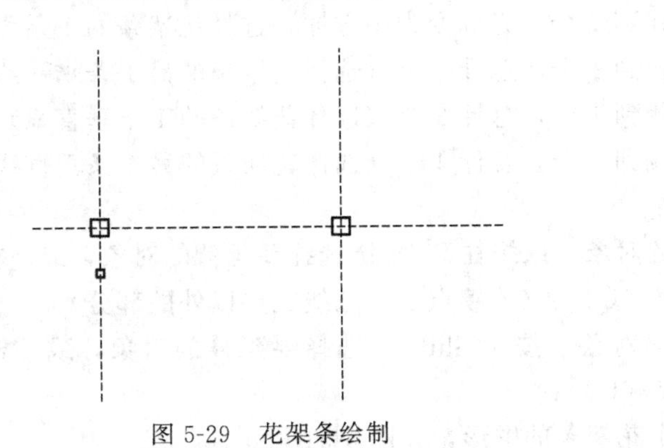

图 5-29　花架条绘制

输入命令：Offset

当前设置：删源＝否　图层＝源　OFFSETGAPTYPE＝0

指定偏移距离或［通过（T）/删除（E）/图层（L）］<通过>：1800

选择要偏移的对象，或［退出（E）/放弃（U）］<退出>：（光标变为小方框，单击水平辅助线）

指定要偏移的那一侧上的点，或［退出（E）/多个（M）/放弃（U）］<退出>：（在水平辅助线上方任意点单击，水平　辅助线上方出现一条相同的水平线）

选择要偏移的对象，或［退出（E）/放弃（U）］<退出>：（光标变为小方框，再次单击水平辅助线）

指定要偏移的那一侧上的点，或［退出（E）/多个（M）/放弃（U）］<退出>：（在水平辅助线下方任意点单击，水平　辅助线下方也出现一条相同的水平线）

选择要偏移的对象，或［退出（E）/放弃（U）］<退出>：

结束水平线及垂直线的偏移，如图 5-30 所示。

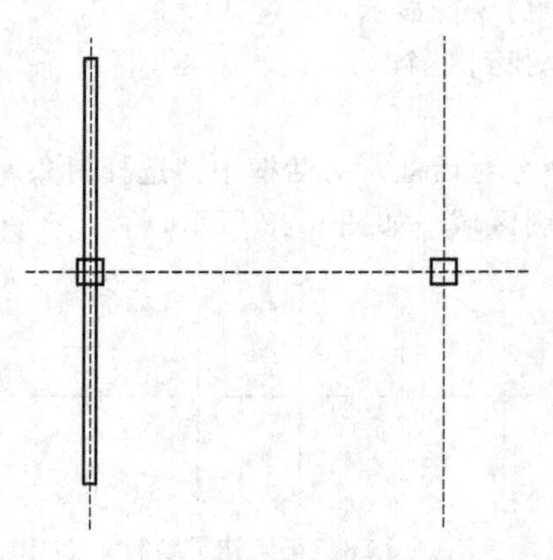

图 5-30　结束水平线及垂直线偏移

回到绘图区域，进行线条多余部分的剪切：

输入命令：Trim

当前设置：投影＝UCS，边＝延伸

选择剪切边……

选择对象：找到 1 个（光标变为小方框，选择花架条的 1 条水平线）

选择对象：找到 1 个，总计 2 个（选择花架条的另 1 条水平线）

选择对象：找到 1 个，总计 3 个（选择花架条的 1 条垂直线）

选择对象：找到 1 个，总计 4 个（选择花架条的另 1 条垂直线）

选择对象：

选择要修剪的对象，或按住 Shift 键选择要延伸的对象，或［栏选（F）/窗交（C）/投影（P）/边（E）/放弃（U）］：（连续点击 4 条线交点以外的部分）

选择要修剪的对象，按住 Shift 键选择要延伸的对象，或［栏选（F）/窗交（C）/投影（P）/边（E）/放弃（U）］：

得到花架 1 个花架条的图形，如图 5-31 所示。

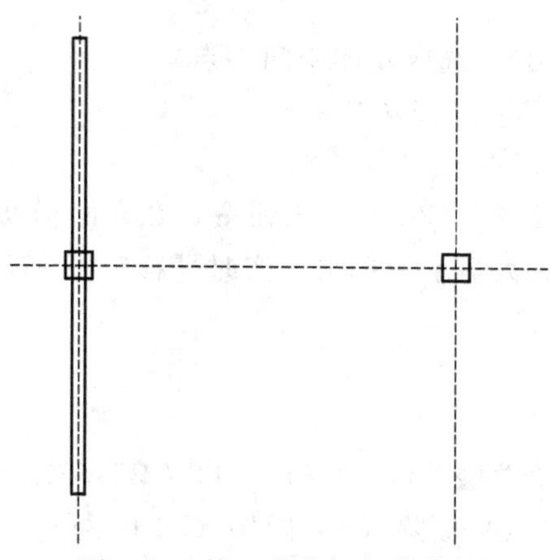

图 5-31　第一个花架条的绘制

其余花架条绘制用“阵列”的方法进行，方法同柱子阵列，如图 5-32 所示。

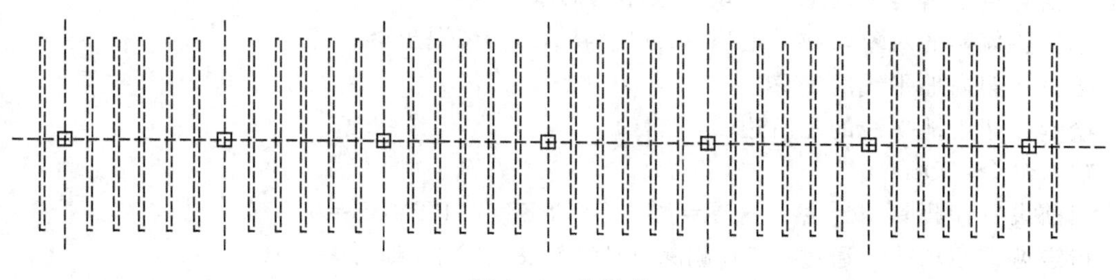

图 5-32　花架条

3. 花架正立面绘制

(1) 辅助线绘制　将“辅助”层设为当前层并打开正交方式。

绘出柱子的垂直辅助线，与平面图上的垂直辅助线保持一致：

输入命令：Line

指定第一点：3600，17000

指定下一点或［放弃（U)］：@0，4000

指定下一点或［放弃（U)］：

输入命令：Zoom

指定窗口的角点，输入比例因子（nX 或 nXP)，或者［全部（A)/中心点（C)/动态（D)/范围（E)/上一个（P)/比例（S)/窗口（W)/对象（O)］<实时>：A

重新生成模型，显示全图。

输入命令：Matchprop（或用鼠标单击“特性匹配”命令按钮）

选择源对象：(用鼠标单击平面图中虚断的垂直辅助线)

选择目标对象或［设置（S)］：(用鼠标单击立面图中的垂直辅助线)

选择目标对象或［设置（S)］：

结束命令，立面图中的垂直辅助线也成为肉眼可见的虚断线。

(2) 绘制地平线　将“基础”层设为当前层；打开正交方式。

先绘制室外地平线，具体步骤如下：

命令：Line

指定第一点：1000，17000（选取左侧中间一点）

指定下一点或［放弃（U）］：@24000，0

指定下一点或［放弃（U）］：

绘图区右键单击“窗口缩放”（Zoom）按钮，在立面辅助线的左上角单击，拖动选框至室外地平线右下角，图像放大显示；单击“实时平移”（PAN）按钮，将图像调整到屏幕合适的位置。

绘制花架内的地平线：

输入命令：Offset

当前设置：删除源＝否　图层＝源　OFFSETGAPTYPE＝0

指定偏移距离或［通过（T）删除（E）/图层（L）］＜通过＞：150

选择要偏移的对象，或［退出（E）/放弃（U）］＜退出＞：（单击地平线）

指定要偏移的那一侧上的点，或［退出（E）/多个（M）/放弃（U）］＜退出＞：（在地平线上方任意点单击地平线上方出现一条相同的水平线）

选择要偏移的对象，或［退出（E）/放弃（U）］＜退出＞：

结束花架内地平线的偏移。

绘制花架内地平线的左右边线：

输入命令：Offset

当前设置：删除源＝否　图层＝源　OFFSETGAPTYPE＝0

指定偏移距离或［通过（T）/删除（E）/图层（L）］＜通过＞：1000

选择要偏移的对象，或［退出（E）/放弃（U）］＜退出＞：（单击花架梁的垂直辅助线）

指定要偏移的那一侧上的点，或［退出（E）/多个（M）/放弃（U）］＜退出＞：（在花架梁的垂直辅助线左侧任意点　单击，左侧出现一条相同的垂线）

选择要偏移的对象，或［退出（E）/放弃（U）］＜退出＞：

输入命令：Offset

指定偏移距离或［通过（T）/删除（E）/图层（L）］＜1000＞：19000

选择要偏移的对象，或［退出（E）/放弃（U）］＜退出＞：（选择花架梁的垂直辅助线）

指定要偏移的那一侧上的点，或［退出（E）/多个（M）/放弃（U）］＜退出＞：（在花架梁的垂直辅助线右侧任意点单击）

选择要偏移的对象，或［退出（E）/放弃（U）］＜退出＞：

花架内地平线的左右边线绘制完成。

回到绘图区域，选择花架内地平线的水平和垂直边线，将多余的部分剪切，如图 5-33 所示。

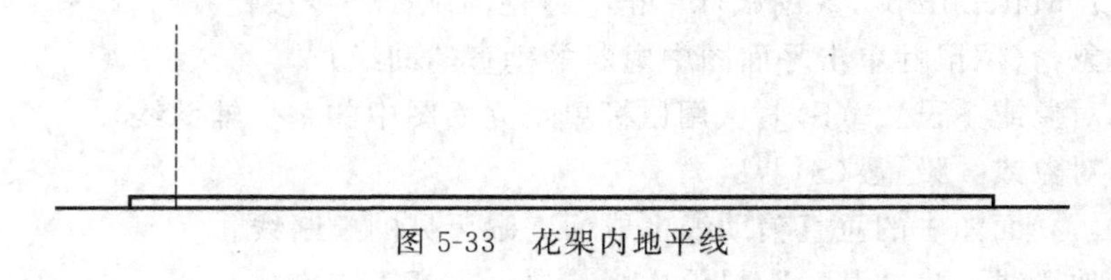

图 5-33　花架内地平线

(3) 梁柱线绘制　将“辅助”层设为当前层。绘出花架的梁。

输入命令：Offset

当前设置：删除源＝否　图层＝源　OFFSETGAPTYPE＝0

指定偏移距离或［通过（T）/删除（E）/图层（L）］＜通过＞：3200

选择要偏移的对象，或［退出（E）/放弃（U）］＜退出＞：(单击花架梁内地平线)

指定要偏移的那一侧上的点，或［退出（E）/多个（M）/放弃（U）］＜退出＞：(在花架梁内地平线上方任意点单击，上方出现一条相同的水平线)

选择要偏移的对象，或［退出（E）/放弃（U）］＜退出＞：

花架梁的下边线绘制完成。

输入命令：Offset

当前设置：删除源＝否　图层＝源　OFFSETGAPTYPE＝0

指定偏移距离或［通过（T）/删除（E）/图层（L）］＜通过＞：200

选择要偏移的对象，或［退出（E）/放弃（U）］＜退出＞：(单击花架梁的下边线)

指定要偏移的那一侧上的点，或［退出（E）/多个（M）/放弃（U）］＜退出＞：(在花架梁的下边线上方任意点单击，上方出现一条相同的水平线)

选择要偏移的对象，或［退出（E）/放弃（U）］＜退出＞：

花架梁的上边线绘制完成。

输入命令：Offset

当前设置：删除源＝否　图层＝源　OFFSETGAPTYPE＝0

指定偏移距离或［通过（T）/删除（E）/图层（L）］＜通过＞：900

选择要偏移的对象，或［退出（E）/放弃（U）］＜退出＞：(选择花架梁的垂直辅助线)

指定要偏移的那一侧上的点，或［退出（E）/多个（M）/放弃（U）］＜退出＞：(在花架梁的垂直辅助线左方任意点单击，左方出现一条相同的垂直线)

选择要偏移的对象，或［退出（E）/放弃（U）］＜退出＞：

输入命令：Offset

当前设置：删除源＝否　图层＝源　OFFSETGAPTYPE＝0

指定偏移距离或［通过（T）/删除（E）/图层（L）］＜通过＞：18900

选择要偏移的对象，或［退出（E）/放弃（U）］＜退出＞：(选择花架梁的垂直辅助线)

指定要偏移的那一侧上的点，或［退出（E）/多个（M）/放弃（U）］＜退出＞：(在花架梁的垂直辅助线右方任意点单击，右方出现一条相同的垂直线)

选择要偏移的对象，或［退出（E）/放弃（U）］＜退出＞：

花架梁的左右边线绘制完成。回到绘图区域，选择花架梁的上下左右4条边线，将多余的部分剪切，得到花架梁的图形。

(4) 立面柱子和花架条

根据图纸提供的尺寸，柱子正立面宽度为220mm，花架正立面宽度为100mm，先进行单个柱子和花架条的绘制，再用阵列命令绘制出全部柱子和花架条。

① 绘制单个柱子。

输入命令：Zoom

指定窗口的角点，输入比例因子（nX或nXP），或［全部（A）/中心点（C）/动态（D）/范围（E）/上一个（P）/比例（S）/窗口（W）/对象（O）］＜实时＞：(光标在垂直辅助线的左上角单击，确定缩放窗口的第一个角点)

指定对角点：(光标在辅助线的右下角单击，确定缩放窗口的第二个角点)

重新生成模型，图形按选择框放大显示。

输入命令：Offset

当前设置：删除源＝否　图层＝源　OFFSETGAPTYPE＝0

指定偏移距离或［通过（T）/删除（E）/图层（L）］<通过>：100

选择要偏移的对象，或［退出（E）/放弃（U）］<退出>：(方形光标单击辅助线)

指定要偏移的那一侧上的点，或［退出（E）/多个（M）/放弃（U）］<退出>：(光标在辅助线左侧任意点单击)

选择要偏移的对象，或［退出（E）/放弃（U）］<退出>：(方形光标单击辅助线)

指定要偏移的那一侧上的点，或［退出（E）/多个（M）/放弃（U）］<退出>：
(光标在辅助线右侧任意点单击)

选择要偏移的对象，或［退出（E）/放弃（U）］<退出>：

以花架内地平线的水平边线和梁的下边线为界，将花架立面柱子多余的部分剪切。

立面图中垂直辅助线两侧的花架柱子由“辅助”层的虚断线成为“柱梁”层的实线。

至此花架正立面单个柱子绘制完成，如图 5-34 所示。

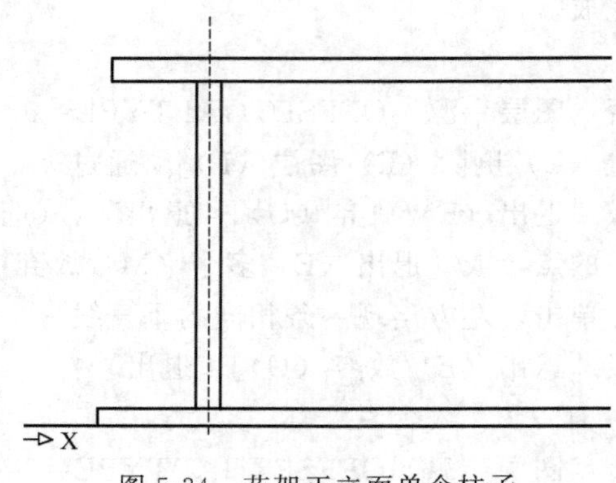

图 5-34　花架正立面单个柱子

② 单个花架条绘制。

输入命令：Offset

当前设置：删除源＝否　图层＝源　OFFSETGAPTYPE＝0

指定偏移距离或［通过（T）/删除（E）/图层（L）］<通过>：60

选择要偏移的对象，或［退出（E）/放弃（U）］<退出>：(方形光标单击辅助线)

指定要偏移的那一侧上的点，或［退出（E）/多个（M）/放弃（U）］<退出>：(光标在辅助线左侧任意点单击)

选择要偏移的对象，或［退出（E）/放弃（U）］<退出>：(方形光标单击辅助线)

指定要偏移的那一侧上的点，或［退出（E）/多个（M）/放弃（U）］<退出>：(光标在辅助线右侧任意点单击)

选择要偏移的对象，或［退出（E）/放弃（U）］<退出>：(回车或单击右键，结束命令)

以花架梁的上下边线为界，将花架条立面多余的部分剪切。选择修剪后得到的 2 条短线，单击“特性”按钮▣运行特性命令，在对话框中选择“图层”栏，单击“辅助”右侧的下拉菜单按钮，在下拉表中选择“花架条”层。至此完成正立面单个花架条绘制，如图 5-35 所示。

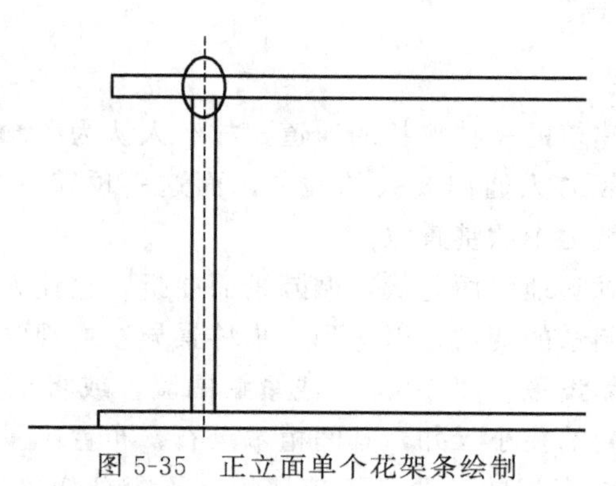

图 5-35　正立面单个花架条绘制

③ 全部柱子及花架条绘制。

首先单击“缩放前一个视图”按钮，回复到原来的（全）视图。

运行阵列命令复制其余的柱子。如图 5-36 所示。

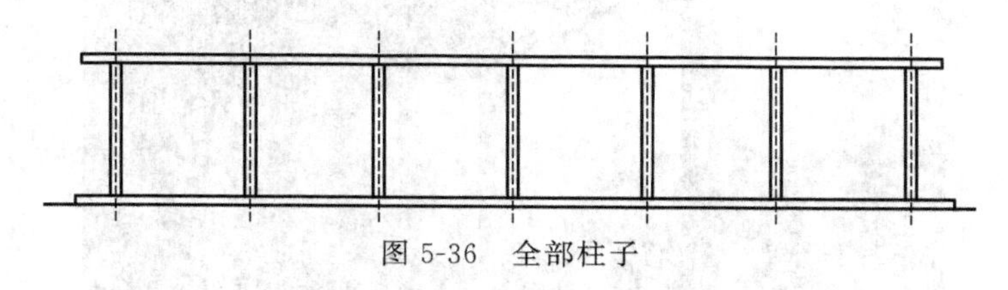

图 5-36　全部柱子

先绘制辅助线右侧的花架条。按“Enter”键，重复阵列命令；系统弹出“阵列”命令对话框，单击“选择对象”按钮后返回绘图界面，选择垂直辅助线两侧的花架条，按“Enter”键返回阵列对话框进行参数设置，确定后返回绘图区域，完成辅助线右侧花架条的绘制。

按“Enter”键重复阵列命令，选择花架条，并进行阵列参数设置，由于向左侧阵列对象，故阵列距离为负数，确定后返回绘图区域。

完成立面花架条的绘制，如图 5-37 所示。

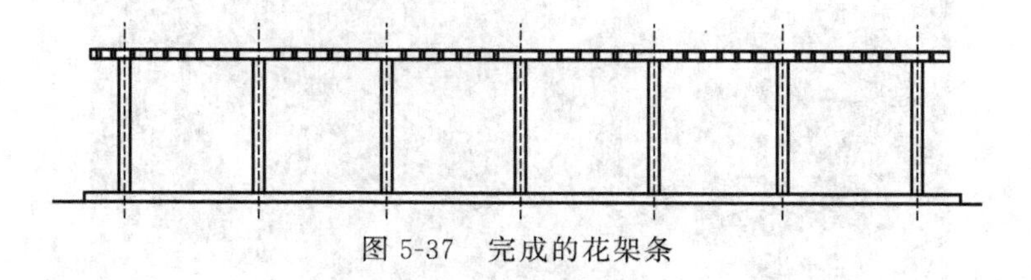

图 5-37　完成的花架条

第三节　长廊绘制

长廊是指屋檐下的过道、房屋内的通道或独立有顶的通道。包括回廊和游廊，具有遮阳、防雨、小憩等功能。廊是建筑的组成部分，也是构成建筑外观特点和划分空间格局的重要手段。如围合庭院的回廊，对庭院空间的处理、体量的美化十分关键；园林中的游廊则可以划分景区，形成空间的变化，增加景深和引导游人。

一、长廊的基本特点

1. 长廊的功能与作用

长廊是用以联系园中建筑的一种狭长的通道，故有人认为游廊实际上是一条加有顶盖的园路。作为道路，游廊引领游人通向要去的地方，而这一顶盖，防止了游人可能遭受的日晒、雨淋困扰，更便于雨雪之中欣赏景致。

与游园道路一样，游廊随地势而起伏，循园景而曲折，它让人随廊的起伏曲折而上下转折，行走其中能够感受到园景的变幻，以达到“步移景异”的观赏效果。

园林中，长廊大多沿墙设置（图 5-38），或紧贴围墙，或将个别廊段向外曲折，与墙之间形成大小、形状各不相同的狭小天井，其间植木点石，布置小景。而在有些园林里，因造景的需要，也有将廊从园中穿越的，两面不依墙垣，不靠建筑，廊身通透，使园景似隔非隔。如图 5-39 所示。

图 5-38 沿墙设置的游廊

图 5-39 从园中穿越的长廊

2. 长廊的类型与形式

如今，公园绿地中所使用的游廊大都为传统形式，但也有多种变化，主要有半廊、空廊、复廊、爬山廊几种形式。

(1) 半廊　半廊是最为常见的一种靠墙的游廊，单坡屋面。它一面紧贴墙垣，另一面向园景敞开。如图 5-40 所示。

图 5-40　半廊

(2) 空廊　空廊是无墙的游廊，两坡屋面。它蜿蜒于园中，将园林空间中分为二，丰富了园景层次，人行其中可以两面观景。空廊也用于分隔水池，廊子低临水面，两面可观水景，人行其上，水流其下，有如“浮廊可渡”。如图 5-41 所示。

图 5-41　空廊

(3) 复廊　复廊是指将两条半廊合一，或将空廊中间沿脊檩砌筑隔墙，墙上开设漏窗的廊。复廊两侧往往分属不同的院落或景区，但园景彼此穿透，若隐若现，因此而产生无尽的情趣。

(4) 爬山廊　爬山廊是指随地势起伏，有时可直通二层楼阁的游廊，如图 5-42 所示。爬山廊可以是半廊，也可以是空廊。如果地势不是太过陡峻，游廊屋顶大多顺坡转折，形成“折廊”；不然则顺势作跌落状，称为“跌落廊”；少数将屋顶做成竖曲线形，称“竖曲线廊”。

图 5-42　爬山廊

3. 长廊的基本构造

古代的私家园林，占地有限，亭台楼阁的尺度相应也较小，游廊进深仅 1.10m 左右，最窄的只有 950mm。在现代公园绿地中游人较多，因此尺度要适当放大，但也必须控制在适当的范围内。长廊的基本构造见表 5-2。

表 5-2　长廊的基本构造

类别	构造
传统游廊	现在公园中的传统游廊，其进深一般为 1.20～1.50m，开间的面阔为 3.00m 或 3.30m，有时也可以放大到 3.90m。柱高是面阔的 0.8 倍，即 2.70m 或 3.00m；柱径视面阔及进深而定，可选择 140mm、160mm 或 180mm，最大不得超过 200mm。柱端用檐枋联结，枋高约 220mm，厚约 110mm。柱头承梁，梁径为 160～220mm。梁上短柱径 140～180mm。廊下台基一般高 300mm。若用台阶，仅一级
空廊	仅为左右两柱，上架横梁，梁上立短柱，短柱之上及横梁两端架檩条联系两榀梁架，最后檩条上架椽，覆望板、屋面即可。如果进深较宽，檐口较高，则梁下可以支斜撑。这不仅有加固的作用，同时也有装饰游廊空间的作用
半廊	因排水的需要，外观靠墙做单坡顶，其内部实际也是两坡，故结构稍微复杂一点。内、外两柱一高一低，横梁一端插入内柱，另一端架于外柱上，梁上立短柱。外侧横梁端部、短柱之上及内柱顶端架檩条，上架椽，覆望板、屋面。内柱位于横梁之上连一檩条，上架椽子、覆望板，使之形成内部完整的两坡顶
复廊	复廊较宽，中柱落地，前后中柱间砌墙，两侧廊道做法可以似半廊，也可以似空廊
爬山廊	随山形转折的爬山廊构造与半廊、空廊完全相同，只是地面与屋面同时作倾斜、转折。跌落式爬山廊的地面与屋面均为水平，低的廊段上檩条一端插在高的一段廊段的柱上，另一端架于柱上，由此形成层层跌落之形。与前述游廊稍有不同的是，架于柱上的檩条要伸出柱头，使之形成类似悬山的屋顶，同样再伸出部分，还需用博风板予以封护，以免檩头遭雨淋而朽坏
复道廊	复道廊分上、下两层，立柱大多上下贯通，少数上下分开。上层柱高仅为下层的 0.8 倍。下层柱端架矩形楼板梁，以承楼板。上层结构与空廊或半廊相同

上述各种游廊，柱间枋下均用挂落，立柱下部设栏杆。挂落的形式，北方常用方格形，江南多用“万字”形。栏杆则有木栏、砖石栏等，栏杆上常做座面，成为“座栏”。

现代公园绿地中也有用钢筋混凝土建造游廊的，为体现出近代风貌，其尺寸、构造大多仿木，唯有挂落作简化处理。

常见各种类型长廊的表现见表 5-3。

表 5-3　常见各种类型长廊的表现

划分方式				
按廊的横剖面形式划分	双面空廊	暖廊	复廊	单支柱廊
	单面空廊		双层廊	
按廊的整体造型划分	直廊	曲廊	抄手廊	回廊
	爬山廊	叠落廊	桥廊	水走廊

二、长廊的平台绘制方法

长廊的绘制是在空白的绘图区进行。主要包括：绘制长廊平台和绘制长廊上的休闲桌椅等。首先打开前面绘制凉亭的文件，绘制长廊的平台的具体步骤如下。

① 使用“多段线”命令绘制线条，模拟主体建筑外墙轮廓。沿垂直、水平和垂直方向依次分别输入“3000”“3000”和“6400”。

② 使用“多段线”命令绘制长廊轮廓，沿水平、垂直正方向和水平负方向依次分别输入“4200”“8930”和“2200”。

③ 台阶绘制。捕捉长廊轮廓的右上角点，绘制一个400mm×1600mm 的矩形，如图 5-43 所示。

④ 复制台阶。选择“复制”命令，将刚才绘制的矩形复制两个，成三个台阶复制这三个台阶，位置如图 5-44 所示。

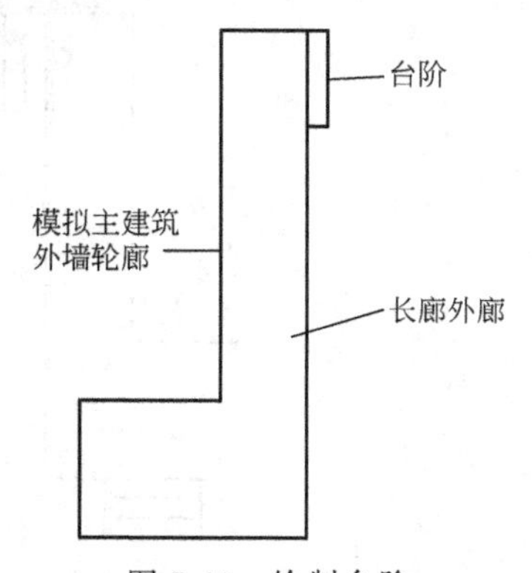

图 5-43　绘制台阶

⑤ 以长廊轮廓的右下角点为基点，旋转台阶，将复制好的三个台阶水平移动 950mm，如图 5-45 所示。

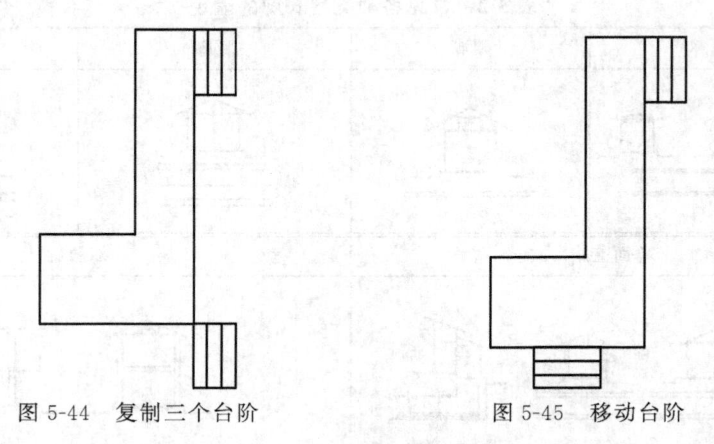

图 5-44　复制三个台阶　　　　图 5-45　移动台阶

⑥ 在空白处绘制一个 100mm×100mm 矩形，向内偏移 20mm，作为长廊的栏杆木柱。将柱子定义成图块，并取名为“长廊木柱”，基点定义为矩形的中心，如图 5-46 所示。

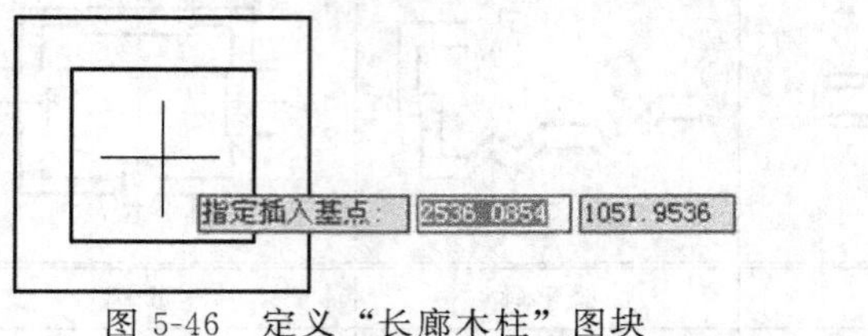

图 5-46　定义“长廊木柱”图块

⑦ 为使用“定数等分”命令均匀地插入柱子的图块，沿长廊轮廓绘制一条垂直的辅助线，将辅助线向内移动 80mm。

⑧ 缩短辅助线才能正确地进行等分。选择辅助线的一个端点，激活为红色，如图 5-47 所示。在正交模式打开的情况下，沿垂直负方向移动光标，输入“80”，按下空格键，以相同的方法选择辅助线的另一个端点，沿垂直正方向移动光标，输入“80”，按下空格键。这样，辅助线就在两端分别缩短了 80mm。

⑨ 将辅助线定数等分为六份，并插入“长廊木柱”图块，复制“长廊木柱”图块至辅助线的起点和端点，如图 5-48 所示。

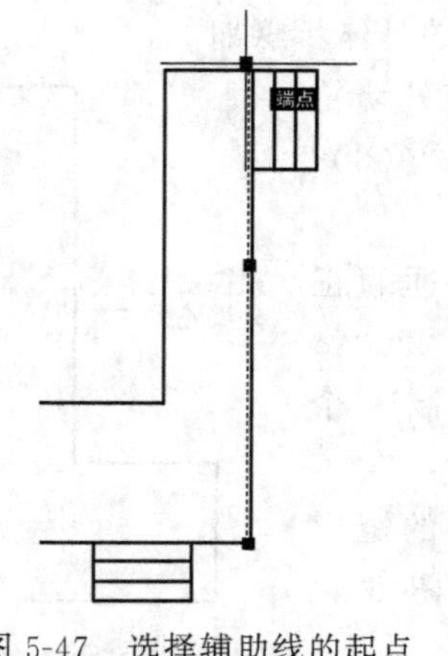

图 5-47　选择辅助线的起点

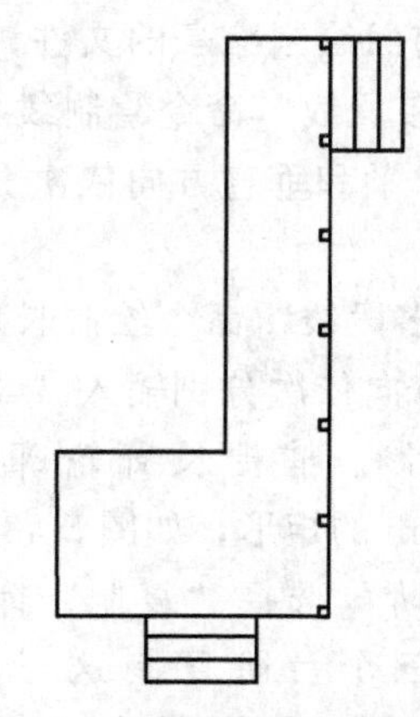

图 5-48　复制“长廊木柱”图块

继续复制"长廊木柱"图块，位置如图 5-49 所示。

⑩ 绘制长廊的栏杆。将辅助线向左右各偏移 30mm，删除辅助线。

⑪ 修剪栏杆多余线条，结果如图 5-50 所示。

⑫ 以同样的方法绘制水平方向的栏杆，在"图案填充和渐变色"对话框中，选择合适的图案类型。角度为"415"，比例为"35"。在"边界"选项组中，单击"添加：拾取点"按钮。在长廊的平台上单击，填充结果如图 5-51 所示。

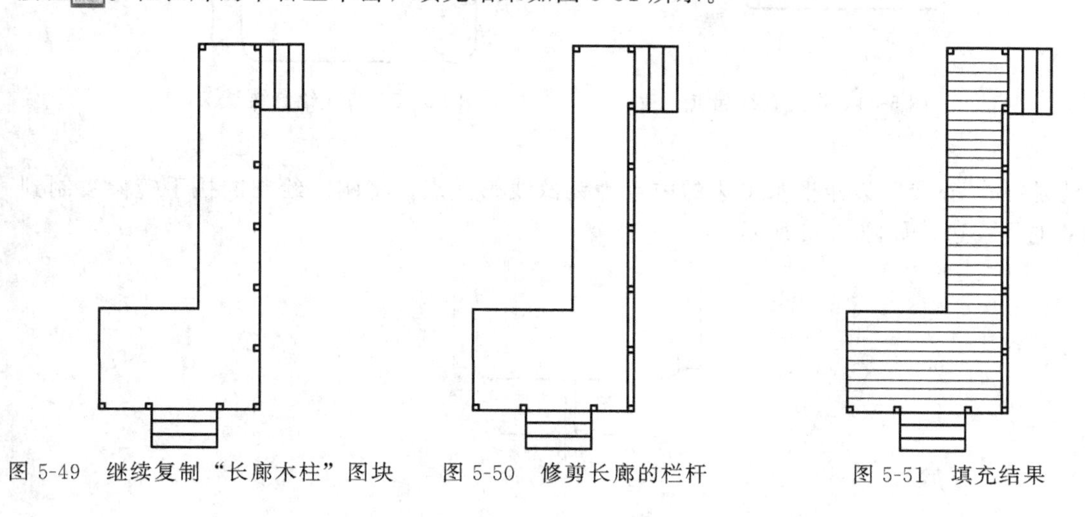

图 5-49　继续复制"长廊木柱"图块　　图 5-50　修剪长廊的栏杆　　图 5-51　填充结果

三、长廊上休闲桌椅绘制方法

为了增加木制长廊趣味，表明其休闲功能，还可绘制一组休闲桌椅，具体步骤如下。

① 绘制一个 400mm×500mm 的矩形作为休闲椅。执行"分解"命令，删除矩形的一条边，如图 5-52 所示。

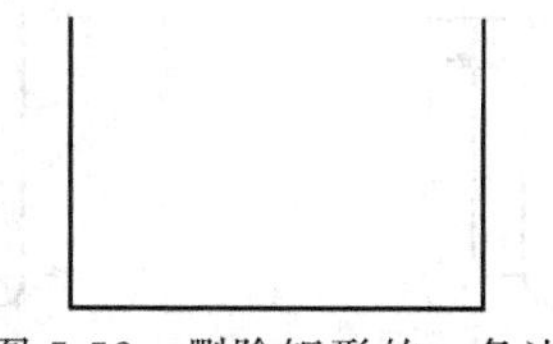

图 5-52　删除矩形的一条边

② 选择菜单"圆角"命令，输入"27"，按下空格键。命令行提示"选择第一个对象"时，移动光标至矩形的水平边，单击"确定"按钮选择。移动光标至矩形的垂直边，单击"确定"按钮选择第二个对象。以相同的方法对矩形的另一个角进行倒圆角，结果如图 5-53 所示。

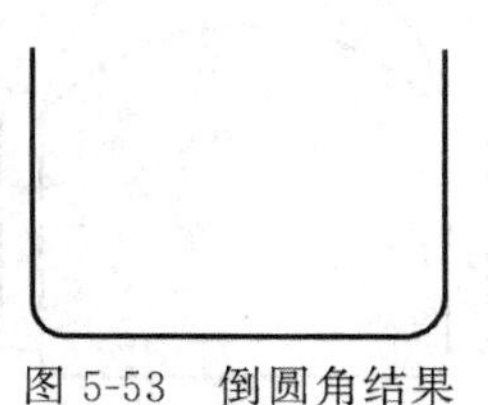

图 5-53　倒圆角结果

③ 使用“直线”命令绘制休闲椅的扶手。单击如图 5-54 所示的位置指定为直线的起点。在水平和垂直正方向分别输入“60”和“280”，如图 5-55 所示。

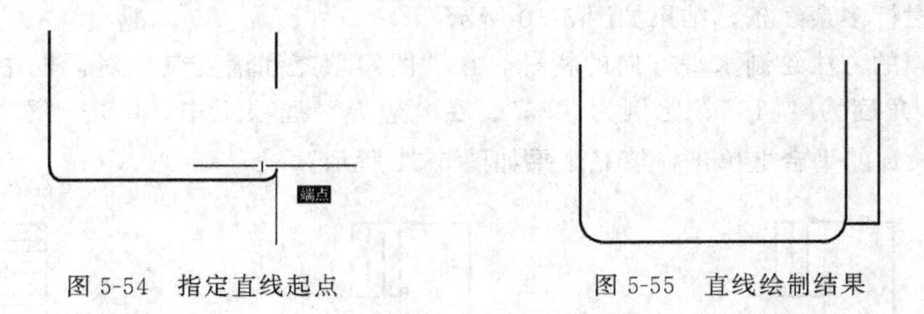

图 5-54　指定直线起点　　　　图 5-55　直线绘制结果

④ 打开“正交”以矩形水平边的中点为镜像线第一点，将刚才绘制的扶手镜像复制到休闲椅的另一边，如图 5-56 所示。

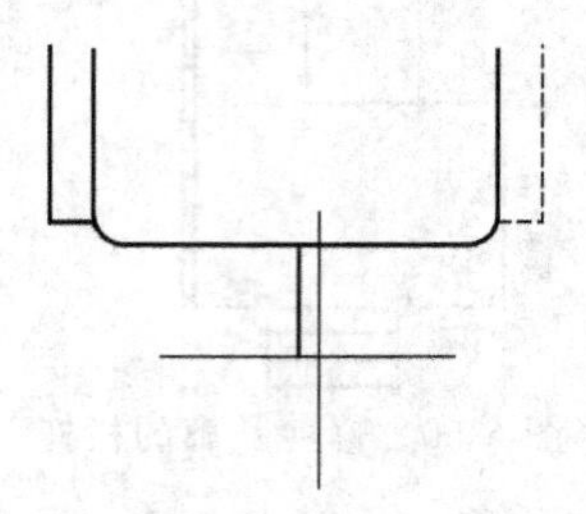

图 5-56　镜像扶手起点

⑤ 选择菜单“绘图”→“圆弧”→“起点、端点、半径”命令，指定圆弧起点，如图 5-57 所示。指定端点，输入半径为“300”，按下空格键，如图 5-58 所示。

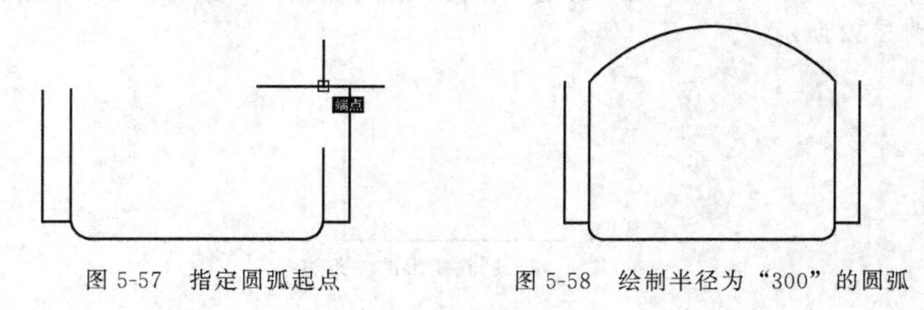

图 5-57　指定圆弧起点　　　　图 5-58　绘制半径为“300”的圆弧

⑥ 以相同的方法绘制一个半径为 245mm 的圆弧，如图 5-59 所示。

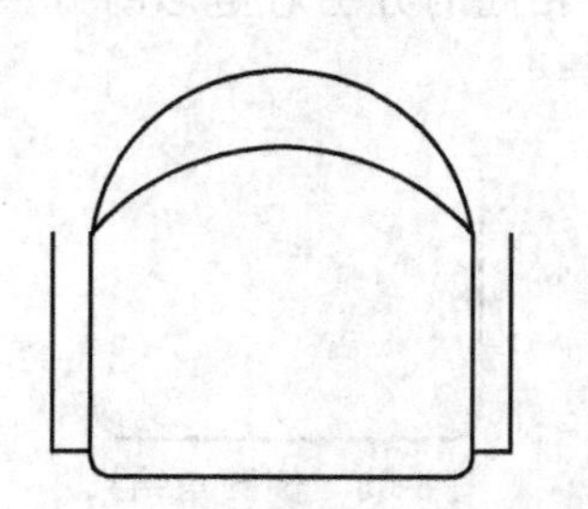

图 5-59　绘制半径为 245mm 的圆弧

⑦ 将半径为 245mm 的圆弧向外偏移 50mm，如图 5-60 所示。

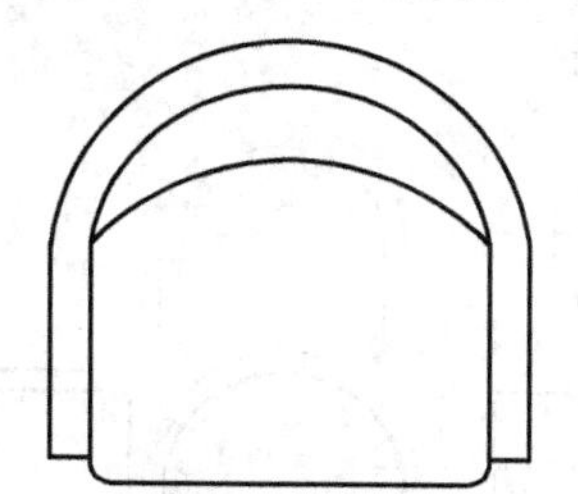

图 5-60 圆弧向外偏移 50mm

⑧ 使用“0”半径倒圆角，快速连接圆弧和直线，如图 5-61 所示。

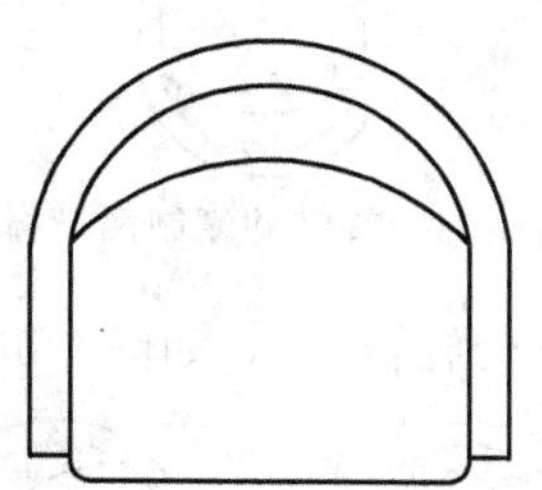

图 5-61 连接圆弧和直线

⑨ 绘制桌子。选择“绘图”→“圆”→“圆心、半径”命令，在绘图区空白处单击，指定圆心，输入“280”作为半径，按下空格键。

⑩ 移动椅子到圆桌的象限点上，如图 5-62 所示。

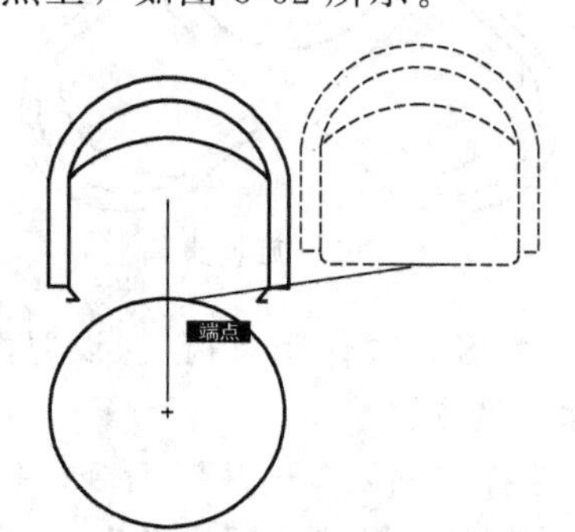

图 5-62 移动椅子到圆桌的象限点上

⑪ 将椅子垂直向上移动 85mm，如图 5-63 所示。

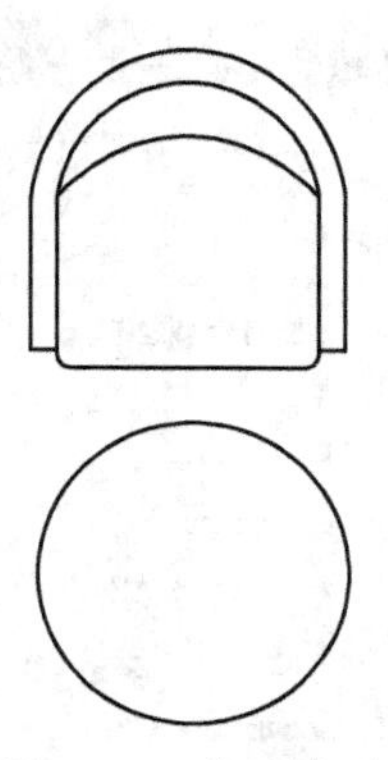

图 5-63 移动椅子

⑫ 使用“旋转”命令，将椅子在旋转 90°的同时复制一把椅子，使用相同的方法，将两把椅子旋转并复制，如图 5-64 所示。

图 5-64　旋转并复制两把椅子

⑬ 以圆桌的圆心为基点，将桌椅旋转 45°，如图 5-65 所示。

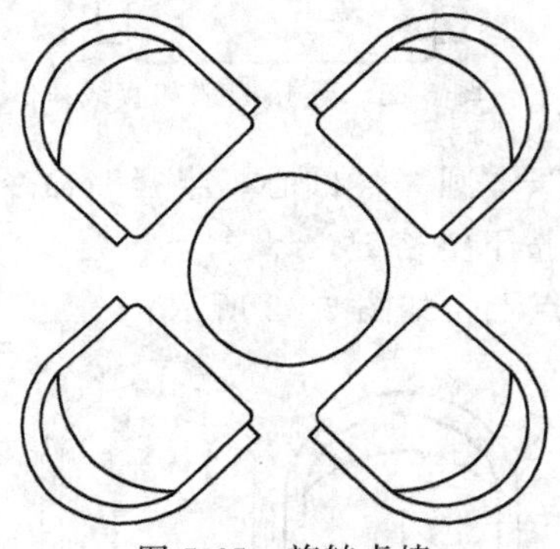

图 5-65　旋转桌椅

⑭ 将休闲桌椅创建成图块，命名为“休闲桌椅”。设置图块的插入基点为圆桌的圆心，在“对象”选项组中选择“删除”选项。

⑮ 插入图块“休闲桌椅”。选择“插入”→“块”命令，打开“插入”对话框。

⑯ 在“名称”右侧的下拉列表中选择“休闲桌椅”选项，在“插入点”选项组的复选框中勾选“在屏幕上指定”，设置如图 5-66 所示。单击“确定”按钮，关闭对话框。

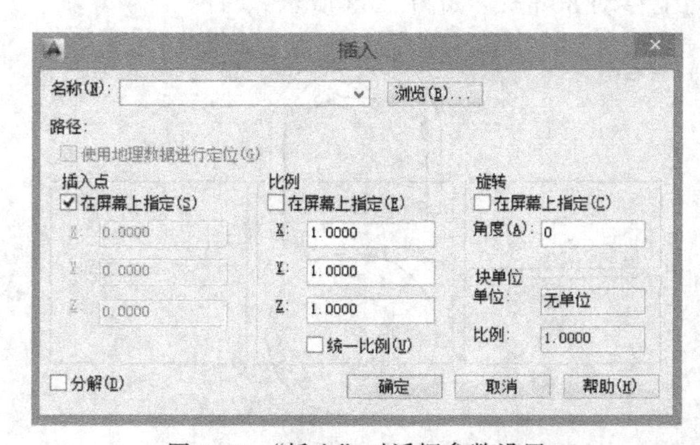

图 5-66　“插入”对话框参数设置

⑰ 在长廊平台上单击空白处，指定图块插入的位置，如图 5-67 所示。

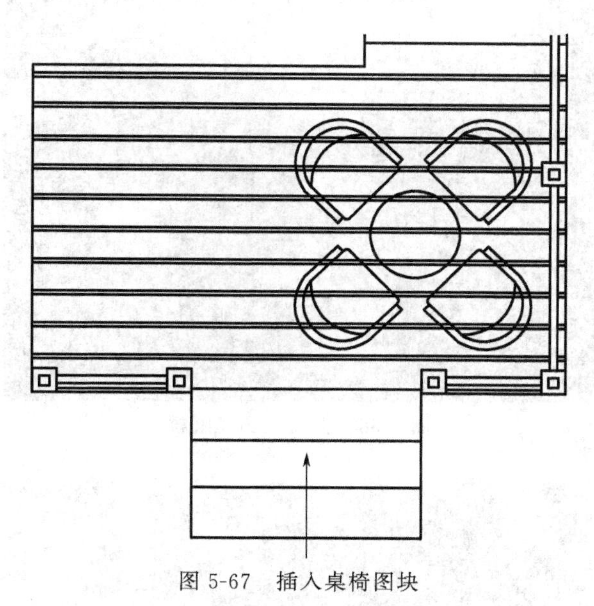

图 5-67　插入桌椅图块

第四节　园桥绘制

桥是人类跨越山河天堑的技术创造，在给人们带来方便的同时，自然能引起人们美好的联想，因此，有“人间彩虹”的美称。在中国自然山水园中，地形变化与水路相隔，非常需要桥来联系交通，沟通景区，组织游览路线，而且更以其造型优美、形式多样成为园林中重要的建筑小品之一。

一、园桥的基本特点

（一）园桥的功能作用

园桥是园路在水面上的延伸，有“跨水之路”之称，因此园桥具有构景和交通的双重功能，此外还有其他方面的一些作用。

1. 划分和组织水系空间

园桥对水景空间的划分和组织起到举足轻重的作用。如上海长风公园通过凌波桥、青枫桥、枕流桥、飞虹桥等将园内水体划分为大小不同的水面和港湾，使水的点、线、面形式表现得极为丰富。

在庭院园林中，各式各样的园桥使水面空间既相互独立又联系密切。如苏州拙政园的小飞虹桥既使郁风亭空间相对独立，又能在小庭院中感受水景空间的延伸，如图 5-68 所示。

2. 构成景观

在园林环境中，园桥的造景功能不同于其他造园要素。在大型园林中，体量较大的园桥可独立成景；在小园林中，体量较小的园桥可以独立构景也可作为配景出现。如上海大观园潇湘馆篁竹亭前的小拱桥是作为亭的配景而出现，如图 5-69 所示。

图 5-68 拙政园小飞虹桥

图 5-69 上海大观园潇湘馆篁竹亭前的小拱桥

3. 组织交通

园桥也称为水面上的园路，它具有组织游览路线和引导游览的交通功能，游人通过园桥来观赏景物，使景物的观赏角度多样化、丰富化，从而达到步移景异的作用。如杭州西湖三潭印月的折桥，不但造成湖中有池、池中有湖的分隔效果，而且引导游人通过对三潭印月景区的游览，更好地领略西湖迷人的风光，如图 5-70 所示。在风景区中，其组织交通和引导

图 5-70 杭州三潭印月的折桥

游览的作用更为突出。

（二）园桥的类型

园桥的分类方式很多。按造型可以分为平桥、拱桥、折桥和曲桥等；按材料可以分为混凝土桥、石桥、木桥和竹桥等。在园林中，采用哪种材料建造园桥，要根据园林的具体环境、造景需要和意境设计等因素综合考虑。

1. 平桥

平桥适宜用在中小规模的园林中，往往水面不大，水体也不是很深，园桥的设置主要是用来连接水体两岸的园林景区或景点，同时兼顾造景的功能。由于园中水面大小的不同，平桥又分为单跨平桥和曲折平桥。

（1）单跨平桥　单跨平桥常用在浅水面或小水面架桥，取其轻快质朴，如苏州拙政园的曲径小桥（图 5-71）。

图 5-71　苏州拙政园的曲径小桥

（2）曲折平桥　曲折平桥多用于较宽阔的水面或水流平静的水面。利用曲折造型的园桥，丰富水景的表现内容，一般有两折、三折和多折等形式。如杭州西湖三潭印月的多折平桥（图 5-72）等。

图 5-72　杭州西湖三潭印月的多折平桥

2. 拱桥

在园林中的大水面建桥时，园桥通常具有独立造景、引导游览和交通，包括水面交通等多方面的综合功能，要求桥面一般要高出水面较多，因此选择造型优美的拱桥。拱桥具有良好的立面效果，而且又能够满足陆路和水路游览与交通的双重功能，如图5-73所示。

图5-73　石拱桥

3. 汀步

汀步又称跳桥、步石、飞石等，是指在河流、湖泊的浅水面中，以游人步伐为尺度，按一定距离布置并露出水面的块石，供游人涉水而过，这种类似于园桥作用的设施在园林中称之为汀步。汀步一般分为自然式、规则式和仿生式三种形式。

（1）自然式汀步　自然式汀步多应用于环境比较自然的水溪中，用以连接溪岸两边的园路，强调自然、协调，常用大块毛石固定于水中，一般要求毛石的上表面比较平坦，安排间距适中，如图5-74所示。

图5-74　自然式汀步

（2）规则式汀步　规则式汀步多应用于庭院园林的水体中，一方面会对庭院水体景观进行划分和组织，另一方面会使庭院水景增色并形成景观，同时，也能满足游人量不大的庭院园林游览的要求，其布置形式有直线和曲线两种，如图5-75所示。

直线式

曲线式

图 5-75　规则式汀步

（3）仿生式汀步　仿生式汀步是指模拟诸如树桩、荷叶等自然形态的汀步，能够使水体景观尤其是在水生植物种植区的观赏效果更为朴素和协调，一般使用混凝土材料制成大小不一的形状，安置时多自由摆放，但要符合游人通过的要求，如图 5-76 所示。

图 5-76　仿木式汀步

二、园桥绘制方法

① 启动 AutoCAD 软件。新建图层，命名为“园桥”并设为当前层。

② 选择菜单“矩形”命令，单击绘图区域，指定第一个角点。输入相对坐标（@600，1800），按下空格键，绘制出一个 600mm×1800mm 的矩形。

③ 以相同的方法绘制出一个 100mm×2300mm 的矩形。

④ 右键单击“对象捕捉”按钮，选择“设置”，打开“草图设置”对话框。在“对象捕捉模式”复选框中勾选“中点”选项。

⑤ 将绘制完成的两个矩形拼合到一起。选择菜单“移动”命令，选择 100mm×2300mm 的矩形，按下空格键。移动光标至 100mm×2300mm 的矩形的右中点，单击捕捉该点。移动光标至 600mm×1800mm 的矩形的左中点，如图 5-77 所示。单击空白处完成移动。

⑥ 将左侧的矩形镜像复制到 600mm×800mm 的矩形右侧。选择“镜像”命令，选择 100mm×2300mm 的矩形，按下空格键。移动光标至单击 600mm×1800mm 的矩形的上中点，单击空白处将其指定为镜像线的第一点，如图 5-78 所示。移动光标至单击此矩形的下中点，单击空白处将其指定为镜像线的第二点，如图 5-79 所示。命令行提示“要删除源对象吗？[是（Y）/否（N）]＜N＞：”时直接按下空格键，表示采纳尖括号内的默认值，即不删除源对象。

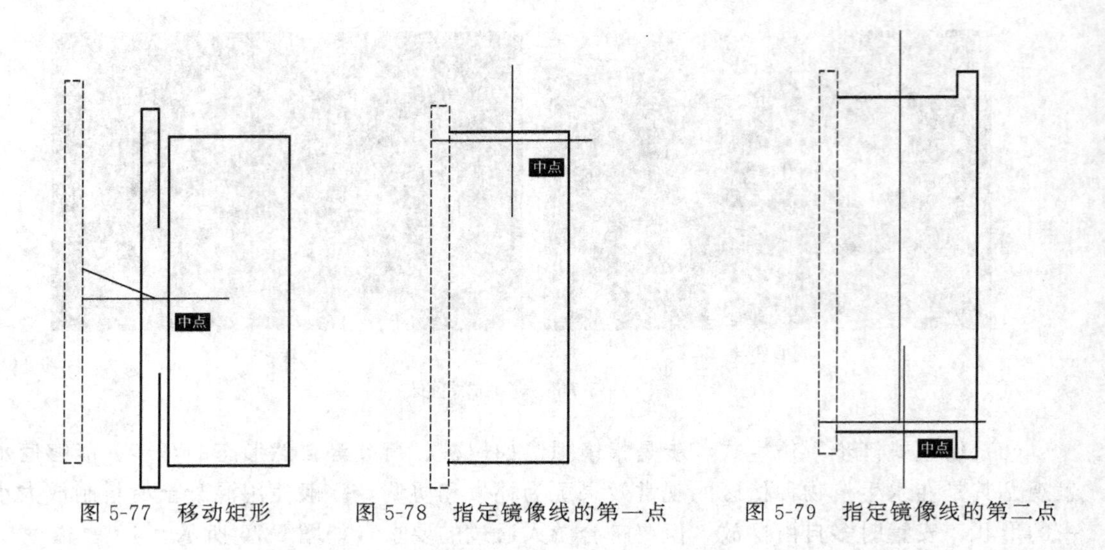

图 5-77 移动矩形　　图 5-78 指定镜像线的第一点　　图 5-79 指定镜像线的第二点

⑦ 选择菜单“图案填充”命令，打开“图案填充和渐变色”对话框。

⑧ 在“类型和图案”选择组中，打开“图案填充选项板”对话框，选择“JIS-LC-8A”图案类型。

⑨ 在“角度和比例”选项组中的“角度”文本框中输入“315”，让原本倾斜填充的图案逆时针旋转 315°，成为水平的横线。在“比例”文本框中输入“25”，将图案放大到合适的比例，如图 5-80 所示。

⑩ 在“边界”选项组中，单击“添加：选择对象”按钮。在绘图区中选择 600mm×

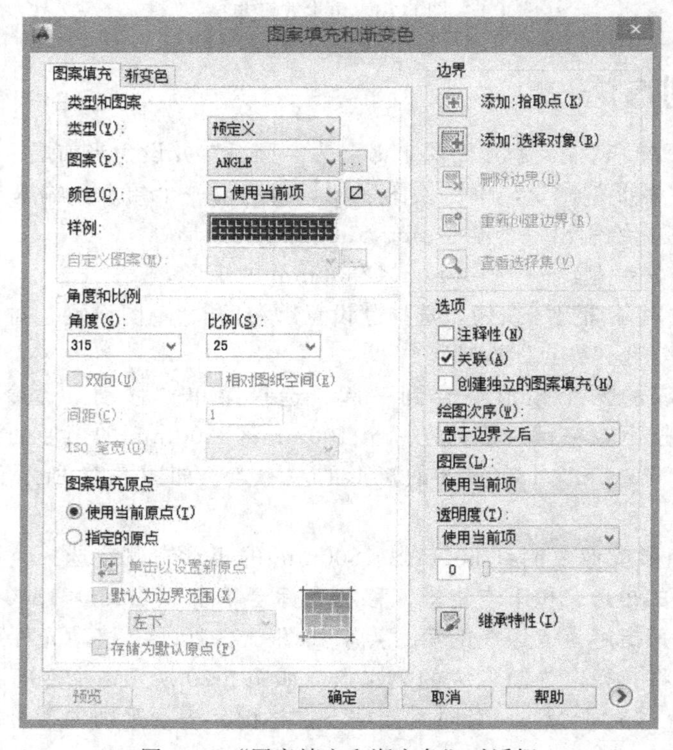

图 5-80 “图案填充和渐变色”对话框

1800mm 的矩形，以此为填充的边界。按下空格键，返回“图案填充和渐变色”对话框，如图 5-80 所示。单击“预览”按钮，查看填充的效果。单击右键接受图案填充，结果如图 5-81 所示。

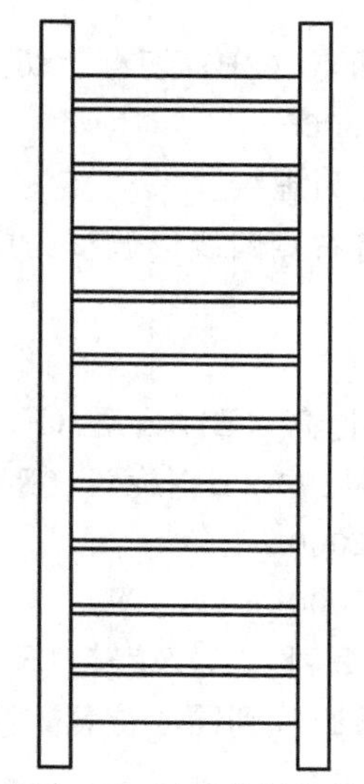

图 5-81　园桥绘制结果

三、荷叶汀步绘制方法

荷叶汀步如图 5-82 所示。

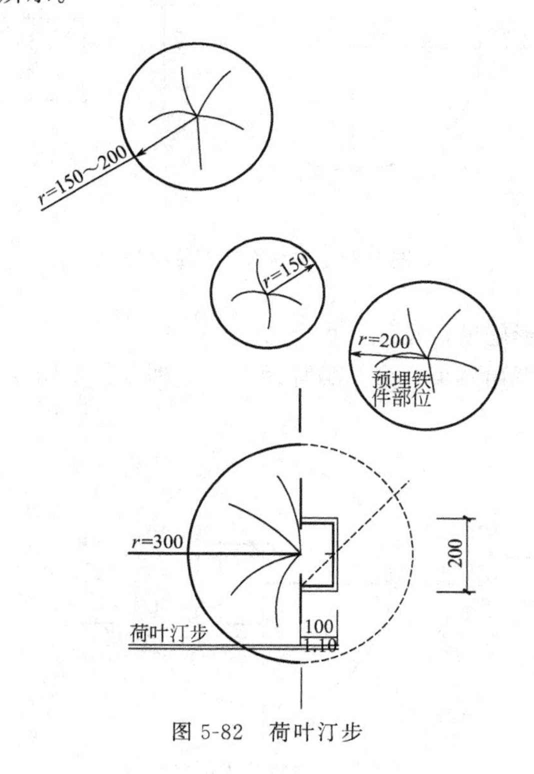

图 5-82　荷叶汀步

荷叶汀步主要绘制步骤如下。

① 用圆心和半径创建圆。

选择好最下方第一汀步位置，确定圆心。

输入命令：_ circle

指定圆的圆心或［三点（3P）/两点（2P）/切点、切点、半径（T）］：

指定圆的半径或［直径（D）］：3000

沿圆心画垂直方向剖切线，线形为虚线。

打断剖切线与圆交汇的两点，将右侧圆线形调整为虚线。

② 绘制中部预埋铁件部位。

输入命令：_ rectang

指定第一个角点或［倒角（C）/标高（E）/圆角（F）/厚度（T）/宽度（W）］：

指定另一个角点或［面积（A）/尺寸（D）/旋转（R）］：d

指定矩形的长度<10.0000>：2000

指定矩形的宽度<10.0000>：2000

指定另一个角点或［面积（A）/尺寸（D）/旋转（R）］：

线段连接矩形对角线，目的是跟圆找到同心位置，移动重合。如图 5-83 所示。

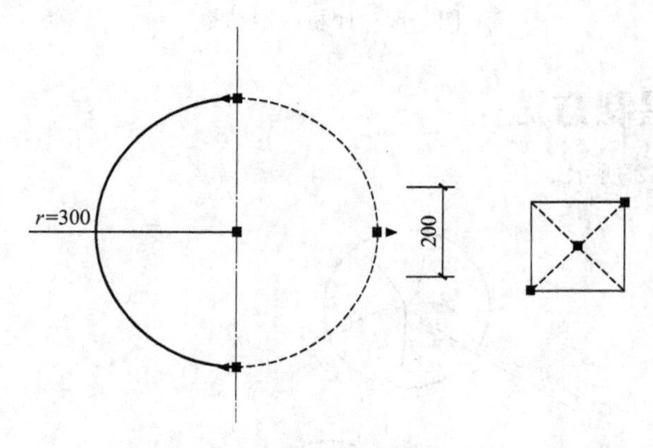

图 5-83　预埋铁件部位绘制

③ 重合后，删除矩形辅助对角线。

输入命令“trim”，调出修剪命令，剪掉矩形左边部分，如图 5-84 所示。

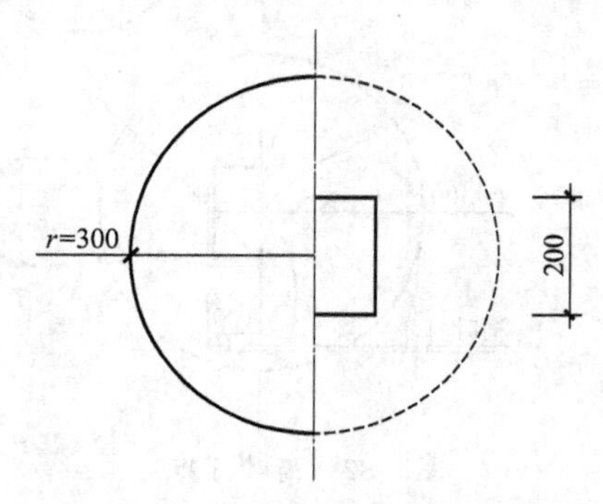

图 5-84　矩形左边部分修剪

输入命令“offset”，调出偏移命令，距离 120mm，向内偏移，偏移后，调整线宽为 0.5mm，如图 5-85 所示。

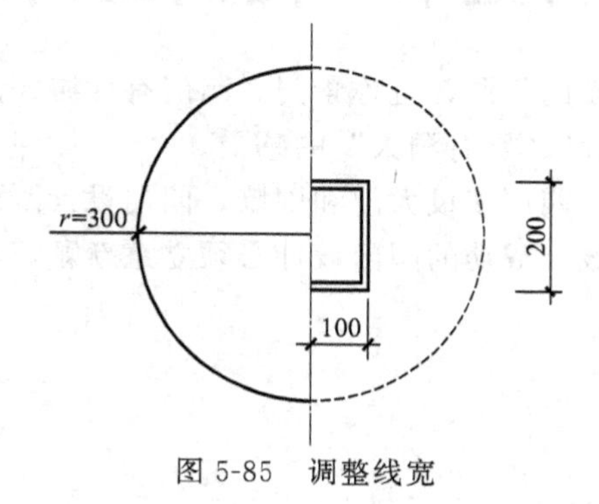

图 5-85　调整线宽

④ 用样条曲线示意性绘制“荷叶汀步”的“荷叶纹理”，如图 5-86 所示。

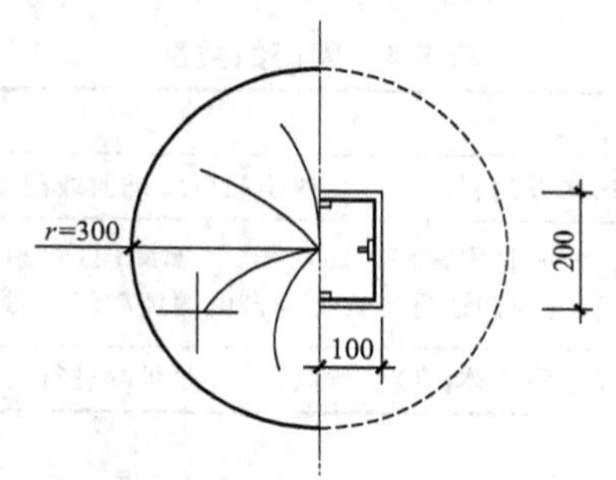

图 5-86　用样条曲线绘制荷叶纹理

绘制第二片“荷叶”步骤同上。

荷叶间距离不大于 750mm，距离相对小一些，通过时安全性有保障，荷叶半径根据需要，可调整大小和布局。

绘制后面第二片、第三片、……荷叶。绘制效果如图 5-87 所示。

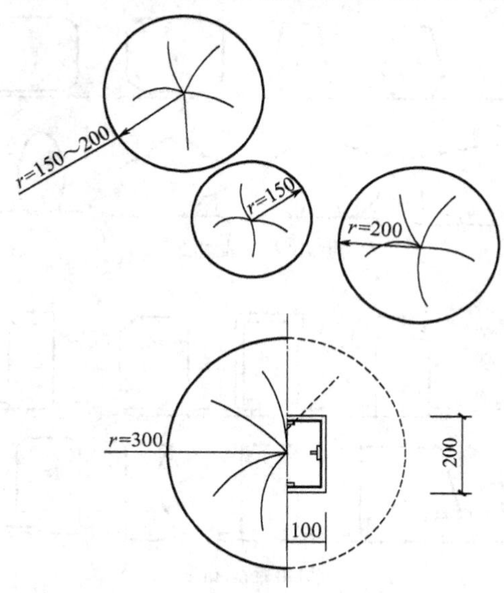

图 5-87　荷叶汀步绘制效果

第五节　园门绘制

园门是指园林景墙上开设的门洞，也称景门。园门有导游、点景和装饰的作用，一个好的园门往往给人以“引人入胜”“别有洞天”的感受。

现代公园为了便于管理，四周多设大门和围墙，园门设计既要考虑在建筑群体中的独立性，又要与全园艺术风格一致。成功的园门设计必须立意新颖，巧于布局，而且，园门位置选择要方便游人。

一、园门基本特点

（一）园门的类型

园门形式可分为直线型、曲线型和混合型三种形式，见表 5-4 和图 5-88。

表 5-4　园门的类型

类别	形式
直线型	如方门、六方门、八方门、长八方门、执圭门以及把曲线门程式化的各种式样的门
曲线型	曲线型是我国古典园林中常用的园门形式，如圈门（包括上下圈门）、月门（包括半月门）、汉瓶门、葫芦门、剑环门、梅花门还有形式更为自由的莲瓣门、如意门和贝叶门等
混合型	混合型即以直线型为主体，在转折部位加入曲线段进行连接，或将某些直线变成曲线

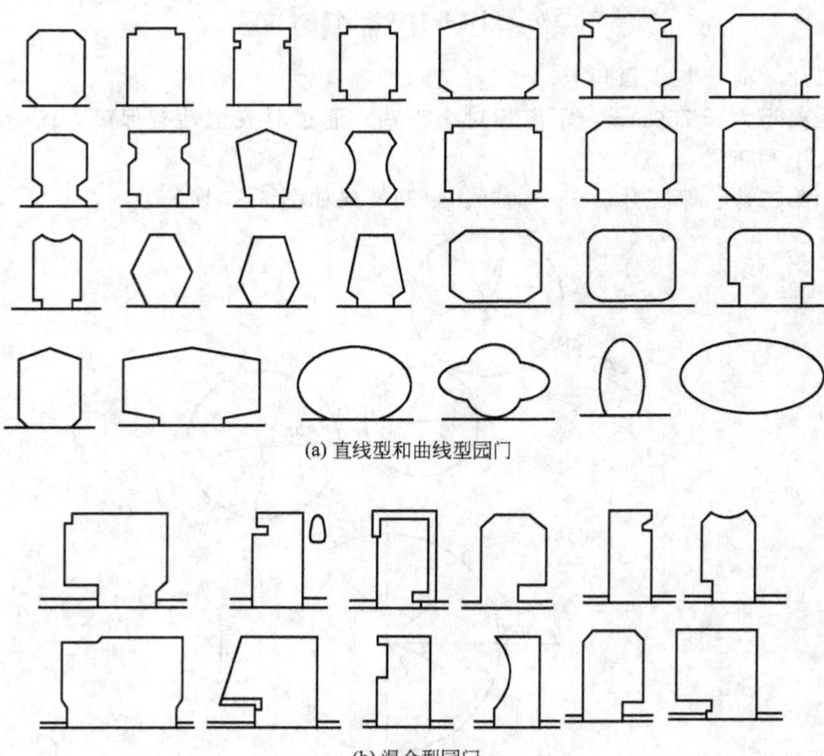

(a) 直线型和曲线型园门

(b) 混合型园门

图 5-88　园门的类型

（二）园门的功能作用

1. 导游作用

园门在造园艺术中除发挥静态的组景作用和动态的景致转换以外，还能有效地组织游览路线，发挥导游的作用，使人在游览过程中不断获得生动的画面。

2. 点景作用

园门除了引导出入和造景的功能外，由于其园林特征比较鲜明，易产生“触景生情”的效果，因此，园门又可以起到环境前部的点景作用。传统园门往往用门楣题额来点明该园意境。狮子林海棠形门洞就是运用了门楣题额来点明了园林的意境，又如苏州拙政园的“晚翠”月门和云墙，不管在位置、尺度和形式上均恰到好处，自枇杷园透过月门，池北的雪香云蔚亭掩映于树林之中，云墙和月门加上景石、兰草和卵石铺地所形成的素雅近景，两者交相辉映，令人神往。

3. 装饰作用

园门不仅具有导游、点景功能，而且具有装饰的作用。园门的造型有的气质轩昂庄重，有的格调小巧玲珑，因此在园门形式的选择上绝不能凭个人的偏爱随意套用，应多从园林艺术风格上的整体效果加以推敲。园门在形式处理上虽然不需过分渲染，但却要求精巧雅致。如苏州沧浪亭中的汉瓶门和拙政园中的瓶形门。

（三）园门造型与色彩

1. 园门造型

园门的造型与园林意境的营造密切相关，所以园门设计能否体现园林意境是设计者需要重点考虑的内容。

一般置于围墙上的门洞为便于形成“别有洞天”的前景，宜选择较宽阔的形式。

但在现代园林中，由于服务对象不同，往往人流量较大，应考虑这一因素来选择相应的门洞形式。广州流花公园在分割游览空间的短墙上开设宽阔的八角形门洞，满足了大量人流通过的要求，并同现代大公园的风景容量相协调。

2. 园门色彩

园林中，造型别致、形态各异的园门，粉墙为纸、竹石为绘，就构成了一幅幅风吹影动、花影移墙的立体画面，生动富有动感，同时又有生活气息。园门的色彩处理一般分为以下三类。

（1）园门的边框与墙体相近或一致　这种园门的色彩处理方法可形成自然、质朴、浑然天成的园林意境。例如，粉墙、青瓦的圆形月洞门，门的边框与墙体色彩接近，但与芭蕉、翠竹形成反差，会给游人留下深刻印象。

（2）园门的边框运用中性色　这种园门的色彩处理方法可形成淡泊、宁静的园林意境。例如，岭南园林中简洁的圆形门在色彩上运用了与墙体色彩接近的中性色——灰色，加上翠竹等的掩映，营造出静谧、雅致、淡泊的园林意境，展示了岭南园林独特的艺术风格。

（3）园门的边框与墙体形成对比色　这种园门的色彩处理方法往往会形成人文气息浓厚，或富有现代气息，或富有生气的园林景观。

二、园门绘制方法

1. 地基线的绘制

建立一个图层命名为“地基线”，绘制地基线，单击“绘图”工具栏中的“多段线”按钮，以图中任意一点为起点沿水平方向绘制一条长为 21500mm 的直线，然后方向转为垂直向下，绘制长为 120mm 的直线作为台阶，然后方向转为水平方向，绘制一条长为 17500mm 的直线。地基绘制完成。

2. 大门框架的绘制

新建“大门框架”图层，单击“绘图”工具栏中的“多段线”按钮，以上一步绘制的台阶的上顶点为第一角点，水平向左绘制大门左边轮廓，在命令行中输入直线长度“4500”，然后方向转为竖直向上，绘制长度为 4300mm 的直线段，然后方向转为水平向右，绘制一条长度为 5600mm 的直线段，然后方向转为竖直向上绘制长度为 1000mm 的直线，然后方向转为水平向左，绘制长度为 7390mm 的直线，然后竖直向下绘制与地基线相交。用同样的方法，绘制出右侧大门的轮廓，结果如图 5-89 所示。

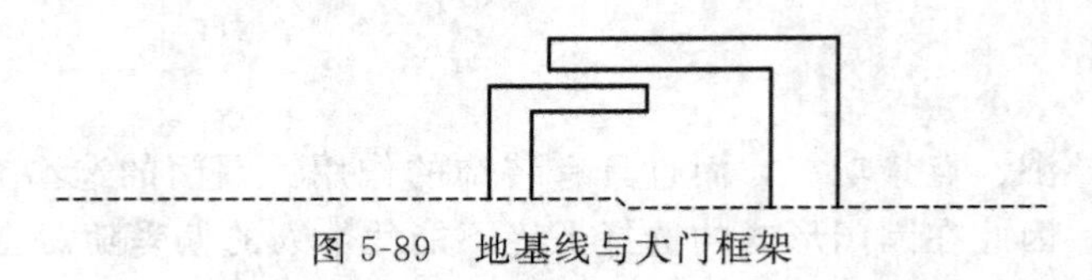

图 5-89　地基线与大门框架

第六章

园路设计与制图

园林道路是园林的重要组成部分，起着组织空间、引导游览、联系交通并提供散步休息场所的作用。园路是联系各景区、景点及活动中心的纽带。此外，园林道路本身又是园林风景的组成部分，蜿蜒起伏的曲线、丰富的寓意，精美的图案，都给人美的享受。本章重点讲述园路的功能、分类、设计以及结合实例讲述园路绘制方法。

第一节　园路设计基础

园路是园林不可缺少的构成元素，是园林的骨架、网络。不同的园路规划布置，往往反映出不同的园林面貌和风格。

一、园路的功能和类型

（一）园路的功能

园路的功能很多，主要有交通作用和观赏作用两大类。具体来说，园路可以引导游览、交通运输、构成园景和组织排水。

1. 划分组织空间

园林功能分区的划分多是利用地形、建筑物、植物、水体或道路。对于地形起伏不大、建筑比重小的现代园林绿地，用道路围合来分隔不同景区是主要方式。同时，借助道路面貌的变化可以暗示空间性质、景观特点的转换以及活动形式的改变，从而起到组织空间的作用。尤其在专类园中，园路划分空间的作用十分明显。如图 6-1 所示。

图 6-1　划分园林空间

2. 引导游览

我国古典园林无论规模大小，都划分为几个景区，设置若干景点，布置许多景物，然后用园路把它们连接起来，构成一座布局严谨，景象鲜明富有节奏和韵律的园林空间。因此，通过园路的布局和路面铺装的图案，能够引导游人按照设计者预想的路线来游赏园景，如图 6-2 所示。这个意义上来讲园路又充当了游人的导游。园路应该使游人既能游遍全园，又能根据个人的需要，深入各个景区或景点。

图 6-2　引导游览

3. 丰富园林景观

园林中的道路本身也是园林风景的一个组成部分。园路的各种线形和路面上精美的铺装图案，都给人们带来了视觉上的享受，如图 6-3 所示。美丽的园路，可与周围的山、水、建筑、花草、树林、石景等景物紧密结合。形成因景设路、因路得景、峰回路转、步移景异的艺术效果。

图 6-3　精美的园路

4. 组织交通

经过铺装的园路耐践踏、碾压和磨损，有利于对游客进行集散和疏导，可为游人提供舒适、安全、方便的交通条件，满足对园林绿化、建筑维修、养护管理等工作以及安全、防火、职工生活、公共餐厅、小卖部等园务工作的运输要求。对于小公园，这些任务可综合考虑；对于大型公园，由于园务工作交通量大，有时可以设置专门的路线和入口。

5. 组织排水

道路可以借助其路缘或边沟组织排水。一般园林绿地要高于路面，方能实现以地形排水为主的原则。道路汇集两侧绿地径流之后，利用其纵向坡度即可按预定方向将雨水排除。

(二) 园路的分类

园路有多种不同的分类方法，最常见的是按园路的功能、结构类型及铺装材料进行分类。

1. 根据功能分类

按园林功能分类，一般可分为主干道、次干道、游步道及专用道四大类，其技术标准见表 6-1。

表 6-1 园路分类与技术标准（参考）

园路	路面宽度/m	游人步道宽（路肩）/m	车道数/条	路基宽度/m	红线宽（含明沟）/m	车速/(km/h)	备注
主干道	3.5～7.0	≤2.5	2	8～9	—	20	—
次干道	2.0～3.5	≤1.0	1	4～5	—	15	—
游步道	1.0～2.0	—	—	—	—	—	—
专用道	≥3.0	≥1.0	1	4	不定	—	防火、园务等

(1) 主干道　主干道要能贯穿园内的各个景区、主要风景点和活动设施，形成全园的骨架和回环，因此主路最宽，一般为 4～6m。结构上必须能适应车辆承载的要求。主路图案的拼装全园应尽量统一、协调。主要道路要联系全园，必须考虑生产车、救护车、消防车、游览车等车辆的通行，如图 6-4 所示。

图 6-4　主干道

(2) 次干道　次干道是指由主干道分出，直接联系各区及风景点的道路。一般宽度为 2.0～3.5m。次干道的自然曲度大于主路，以优美富于弹性的曲线构成有层次的景观，如图 6-5 所示。

(3) 游步道　游步道又叫休闲小径、游戏小路。主要供人散步游赏，引导游人更深入地到达园林的各个角落。往往设在山间、水际、林中、花丛，随地势起伏而曲折多变、形状自由。而近来十分流行用卵石子铺设成健康步道，人们赤足行走在上面，可以刺激足底穴位以

图 6-5 次干道

达到健身目的，卵石子又可以灵活地拼成各种图案，成为园中一景，如图 6-6 所示。如今健康步道已经广泛应用于广场、公园等地。这种道路的宽度可灵活设置，双人行走宽 1.2～1.5m，单人行走宽 0.6～1m。

图 6-6 休闲小径

（4）专用道 专用道是指在园林中为便于园务运输、养护管理等需要而专门建造的道路。这种道路通常为园务车辆设置了专用的出入口，在不干扰游人的情况下，车辆可快速到达园中仓库、餐厅、管理处、杂物院等处。并且为便于把物资直接运往各个景点，应与主干道相通，园务路对园林的施工、养护和管理来说功不可没。

2. 根据结构类型分类

园路由于所处的绿地环境不同，造景目的和环境等都有所不同，因此可采用不同的结构类型。一般园路可分为下列三种基本结构类型。

（1）路堑型 凡是园路的路面低于周围绿地，道牙高出路面，利于道路排水的都称为路堑型，如图 6-7 所示。

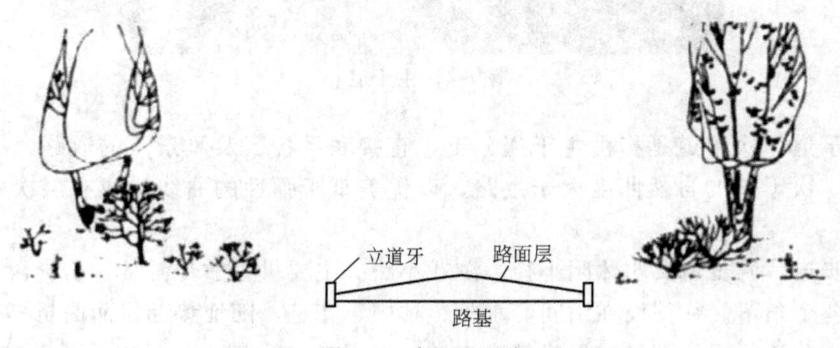

图 6-7 路堑型园路

（2）路堤型　平道牙靠近边缘处，路面高于两侧地面，利于明沟排水的称为路堤型，如图 6-8 所示。

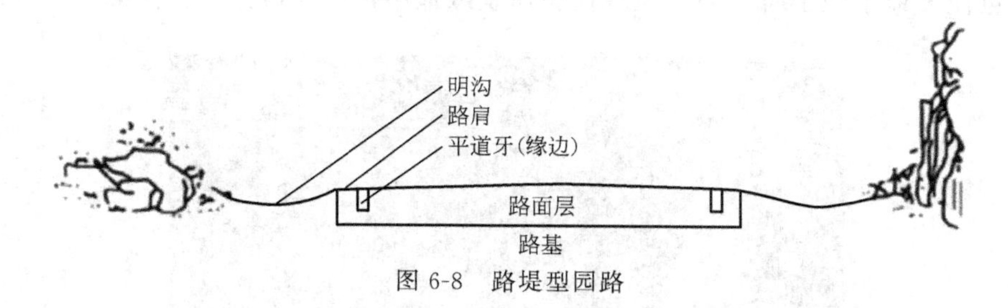

图 6-8　路堤型园路

（3）特殊型园路　如步石、汀步、蹬道、攀梯等。其中，汀步多选体积较大，表面比较平整的石块，散置于浅水处。有时，石与石之间高低参差，疏密相间，取自然之态，既便于通行，又能使水面富于变化。

3. 根据铺装材料分类

根据园路的地面层材料的不同，园路又可分为整体路面、块料路面、碎料路面和简易路面 4 种。

（1）整体路面　整体路面包括水泥混凝土路面和沥青混凝土路面。其优点是平整度好，路面结实、耐压、耐磨，养护简单，便于清扫，因此多用做大型园林的主干道。但是它色彩单一，多为灰色和黑色，在园林中不够美观。如图 6-9 和图 6-10 所示。

图 6-9　沥青路

图 6-10　混凝土压花地面

（2）块料路面　块料路面是指用大方砖、石板、各种天然块石或各种预制板铺装而成的路面。这类路面简朴大方、防滑，能减弱路面反光强度，并能铺装成形态各异的各种图案花纹，同时也便于地下施工时拆补，在现代城镇及绿地中被广泛应用。如图 6-11 所示。

图 6-11　块料路面

（3）碎料路面　碎料路面是指用各种碎石、瓦片、卵石及其他碎状材料组成的路面。这类路面铺路材料廉价，能铺成各种花纹，一般多用于游步道。如图 6-12 所示。

图 6-12　碎料路面

（4）简易路面　简易路面是指由煤屑、三合土等组成的路面，多用于临时性或过渡性的园路。

二、园路的设计与布局

（一）园路的设计原则

要使设计的园路充分体现实用功能和造景功能，充分展现艺术美，必须遵循以下几个方面的原则。

1. 因地制宜

园路的布局设计，不仅需依据园林工程建设的规划形式，还必须结合地形、地貌进行。一般园路宜曲不宜直，贵在合乎自然，追求自然野趣，依山随势，回环曲折；曲线要自然流畅，犹若流水，随地势就形。如图6-13所示。

图6-13　园路随地形起伏

2. 以人为本

在园林中，园路设计也必须遵循“供人行走为先”的原则。也就是说，设计修筑的园路必须满足导游和组织交通的作用，要考虑人总喜欢走捷径的习惯，因此，园路设计必须首先考虑为人服务、满足人的需求。否则，就会导致修筑的园路少人走，而无园路的绿地却被踩出了路。如图6-14所示。

图6-14　步石间隔适中

3. 疏密适度

要根据园中绿地的类型和游人的容量大小来决定。道路的疏密程度与园林的性质等因素密切相关。过于密集的道路像是“蜘蛛网”，难以进行合理的规划。然而也不应该过于稀疏，使园林中的许多景色都无法走近观赏。通常来说，在公园内，道路大概占总面积的10%～12%；在动物园、植物园或小游园内，道路交通网的密度可以稍微加大，但也不宜超过25%。

4. 目的明确

设计园路时应该有的放矢，方向明确，分岔路口应设置明确指示牌，最好还能做些特色景点，让游人印象深刻。最好的园林道路应该是四通八达的环行路，游人沿着园路行走就能游遍全园的主要景点，不必走回头路，重复赏景，使游人可以从不同的角度欣赏园景，真正达到一步一景、步移景异的效果。

5. “路因景曲，境因曲深”

园路曲曲折折，峰回路转，营造出深邃的意境，给人以无限遐想的空间。有时还会带来“山重水复疑无路，柳暗花明又一村”的惊喜，如图 6-15 所示。

图 6-15　曲径通幽

6. 丰富多样

园林中道路的形式是多种多样的。在人流集聚的地方或者是在大面积的广场上，道路可以转化为场地；在林间或草坪中，道路可以转化为步石或休息岛；遇到地形起伏变化，道路可以转化为盘山道、磴道、石级；遇到水池、湖泊，道路又可以转化为桥梁、汀步等；总之，道路以它丰富多变而充满情趣的形态来装点园林，使园景因道路的存在而更加引人入胜。

（二）园路的布局形式

风景园林的道路系统不同于一般的城市道路系统，有独特的布置形式和布局特点。常见的园路系统布局形式有套环式、条带式和树枝式三种，见表 6-2。

表 6-2　园路的布局形式

形式	特征	图示
套环式	这种园路系统的特征是：由主园路构成一个闭合的大型环路或一个“8”字形的双环路，再从主园路上分出很多的次园路和游览小道，并且相互穿插连接与闭合，构成另一些较小的环路。主园路、次园路和小路构成的环路之间的关系，是环环相套、互通互连的关系，其中少有尽端式道路。因此，这样的道路系统可以满足游人在游览中不走回头路的愿望。套环式园路是最能适应公共园林环境，也最为广泛应用的一种园路系统。但是，在地形狭长的园林绿地中，由于地形的限制，一般不宜采用这种园路布局形式	

续表

形式	特征	图示
条带式	这种布局形式的特点是：主园路呈条带状，始端和尽端各在一方，并不闭合成环。在主路的一侧或两侧，可以穿插一些次园路和游览小道。次路和小路相互之间也可以局部闭合成环路，但主路不会闭合成环。条带式园路布局不能保证游人在游园中不走回头路，所以，只有在林荫道、河滨公路等地形狭长的带状公共绿地中才采用这种园路布局形式	
树枝式	以山谷、河谷地形为主的风景区和市郊公园，主园路一般只能布置在谷底，沿着河沟从下往上延伸。两侧山坡上的多处景点都是从主路上分出一些支路，甚至再分出一些小路加以连接。支路和小路多数只能是尽端式道路，游人到了景点游览之后，要原路返回到主路再向上行。这种道路系统的平面形状，就像是有许多分枝的树枝，游人走回头路的时候很多。因此，这是游览性最差的一种园路布局形式，只有在受到地形限制时才采用这种布局形式	

（三）园路布局设计的方法步骤

① 对收集来的设计资料及其他图面资料进行充分的分析研究，从而初步确定园路布局风格与特点。

② 对公园或绿地规划中的景点、景区进行认真分析研究。

③ 对公园或绿地周边的交通景观等进行综合分析，必要时可与有关单位联合分析。

④ 研究设计区内的植物种植设计情况。

⑤ 通过以上的分析研究，确定主干道的位置布局和宽窄规格。

⑥ 以主干道为骨架，用次干道进行景区的划分，并通达各区主景点。

⑦ 以次干道为基点，结合各区景观特点，具体设计游步道。

⑧ 形成布局设计图。

（四）供残疾人使用的园路设计要求

① 路面宽度不宜小于 1.2m，回车路段路面宽度不宜小于 2.5m。

② 道路纵坡不宜超过 4%，且坡长不宜过长，在适当距离应设水平路段，且不应有阶梯，并尽可能减小横坡。

③ 坡道坡度为 1/20～1/15 时，其坡长不宜超过 9m；每逢转弯处，应设不小于 1.8m 的休息平台。

④ 园路一侧为陡坡时，为防止轮椅从边侧滑落，应设 10cm 高以上的挡石，并设扶手栏杆。

⑤ 排水沟箅子等不得突出于路面，并注意不得卡住轮椅的车椅和盲人的拐杖。

三、园路的线型设计

园路的线型设计包括平面线型设计、横断面设计及纵断面设计三大类。

（一）园路平面线型设计

1. 园路构图中常见线型

园路根据线型不同可分为规则式和自然式两大类。规则式通常采用严谨整齐的几何式道路布局，以直线构图为主，突出人工的痕迹，在西方园林中应用较多；自然式则恰好相反，崇尚自然，通常采用流畅的线条，迂回曲折，以曲线构图为主，体现“虽由人作，宛自天开”的效果，在东方园林中应用较多。

（1）直线型园路　由于直线线型规则、平直、交通方便，所以以径直的道路分割景区，可以表现出庄严、中规中矩的气氛，如图 6-16 所示。适用于规则式园林绿地。在规则式布局的西方园林中，园路多成几何形，笔直且宽大，沿某条轴线对称展开，如壮丽的凡尔赛宫后花园，笔直的道路通向四方，无处不体现着王权的至高无上，同时也充分展现了法兰西园林简洁豪放的独特风格。

图 6-16　直线型园路

（2）曲线型园路　曲径婉转而多变，可以引发人们无限的想象，从而将有限的空间转化成为无限的空间，扩大了园景的空间感。曲线型园路可分为圆弧曲线型和自由曲线型两种。

① 圆弧曲线型：道路转弯或交汇处，考虑行驶机动车的要求，弯道部分应取圆弧曲线连接，并具有相应的转弯半径。

② 自由曲线型：指曲率不等且随意变化的自然曲线型式。在以自然式布局为主的园林中多采用此种线型，可随地形、景物的变化而自然弯曲，显得柔顺流畅。

总体来说，两种园路各有风格。直线型的园路，从起点到终点，其赏景的顺序是清晰明确的，一般都固定不变；而曲线型的园路，可以互换起点与终点，游览路线一般都不重复，所以景观更富于变形，更加生动有趣。设计时也可以在采用一种形式为主的同时，用另一种形式作为补充，形成混合式的园路，如图 6-17 所示。

2. 园路平面线型设计要求

一般总体规划设计中已初步确定了园路的位置，但在进行园路技术设计时，应对下列内容进行复核。

图 6-17 混合式的园路

① 重点风景区的游览大道及大型园林的主干道的路面宽度，应考虑能通行卡车、大型客车，但一般不宜超过 6m。公园主干道，由于园务交通的需要，应能通行卡车。对重点文物保护区的主要建筑物四周的道路，应能通行消防车，其路面宽度一般为 3.5m。游步道一般为 1.0～2.0m，小径也可小于 1m。由于游览的特殊需要，游步道宽度的上下限均允许灵活些。

② 行车道路转弯半径在满足机动车最小转弯半径的条件下，可结合地形、景物灵活处理。

③ 在设计自然式曲线道路时，道路平曲线的形状应满足游人平缓自如转弯的习惯。弯道曲线要流畅，曲率半径适当，不能过分弯曲，以免显得矫揉造作。

④ 园路的曲折迂回应有目的性。一方面，曲折是为了满足地形及功能上的要求，如避绕障碍、串联景点、围绕草坪、组织景观、增加层次、延长游览路线、扩大视野等；另一方面，曲折应避免无艺术性、功能性和目的性的过多弯曲。

3. 平曲线半径的选择

当车辆在弯道上行驶时，为了使车体顺利转弯，保证行车安全，要求弯道上部分应为圆弧曲线，该曲线称为平曲线，这种圆弧的半径称为平曲线半径。

自然式园路曲折迂回，在平曲线变化时主要由下列因素决定：一是园林造景的需要；二是当地地形、地物条件的要求；三是机动车行车安全的需要。通行机动车辆的园路在交叉口或转弯处的平曲线半径要考虑适宜的转弯半径，以满足通行的需求，转弯半径不得小于 12m。在条件困难的个别地段可以不考虑行车速度，只要满足汽车的最小转弯半径即可。所以，其转弯半径不得小于 6m。

4. 曲线加宽

当汽车在弯道上行驶时，由于前后轮的轮迹不同，前轮的转弯半径较大，后轮的转弯半径较小，会出现轮迹内移现象。弯道半径越小，这一现象越严重。为了避免后轮驶出路外，车道内侧需适当加宽，称为曲线加宽。园路的分支和交汇处，应加宽其曲线部分，使其线型圆润、流畅，形成优美的视觉效果。

（二）园路横断面设计

园路横断面的设计必须与道路管线相适应，综合考虑路灯的地下线路、给水管、排水管等附属设施。在自然地形起伏较大的地方，园路横断面设计应和地形相结合，当道路两侧的地形高差较大时可以采取以下几种布置形式。

① 结合地形将人行道与车行道设置在不同高度上，人行道与车行道之间用斜坡隔开，或用挡土墙隔开。如图 6-18 所示。

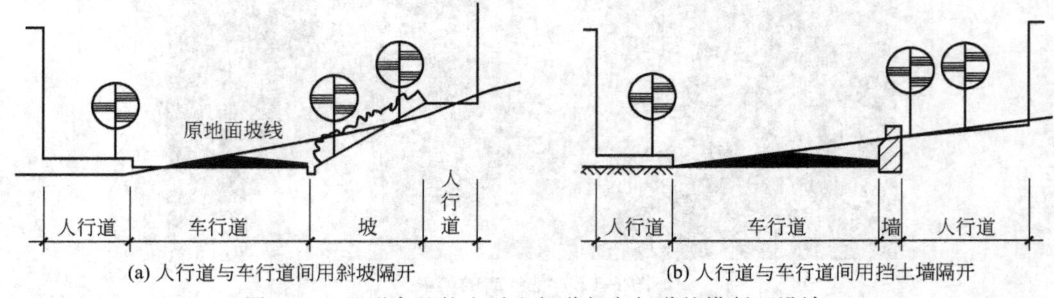

(a) 人行道与车行道间用斜坡隔开　(b) 人行道与车行道间用挡土墙隔开

图 6-18　地形高差较大时人行道与车行道的横断面设计

② 将两个不同行车方向的车行道设置在不同高度上，如图 6-19 所示。

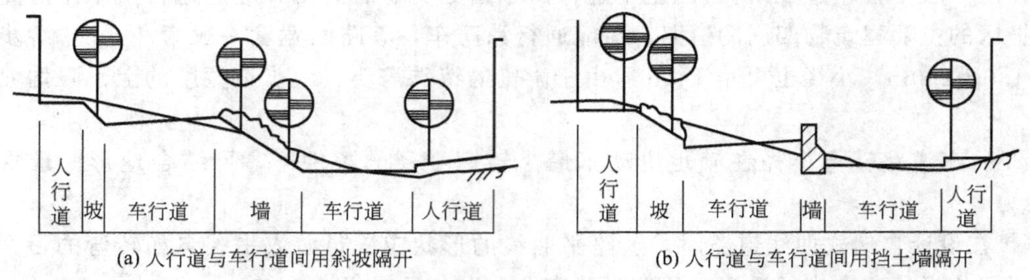

(a) 人行道与车行道间用斜坡隔开　(b) 人行道与车行道间用挡土墙隔开

图 6-19　地形高差较大时不同行车方向的车行道横断面设计

③ 结合岸坡倾斜地形，将沿河一边的人行道布置在较低的不受水淹的河滩上，供居民散步休息之用；为方便车辆通行车行道设在上层，如图 6-20 所示。

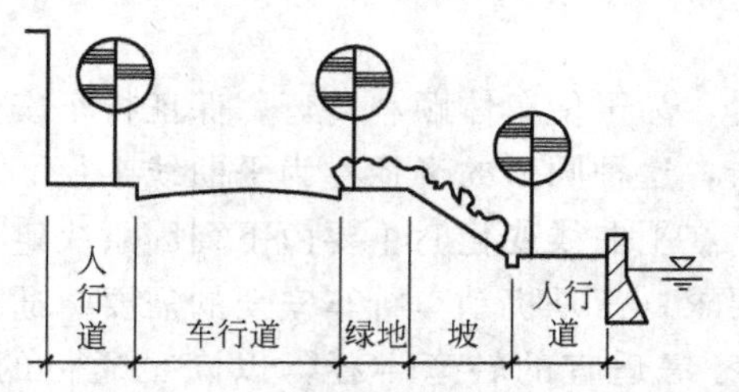

图 6-20　岸坡地形高差较大时的人行道与车行道横断面设计

④ 当道路沿坡地设置，车行道和人行道同在一个高度上时，横断面布置应将车行道中线的标高接近地面，并向土坡靠（图 6-21）。图中横断面 2 为合理位置。这样可防止出现多

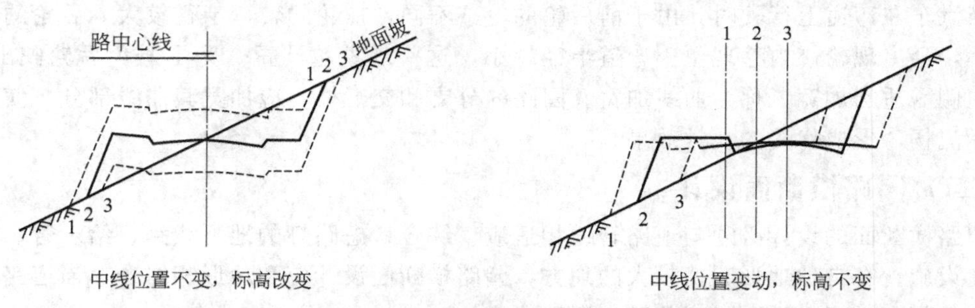

图 6-21　人行道与车行道坡地标高相同时的横断面设计

填少挖的不利现象，减少土方和护坡工程量。

（三）园路纵断面设计

路面中心线的竖向断面称为园路纵断面。纵断面线形即道路中心线在其竖向剖面上的投影形态。路面中心线在纵断面上为连续相折的直线，为使路面平顺，在折线的交点处要设置成竖向的曲线状，即园路的竖曲线。竖曲线的设置可使园林道路多有起伏，路景生动，视线俯仰变化，游人游览散步时会感觉舒适方便。

1. 纵断面线形

直线表示路段中坡度均匀一致，坡向和坡度保持不变。两条不同坡度的路段相交时，必然存在一个变坡点。为使车辆安全平稳通过变坡点，须用一条圆弧曲线把相邻两个不同坡度线连接，这条曲线因位于竖直面内，故称竖曲线。当圆心位于竖曲线下方时，称为凸型竖曲线；当圆心位于竖曲线上方时，称为凹型竖曲线，如图 6-22 所示。

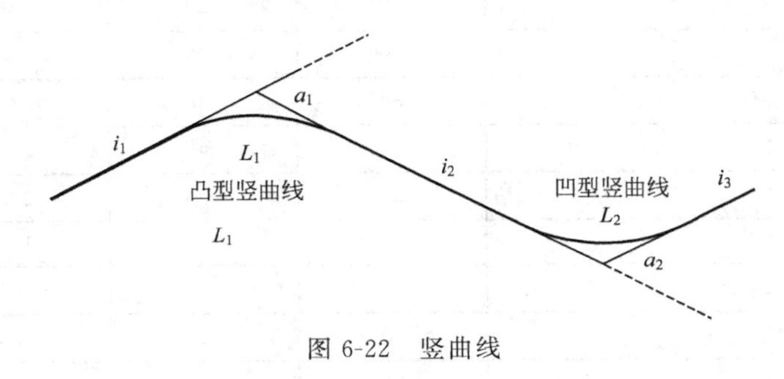

图 6-22　竖曲线

2. 园路竖曲线设计

园路竖曲线设计见表 6-3。

表 6-3　园路竖曲线设计

项目	内　　容
确定半径	园路竖曲线半径允许范围比较大，其最小半径比一般城市道路要小得多。半径的确定与游人游览方式、散步速度和部分车辆的行驶要求相关，但一般不作过细的考虑
纵向坡度确定	纵向坡度即道路沿其中心线方向的坡度。一般园路中，行车道路的纵坡一般为 0.3%～8%，以保证路面水的排除与行车安全，同时又可丰富路景。供自行车骑行园路的纵坡宜在 2.5%以下，不超过 4%；轮椅、三轮车宜为 2%左右，不超过 3%；不通车的人行游览道纵坡不超过 12%，若坡度在 12%以上，就必须设计为梯级道路。除了专门设在悬崖峭壁边的梯级磴道外，一般的梯道纵坡坡度都不应超过 100%。园路纵坡较大时，其坡面长度应有所限制。当道路纵坡较大而坡长又超过限制时，则应在坡路中插入坡度不大于 3%的缓和坡段；或者在过长的梯道中插入一至数个平台，供人暂停小歇并起到缓冲作用
横向坡度确定	横向坡度即垂直道路中心线方向的坡度。为了方便排水，园路横坡一般为 1%～4%，呈两面坡。弯道处因设超高而呈单向横坡。不同材料路面的排水能力不同，因此各类型路面对纵横坡度的要求也不同，见表 6-4。 在游步道上，道路的起伏可以更大一些。一般在 12°以下为舒适的坡道，而超过 12°时行走较费力。如：北海公园琼岛陟山桥附近园路纵坡度为 11.5°，为了保证主环路通车的要求，又能使步行者舒适，设计时把主路中间部分做成坡道，两侧做成台阶，使用效果较好。 颐和园某处纵坡度为 17°，在雨雪天下坡行走十分危险。一般纵坡超过 15°应设台阶。北京香山公园从香山寺到洪光寺一线，因通汽车需要，局部纵坡在 20°以上，这在一般情况下是不允许的。因为在上坡时汽车能以低挡爬行上去，但在下坡时，汽车刹车增加，易使制动器发热，造成事故

续表

项目	内　容
弯道与超高缓和段	汽车在弯道上行驶时,会产生横向推力。这种离心力的大小,与车行速度的平方成正比,与平曲线半径成反比。为了防止车辆向外侧滑移及倾覆,并抵消离心力的作用,就需将路的外侧抬高。设置超高的弯道部分(从平曲线起点至终点)形成了单一向内侧倾斜的横坡,为了便于直线路段的双向横坡与弯道超高部分的单一横坡平顺衔接,应设置超高缓和段

表 6-4　各种类型路面的纵横坡度

路面路石类型	纵坡/%				横坡/%	
	最小	最大		特殊	最小	最大
		游览大道	园路			
水泥混凝土	3	60	70	100	1.5	2.5
沥青混凝土	3	50	60	100	1.5	2.5
块石、炼砖	4	60	80	100	2	3
拳石、卵石	5	70	80	70	3	4
粒料路面	5	60	80	80	2.5	3.5
改善土路面	5	60	60	80	2.5	4
游步小道	3	—	80	—	1.5	3
自行车道	3	30	—	—	1.5	2
广场、停车场	3	60	70	100	1.5	2.5
特别停车场	3	60	70	100	0.5	1

注：当车行路的纵坡在 1%以下时，方可用最大横坡。

第二节　园路绘制

一、绘制主、次园路

图 6-23 为某游园一角步道，图上有主路、次路、小路及休闲小径。

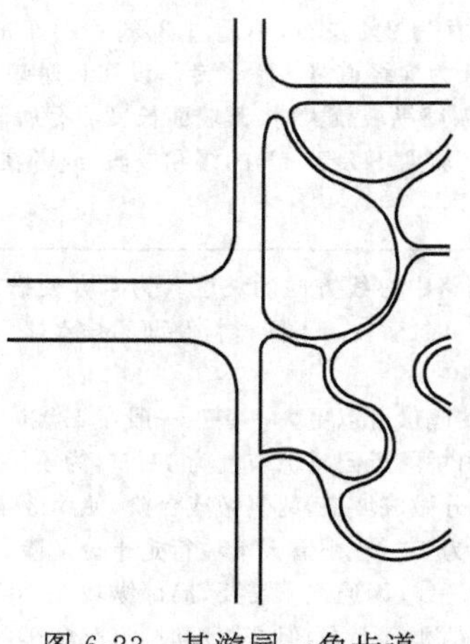

图 6-23　某游园一角步道

主、次园路绘制步骤如下。

① 绘制主要道路：水平方向画直线，长度 30000mm，使用偏移工具，偏移距离 7000mm。

② 绘制次要道路：垂直方向绘制直线并偏移 3500mm，留出道路交汇口，如图 6-24 所示。

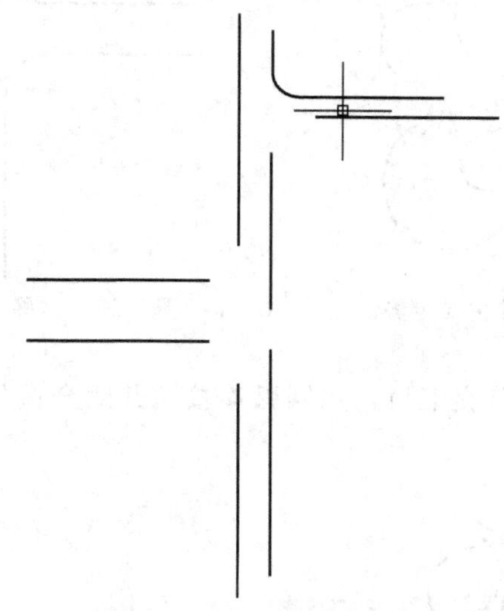

图 6-24　主、次园路轮廓

③ 绘制道路交汇口，全部用圆弧工具，如图 6-25 所示。

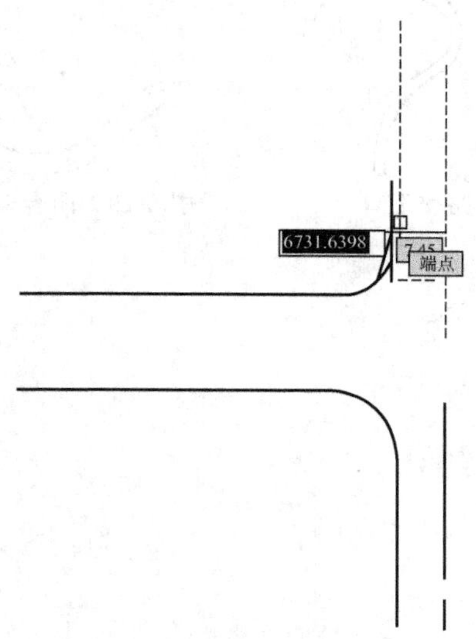

图 6-25　园路交叉口处理

二、绘制休闲小径

① 用多段线命令绘制休闲小径主要走势，如图 6-26 所示。

② 偏移已绘好的一侧小路，距离 1500mm，如图 6-27 所示。

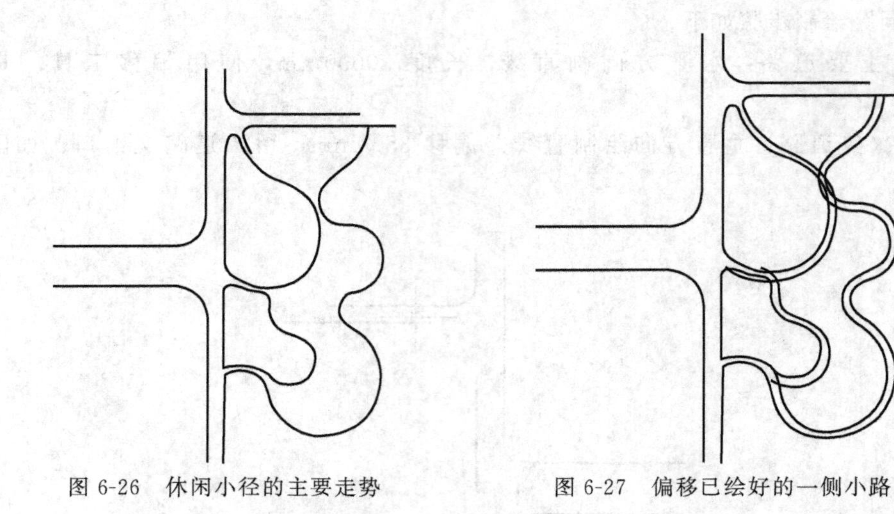

图 6-26　休闲小径的主要走势　　　　图 6-27　偏移已绘好的一侧小路

③ 用修剪命令，修剪小路交汇口，用圆弧连接，并闭合偏移线的不闭合处，如图 6-28 和图 6-29 所示。

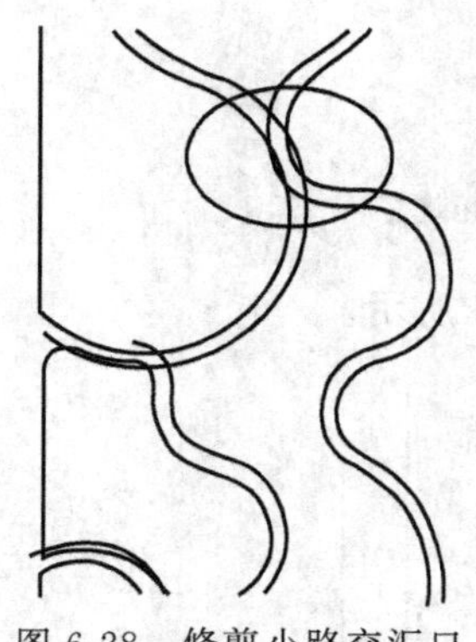

图 6-28　修剪小路交汇口

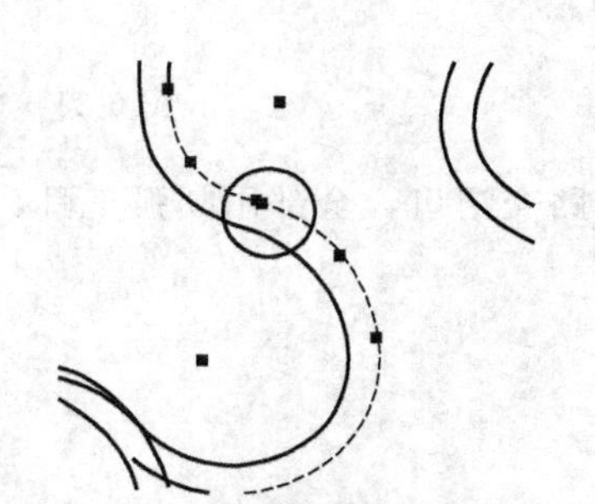

图 6-29　闭合偏移线的不闭合处

④ 完成效果如图 6-23 所示。

第七章

园林铺装设计与制图

第一节　园林铺装设计基础

一、铺装设计方法

为方便配合园路组织交通和游览路线的功能，园林的铺装设计应该注意主次分明、疏密有致。既要满足行人、行车的功能性要求，又要满足色彩、图案、表面质感等装饰性要求。铺装的好坏与否，有许多评判的标准，不仅设计要精巧、美观，选材要多加考虑，色彩要与周围的环境相协调，而且，还要注意生态环保。园路铺装方法如下。

① 用砖铺砌。可铺成席纹、人字纹、间方纹及斗纹。

② 以砖瓦为图案界线。镶以各色卵石或碎瓷片，其可以拼合成的图案有六方式、攒六方式、八方间六方式、套六方式、长八方式、八方式、海棠式、四方间十字方式，如图 7-1 所示。

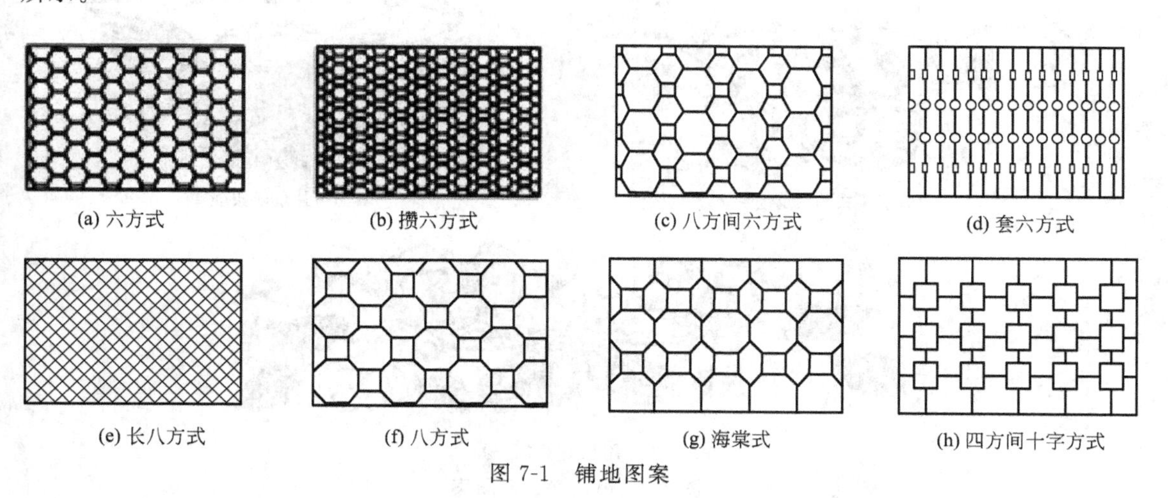

图 7-1　铺地图案

③ 香草边式。香草边是用砖为边，用瓦为草的砌法，中间铺砖或卵石均可，如图 7-2(a) 所示。

④ 球门式。用卵石嵌瓦，仅此一式可用，如图 7-2(b) 所示。

⑤ 波纹式。用废瓦拣取厚薄，分别砌之，波头宜用厚的，波旁宜镶薄的，如图 7-2(c) 所示。

(a) 香草边式

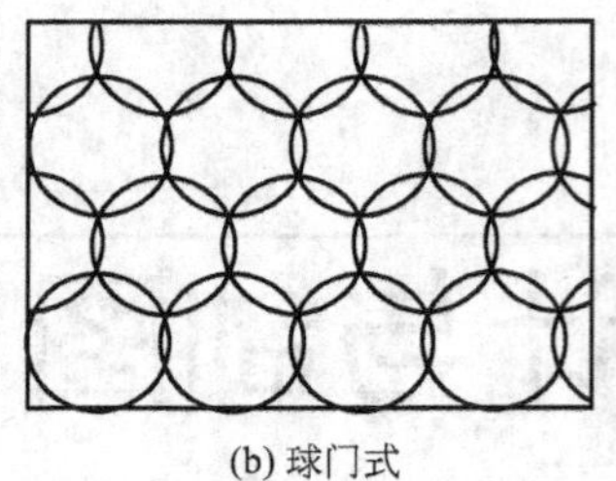
(b) 球门式

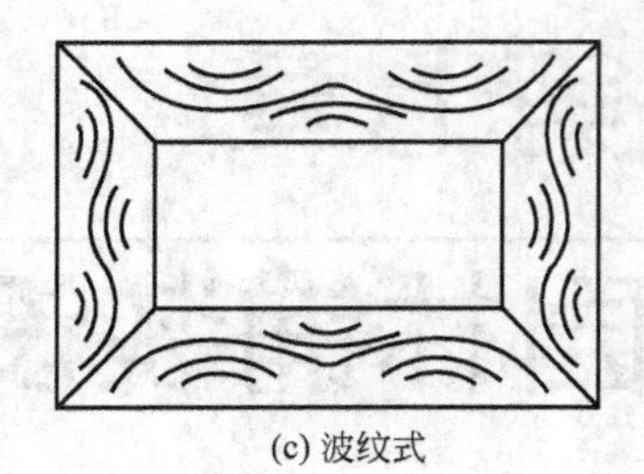
(c) 波纹式

图 7-2 乱石铺地图案

⑥ 乱石路。即用小乱石砌成石榴子形，比较坚实雅致。路的曲折高低，从山上到谷口都宜用这种方法。

⑦ 卵石路。应用在不常走的路上，主要满足游人锻炼身体之用，同时要用大小卵石间隔铺成为宜。

⑧ 砖卵石路面。被誉为“石子画”，它是选用精雕的砖、细磨的瓦和经过严格挑选的各色卵石拼凑成的路面，图案内容丰富，有以寓言为题材的图案，有花、鸟、鱼、虫等。又如绘制成蝙蝠、梅花鹿和仙鹤、虎的图案，以象征福、禄、寿，如图 7-3 所示，成为我国园林艺术的特点之一。花港观鱼公园牡丹园中的梅影坡，即把梅树投影在路面上的位置用黑色的卵石制砌成，此举在现代园林中颇有影响，如图 7-4 所示。

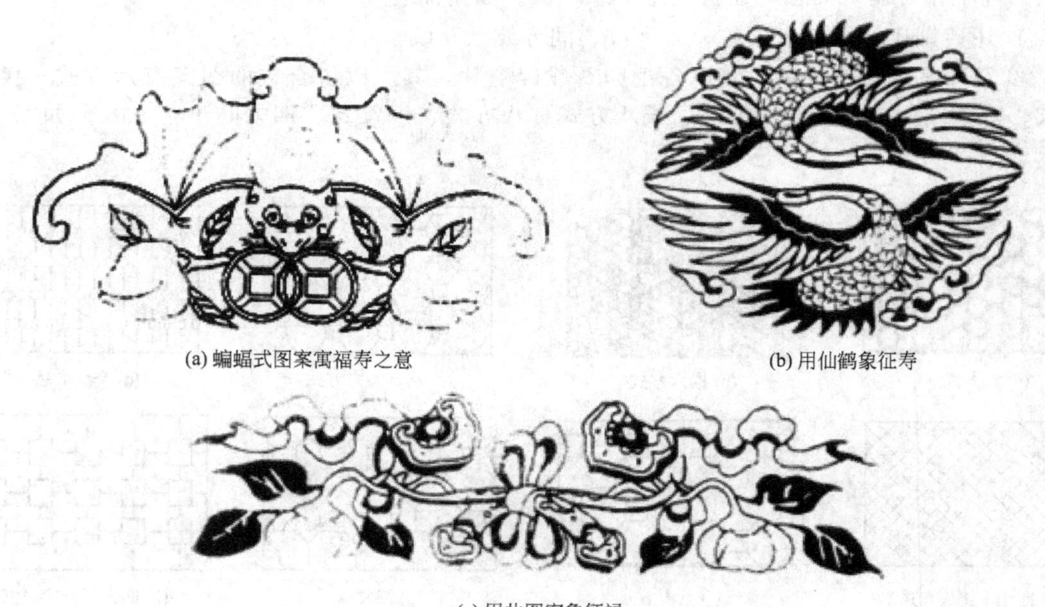
(a) 蝙蝠式图案寓福寿之意

(b) 用仙鹤象征寿

(c) 用此图案象征禄

图 7-3 福、禄、寿图案

⑨ 用乱青板石攒成冰裂纹。这种方法宜铺在山之崖、水之坡、台之前、亭之旁。可任意灵活运用，砌法不拘一格，破方砖磨平之后，铺之更佳。

⑩ 块料路面。用大方砖、石板或预制成各种纹样或图案的混凝土板铺砌而成的路面，如木纹混凝土板、拉条混凝土板、假卵石混凝土板等，花样繁多，不胜枚举，如图 7-5 所示。这类路面简朴大方、防滑，能减弱路面反光强度，美观舒适。

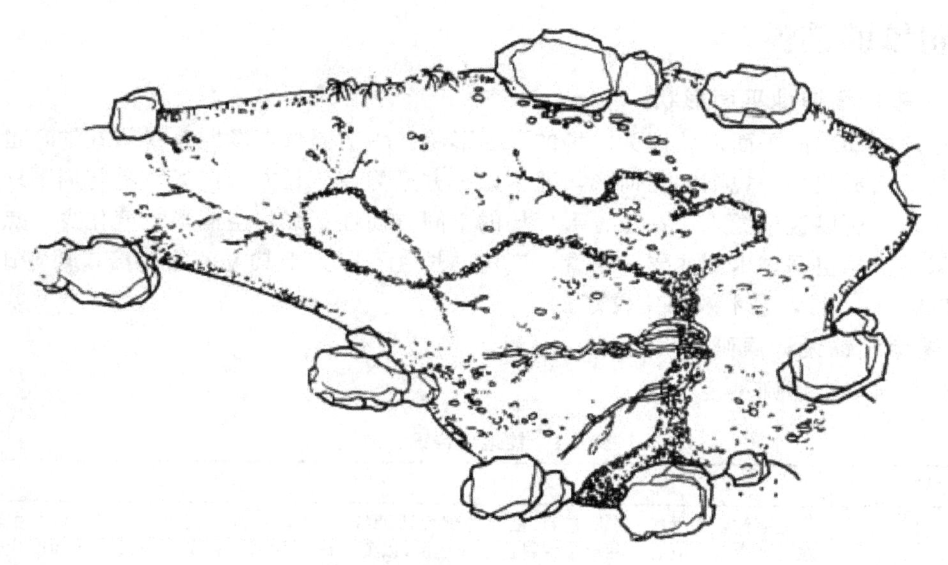

图 7-4　花港观鱼公园梅影坡图

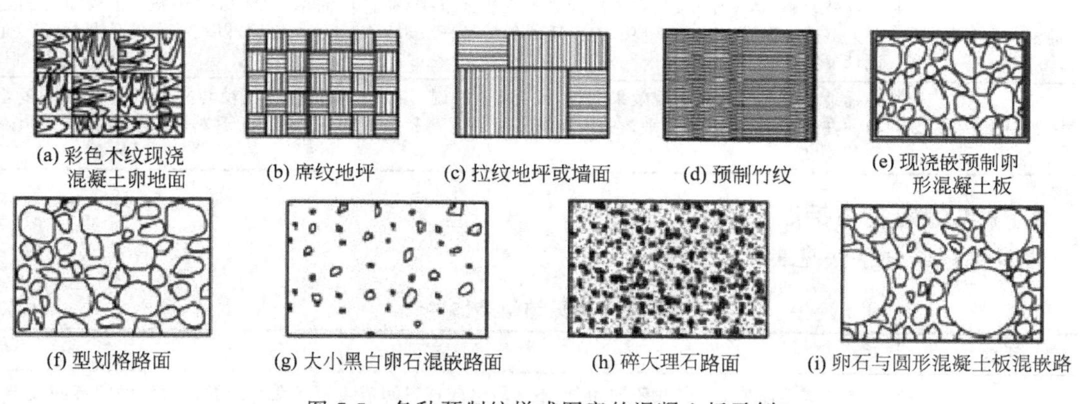

图 7-5　各种预制纹样或图案的混凝土板示例

⑪ 机制石板路。选深紫色、深灰色、灰绿色、酱红色、褐红色等岩石，用机械磨砌成为 15cm×15cm、厚为 10cm 以上的石板，表面平坦而粗糙，铺成各种纹样或色块，既耐磨又美丽。

⑫ 嵌草路面。把不等边的石板或混凝土板铺成冰裂纹或其他纹样，铺筑时在块料预留3～5cm 的缝隙，填入培养土，用来种草或其他地被植物。常见的有冰裂纹嵌草路面、梅花形混凝土板嵌草路面、花岗石板嵌草路面、木纹混凝土板嵌草路面等，如图 7-6 所示。

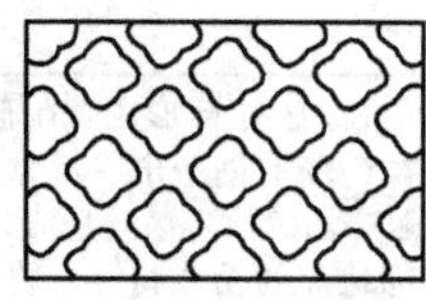

(a) 梅花形混凝土板

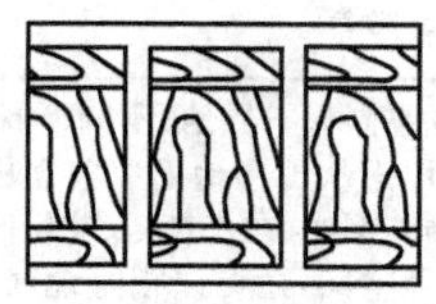

(b) 木纹混凝土板

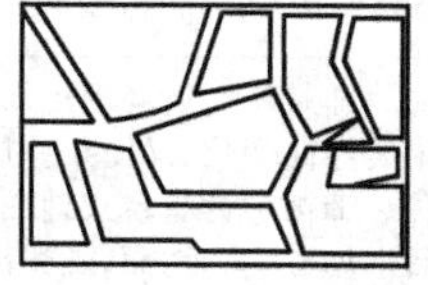

(c) 冰裂纹

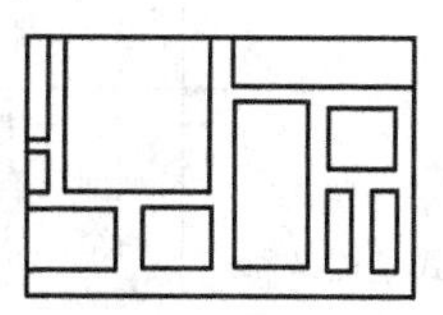

(d) 花岗石板

图 7-6　各种嵌草路面示例

二、园林铺装设计

1. 一般广场铺地平面形状

一般广场铺地的平面形状即为广场的平面形状。一般园景广场既有封闭式的，也有开放式的。其平面形状多为规则的几何形，通常以长方形为主。长方形广场较易与周围地形及建筑物相协调，所以被广泛采用；正方形广场的空间方向性不强，空间形象变化少一点，因此不常被采用。从空间艺术上的要求来看，广场的长度不应大于其宽度的3倍；长宽比为4∶3、3∶2或2∶1时，艺术效果比较好。

2. 铺地装饰设计原则

铺地装饰设计原则见表7-1。

表7-1　铺地装饰设计原则

原则	内容
整体统一原则	地面铺装的材料、质地、色彩、图纹等都要协调统一，不能有割裂现象，要突出主体，主次分明。在设计中至少应有一种铺装材料占主导地位，以便与附属材料在视觉上形成对比和变化，以及暗示地面上的其他用途。这一占主导地位的材料，还可贯穿于整个设计的不同区域，以便于建立统一性和多样性
简洁实用原则	铺装材料、造型结构、色彩图纹的采用不要太复杂，应适应简单一些，以便于施工。同时要满足游人舒适地游览散步的需要。光滑质地的材料一般来说应占较大比例，以较朴素的色彩衬托其他设计要素
形式与功能统一原则	铺地的平面形式和透视效果与设计主题相协调，烘托环境氛围。透视与平面图存在着许多差异。在透视中，平行于视平线的铺装线条可强调铺装面的宽度，而垂直于视平线的铺装线条则强调其深度

3. 常见铺地装饰手法

常见铺地装饰手法见表7-2。

表7-2　常见铺地装饰手法

手法	说　明
图案式地面装饰	图案式地面装饰是指用不同颜色、不同质感的材料和铺装方式在地面做出简洁的图案和纹样。图案纹样应规则对称，在不断重复的图形线条排列中创造生动的韵律和节奏。采用图案式手法铺装时，图案线条的颜色要偏淡偏素，决不能浓艳。除了黑色以外，其他颜色都不要太深太浓。对比色的应用要适度，色彩对比不能太强烈。在地面铺装中，路面质感的对比可以比较强烈，如磨光的地面与露骨料的粗糙路面可以相互靠近，形成强烈对比
色块式地面装饰	色块式地面装饰是地面铺装材料可选用3～5种颜色，表面质感也可以有2～3种表现；广场地面不做图案和纹样，而是铺装成大小不等的方、圆、三角形及其他形状的颜色块面。色块之间的颜色对比可以强一些，所选颜色也可以比图案式地面更加浓艳一些。但是路面的基调色块一定要明确，在面积、数量上一定要占主导地位
线条式地面装饰	线条式地面装饰是指在浅色调、细质感的大面积底色基面上，以一些主导性的、特征性的线条造型为主进行的装饰。这些造型线条的颜色比底色深，也更鲜艳一些，质地也常比基面粗，比较容易引人注意。线条的造型有直线、折线形，也有放射状、旋转形、流线型，还有长短线组合、曲直线穿插、排线宽窄渐变等富于韵律变化的生动形象
阶台式地面装饰	阶台式地面装饰是将广场局部地面做成不同材料质地、不同形状、不同高差的宽台形成宽阶形，即使地面具有一定的竖向变化，又使某些局部地面从周围地面中独立出来，在广场上创造出一种特殊的地面空间。这种装饰被称为阶台式地面装饰。例如，在座椅区、花坛区、音乐广场的演奏区等地方，通过设置凸台式地面来划分广场地面，既突出个性空间，还可以很好地强化局部地面的功能特点。将广场水景池周围地面设计为几级下行的阶梯，使水池成为下沉式的，水面更低，观赏效果会更好。总之，宽阔的广场地面中如果有一些竖向变化，则广场地面的景观效果一定会有较大的提高

4. 铺地竖向设计

园林铺地竖向设计要有利于排水，而且保证铺地地面不积水。因此，任何铺地在设计中都要有不小于0.3%的排水坡度，且在坡面下端要设置雨水口、排水管或排水沟，使地面有组织地排水，组成完整的地上地下排水系统。铺地地面坡度也不宜过大，一般坡度在0.5%～5%较好，最大坡度不宜超过8%。

竖向设计尽量做到土石方就地平衡，避免土方二次转运，减少土方用工量，节约工程费用。设计中还应注意兼顾铺地的功能作用，要有利于功能作用的充分发挥。

5. 停车场与回车场铺地设计

（1）停车场面积的确定　在确定停车场面积的大小时，首先要计算单位停车场面积，然后按计划停车数量来估算停车场用地面积。

在初步计算停车场面积时，可按每辆汽车 25m 的标准计算。根据实地测定，停车场面积可按表 7-3 所列数值进行估算。

表 7-3　停车场面积计算表

停车方向	平行于道路中心线	垂直于道路中心线	与道路中心线斜交成 45°～60°角
单双停车道宽度/m	2.5～3	7～9	6～8
双行停车道宽度/m	5～6	14～18	12～16
单向行车时两行停车道间通行宽度/m	3.5～4	5～6.5	4.5～6
一辆汽车所需面积(包括通道)/m^2			
小汽车	22	23	26
公共汽车、载重汽车	40	36	28
100 辆汽车停车场所需面积/hm^2			
小汽车	0.3	0.2	0.3～0.4
公共汽车、载重汽车	0.4	0.3	0.7～1.0
100 辆自行车停车场所需面积/hm^2	0.14～0.18		

（2）车辆停放方式　车辆停放方式有平行停车、垂直停车和斜角停车，见表 7-4。

表 7-4　车辆停放方式

方式	内　容
平行停车	停车方向与场地边线或道路中心线平行。采用这种停车方式的每一列汽车，所占的地面宽度最小，因此，这是适宜路边停车场的一种方式。但是，为了车辆队列后面的车能够随时驶离，前后两车间的净距要求较大，因而在一定长度的停车道上，这种方式所能停放的车辆数比用其他方式少 1/2～2/3
垂直停车	车辆垂直于场地或道路中心线停放，每一列汽车所占地面较宽，可达 9～12m；并且车辆进出停车位均需倒车一次。但在这种停车方式下，车辆排列密集，用地紧凑，所停放的车辆数也最多。一般的停车场和宽阔停车道都采用这种停车方式
斜角停车	停车方向与场地边线或道路边线呈 30°、45°或 60°角，车辆的停放和驶离都最为方便。这种方式适宜于停车时间较短、车辆随来随走的临时性停车道。由于占用地面较多，用地不经济，车辆停放数量也不多，混合车种停放也不整齐，所以一般较少应用这种停车方式

（3）回车场设计　在园林中，当道路为尽端式时，为方便汽车进退、转弯和调头，需要在该道路的端头或接近端头处设置回车场地。如图 7-7 所示，回车场的用地面积一般不小于12m×12m，即图中的 E 值应当大于 12m。

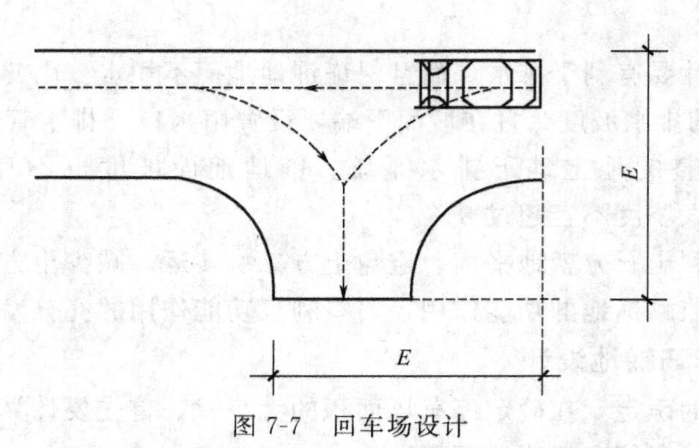

图 7-7　回车场设计

$E \times E$：小车：9m×9m；大车：12m×12m；超大车辆（不带拖车）：18m×18m

第二节　园林铺装填充

一、填充预定义的图案

① 填充广场铺装。将“广场铺装”层设置为当前图层。选择“绘图”→“图案填充”命令。

② 在“图案填充创建”对话框中，选择“ANGLE”图案类型。角度为“0”，比例为“1”，设置如图 7-8 所示。

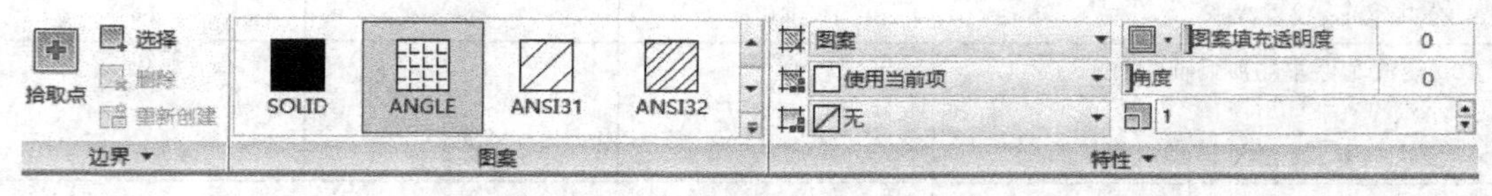

图 7-8　“图案填充创建”对话框

③ 在“边界”选项组中，单击“添加：拾取点”按钮。在空白广场上单击空白处，计算机自动分析内部孤岛作为填充的边界，按下空格键返回“图案填充创建”对话框，单击“预览”按钮，进入绘图区预览填充效果。命令行提示“拾取或按 Esc 键返回到对话框或＜单击右键接受图案填充＞：”，单击右键。填充结果如图 7-9 所示。

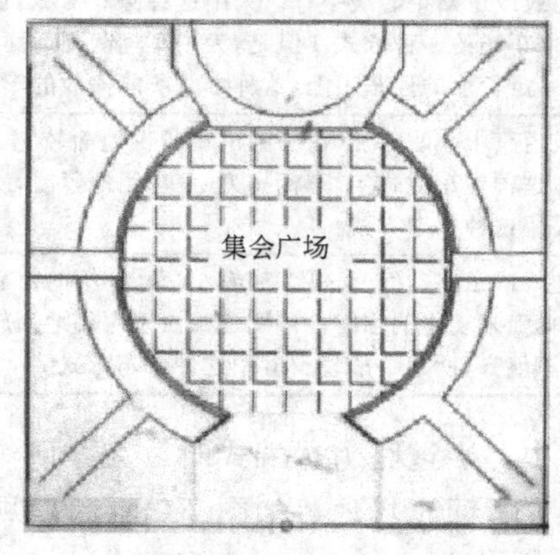

图 7-9　广场填充结果

二、填充用户定义的图案

填充图案的大小由填充的比例来控制，但如果需要填充一定规格的地砖时，填充的比例无法控制每一块地砖的大小。下面以方形地砖为例，讲解如何为填充的图案指定固定尺寸。

如果填充一定规格的方形地砖，则需要使用“用户定义”的图案类型进行填充。具体操作步骤如下：

① 绘制一个 400mm×500mm 的矩形，作为填充的范围。

② 选择“绘图”→“图案填充”命令，打开“图案填充和渐变色”对话框。

③ 在“图案”选项组中的“图案”下拉菜单中选择“用户定义”选项，表示按用户定义的填充图案样式进行填充。

④ 在“角度和比例”选项组中的“间距”为“30”，表示填充的图案为间距 30mm 的水平平行线。勾选“双向”，用于添加与原始水平线成 90°的线。设置如图 7-10 所示。

图 7-10 “图案填充和渐变色”对话框

⑤ 单击“添加：选择对象”按钮，在绘图区中选择 400mm×500mm 的矩形。按空格键返回对话框，单击“预览”按钮，进入绘图区，填充的效果如图 7-11 所示。

⑥ 有时施工要求铺装区域的左下角以完整的砖块开始，这就需按下空格键返回对话框进行修改。在“图案填充原点”选项组中选择“指定的原点”，勾选“默认为边界范围”，在下拉菜单中选择“左下”选项，把填充范围的左下角指定为填充原点，如图 7-10 所示。单击“预览”按钮，进入绘图区，填充的效果如图 7-12 所示。单击右键接受图案填充，这样，就以用户定义的图案填充了矩形。

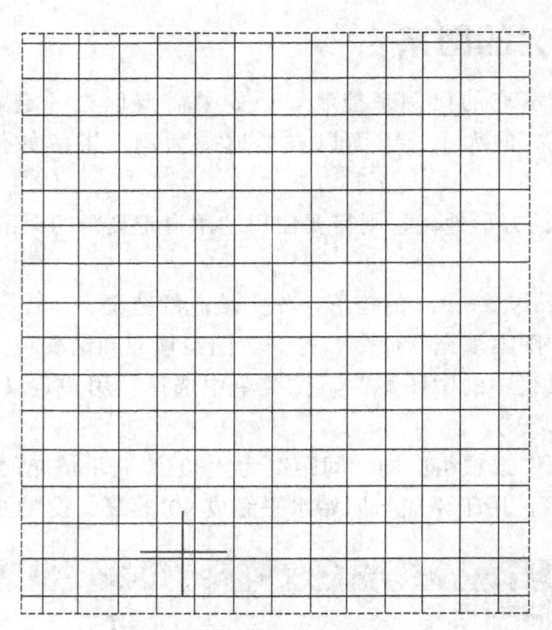

图 7-11　填充方格地砖

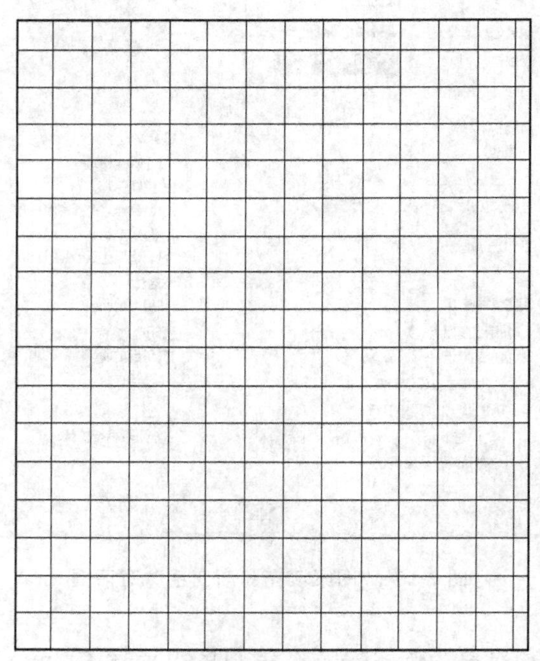

图 7-12　指定填充范围的左下角为填充原点

三、填充自定义图案

对于园林施工图来说，AutoCAD 2014 提供的预定义图案是不够用的。读者可以从网站上下载一些填充图案进行填充，具体使用方法如下。

① 在绘图区绘制一个 400mm×600mm 的矩形，作为填充的范围。

② 打开“图案填充和渐变色”对话框，在“类型和图案”选项组中的“类型”下拉菜单中选择“自定义”选项，在“样例”右侧单击打开“填充图案选项板”对话框。在“自定义”选项卡中选择“2X2BRICK. PAT”，如图 7-13 所示。

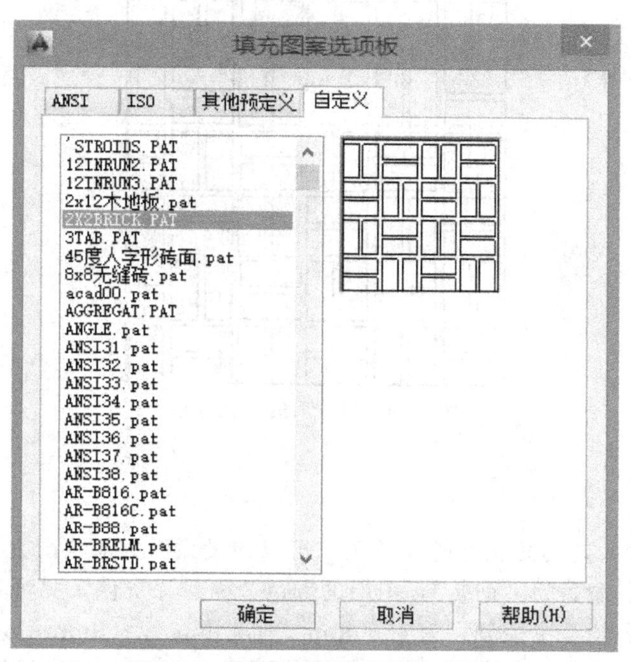

图 7-13 “填充图案选项板”对话框

③ 返回“图案填充和渐变色”对话框，设置填充图案的角度为“0”，比例为“8”。

④ 单击“添加：选择对象”按钮，在绘图区中选择 400mm×600mm 的矩形。按下空格键返回对话框，单击“预览”按钮，进入绘图区，填充的效果如图 7-14 所示。单击右键接受图案填充。

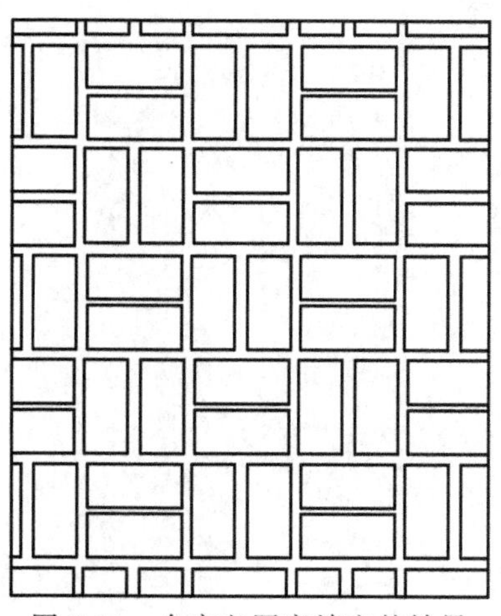

图 7-14 自定义图案填充的效果

⑤ 如果在“图案填充”结束后，发现需要修改填充的图案。在填充图案的线条上双击左键，再次打开“图案填充和渐变色”对话框，修改图案填充原点为“左下”，单击“确定”

按钮，修改后的填充效果如图 7-15 所示。

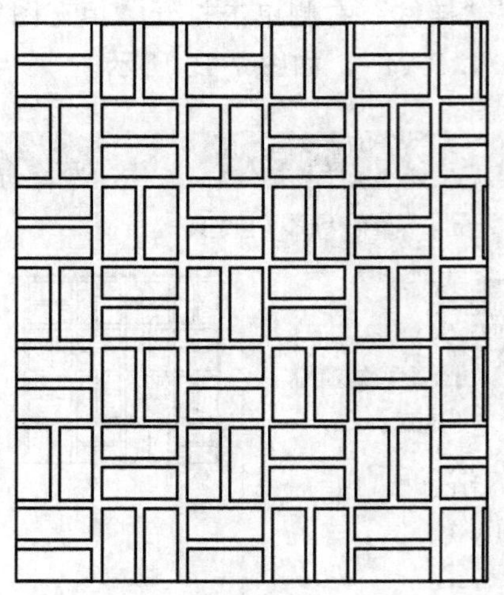

图 7-15　修改后的填充效果

四、绘制地花

如果广场面积较大，为防止空旷和单调，可以铺设大面的地花图案。

① 新建一个图层命名为“铺装”，图层的颜色为 9 号深灰色，并将其置为当前图层。

② 绘制五个同心圆，半径分别为 4500mm、4300mm、3200mm、3100mm、950mm。

③ 捕捉象限点，绘制一个水平直线，将直线下移 500mm，并进行修剪。

④ 将最小的圆形定数等分为 4 份，将最大的圆形定数等分为 6 份，连接等分的圆形。

⑤ 使用多段线，连接各点。

第八章

园林地形设计与制图

园林地形是园林的骨架，其他园林要构成的景观都建立在地形基础上，无论植物种植还是建筑造景，都离不开地形改造。在园林建设中，或场地平整、或挖沟埋弯、或开桥铺路等，首当其冲的工程是地形整理和改造，因此必须做好地形设计。

第一节　园林地形处理

地形是造园的基础，是在一定范围内包括岩石、地貌、气候、水文、动植物等要素的自然综合体。造园过程中，对地形进行适当的处理，可以更加合理地安排景观要素，形成更为丰富多变的层次感。

一、园林绿地地形处理原则

园林绿地地形处理原则是因地制宜、以小见大、和谐统一。

1. 因地制宜

园林中的地形处理是一种对自然地形的模仿。大自然本身就是最好的景观，结合景点的自然地形、地势、地貌进行就地取材，可体现出原本的乡土风貌和地表特征。因此，园林中的地形处理必须遵循自然规律，注重自然的形态的特点。

2. 以小见大

我国古典的园林面积都不大，但是在园林设计师的精心规划之下，却于方寸之间，体现出了无限广阔的空间，中国古典园林这种移天缩地、以小见大的空间特点，是我国传统空间意识的艺术表现。现代园林设计中切不可为堆山而大兴土方，应该向古典园林学习，以形象的手法来表现山体、坡地等丰富的地表特征。

3. 和谐统一

园林中的地形是具有连续性的，园林中的各组成部分是相互联系、相互影响、相互制约的，彼此不可能孤立存在。因此，每块地形既要满足排水及种植要求，又要与周围环境融为一体，力求达到自然过渡的效果。地形处理必须淡化人工建筑与自然环境的界限，使地形、园林建筑与绿化景观紧密结合。

二、不同类型的地形处理技巧

园林地形设计往往和竖向设计相结合，园林地形丰富多样，处理方法也各不相同。具体情况具体分析，不能以偏概全。

1. 广场地形

广场是园林中面积最大的公共空间，它能够反映一个园林环境甚至是一个城市的文化特征，被赋予“城市客厅”的美称。在广场设计中，常常将其地形进行抬高或下沉处理，如图8-1所示。对于纪念性为主题的园林来说，适合用抬高处理，如抬高纪念碑、纪念塔等主题性建筑的基座，可以使人们在瞻仰时，油然而生一种崇敬之性。抬高地形后，最好在两侧种植植物，对灌木进行整形修剪，使其随台阶高低起伏产生节奏感。如图8-2所示。

图8-1 下沉广场

图8-2 抬高的纪念碑

2. 山丘

园林中对于起伏较小的山丘、坡地等微地形来说，应该尽量利用原有的地形。如果原本就是抬高的地形，可以考虑设计成高低起伏的土丘；如果原来是低洼地形，可以就势做成水池。如果地形的坡度大于8%，应该使用台阶连接不同高程的地坪，如图8-3所示。

图8-3 台地式地形

3. 街旁绿地

街旁绿地是街道景观的要素，也是城市的形象工程。为了创造良好的视觉效果，除了合理搭配各种植物，形成丰富的种植层次以外，适当的地形处理也非常重要。地形处理时可做成一定的坡度，可以丰富景观的层次，如图 8-4 所示。

图 8-4　街旁绿地

第二节　园林地形绘制

一、建立地形图层

在制图中，为使图纸规范、统一、美观，要将地形单独作为一个图层，便于修改、管理，统一设置图线的颜色、线型、线宽等参数。

单击“图层”工具栏中的“图层特性管理器”按钮，弹出“图层特性管理器”对话框，建立一个新图层，命名为“山体”，颜色选取 8 号灰，线型为“Continous”，线宽为 0.15，如图 8-5 所示。再建立一个新图层，命名为“水体”，颜色选取青色 130，线型为“Continous”，线宽为 0.6，如图 8-5 所示。确定后回到绘图状态。

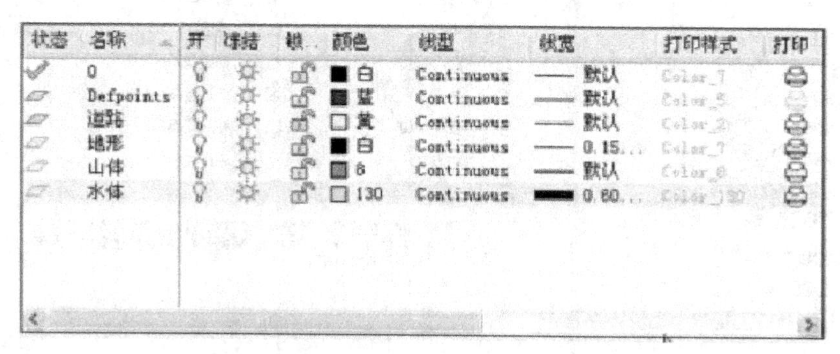

图 8-5　地形图层参数

如果线型采用点画线时，选择菜单栏中的“格式”→“线型”命令，弹出“线型管理器”

对话框，单击右上角的“显示细节”按钮，线型管理器下部呈现详细信息，将“全局比例因子”设为“30”，如图 8-6 所示。这样，点画线、虚线的式样就能在屏幕上以适当的比例显示，如果仍不能正常显示，可以上下调整该值。

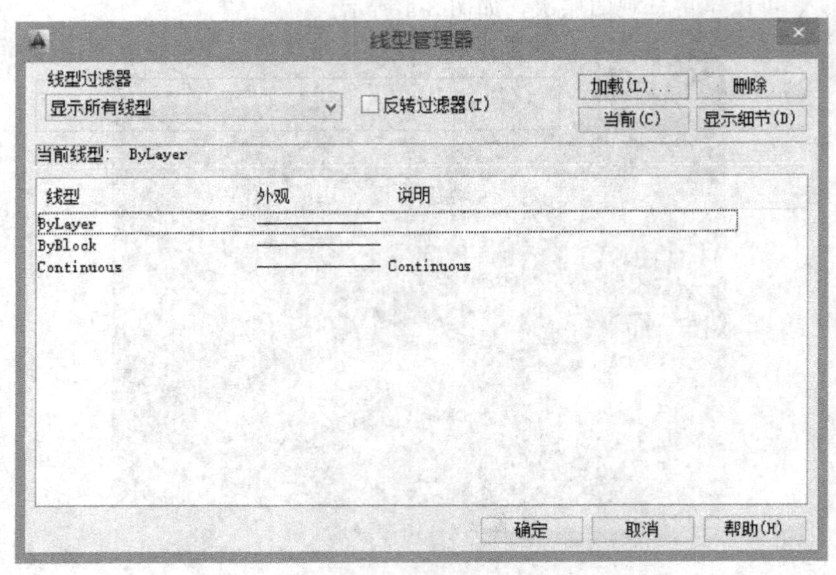

图 8-6 线型显示比例设置

二、设置对象捕捉

将鼠标指标移到状态栏中的“对象捕捉”按钮上，单击鼠标右键，弹出一个快捷菜单，如图 8-7 所示，选择“设置”命令，打开“对象捕捉”选项卡，对捕捉模式进行设置，如图 8-8 所示，然后单击“确定”按钮。

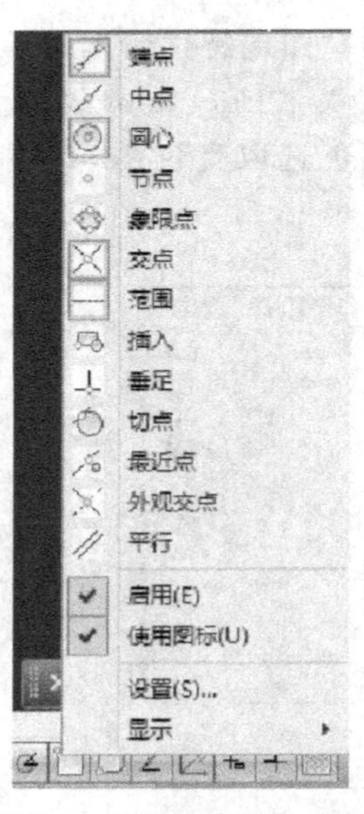

图 8-7 打开对象捕捉设置

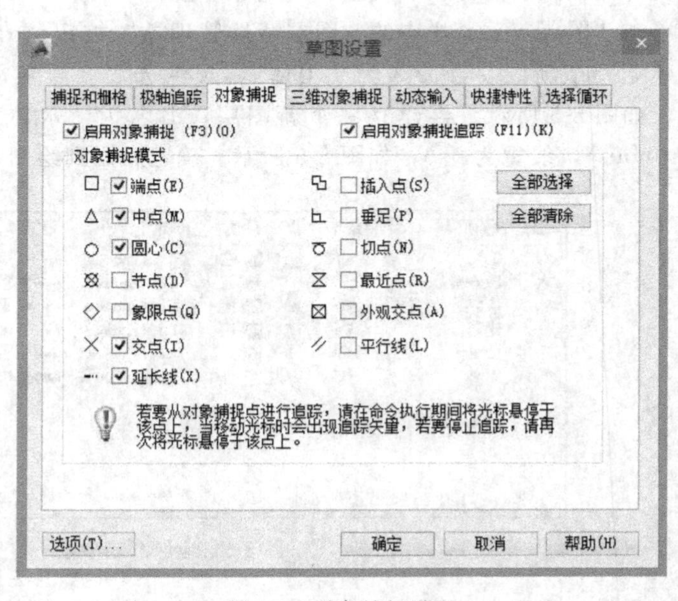

图 8-8 对象捕捉设置

三、绘制地形

用等高线来表示地形，而且在绘制地形之前，首先要明白什么是等高线，等高线的性质与特点。

1. 等高线概念

等高线指的是地形图上高程相等的各点所连成的闭合曲线，把地面上海拔高度相同的点连成的闭合曲线，垂直投影到一个标准面上，并按比例缩小画在图纸上，就得到等高线。等高线也可以看做是不同海拔高度的水平面与实际地面的交线，所以等高线是闭合曲线。在等高线上标注的数字为该等高线的海拔高度。

2. 等高线的性质

① 同一等高线上任何一点高程都相等。

② 相邻等高线之间的高差相等。等高线的水平间距的大小，表示地形的缓或陡。

③ 等高线都是连续、闭合的曲线。

④ 等高线一般都不相交、不重叠（悬崖处除外）。

⑤ 等高线在图纸上不能直穿横过河谷堤岸和道路等。

3. 等高线的绘制

将“等高线”图层设置为当前图层，单击“绘图”工具栏中的“样条曲线”按钮，如图 8-9 所示。在绘图区左下角适当位置拾取样条曲线的初始点，然后指向需要的第二点，依次画出第三、四……点，直至曲线闭合，或按“C”键闭合，这样就画出第一条等高线。进行“范围缩放”，处理后如图 8-10 所示。向内依次画出其他几条等高线，等高线水平间距按照设计需要设定，最终效果如图 8-11 所示。

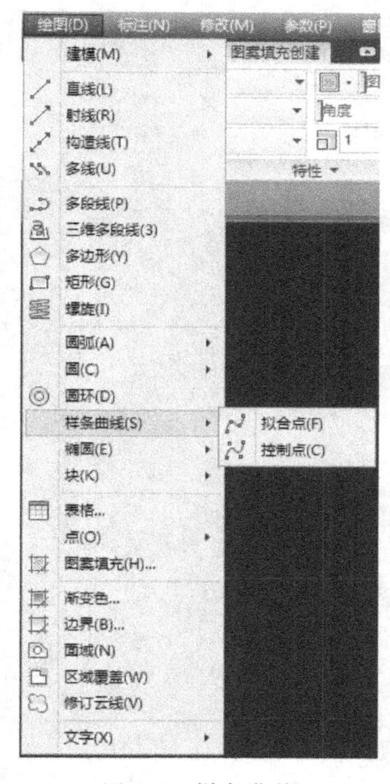

图 8-9　样条曲线

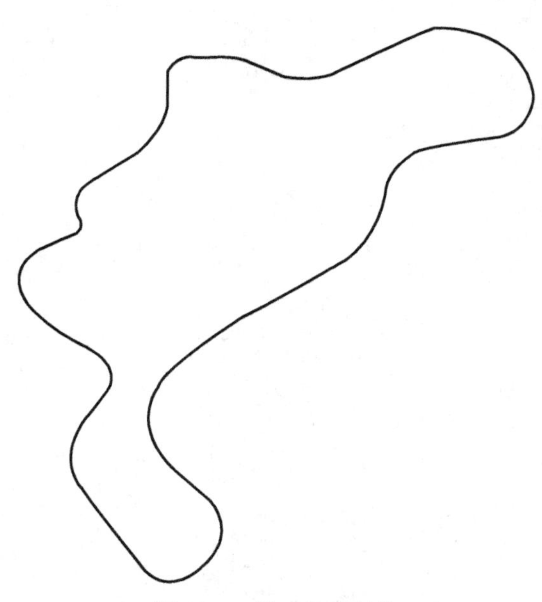

图 8-10　第一条等高线

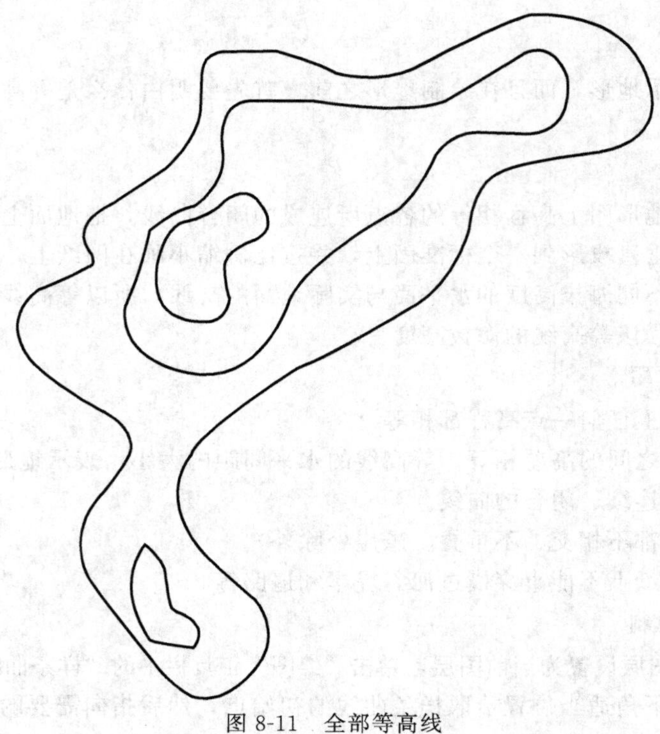

图 8-11 全部等高线

第九章

园林植物设计与制图

植物是园林设计中有生命的题材，是构成园林景观的主要素材，其重要性和不可替代性在现代园林中正在日益明显地表现出来。园林植物有着多变的形态和丰富的季相变化，它与地形、水体、建筑、山石、雕塑等有机配置，形成优美雅静的环境和艺术效果。

第一节　植物画法

园林植物由于它们的种类不同，形态各异，因此画法也不同。但一般都是根据不同的植物特征，抽象其本质，形成“约定俗成”的图例来表现的。

一、乔木画法

（一）乔木平面画法

1. 图例的表现

乔木的平面表示可先以树干位置为圆心，树冠平均半径为半径作出圆，再加以表现，其表现手法非常多，表现风格变化很大。乔木的平面如图 9-1 所示。

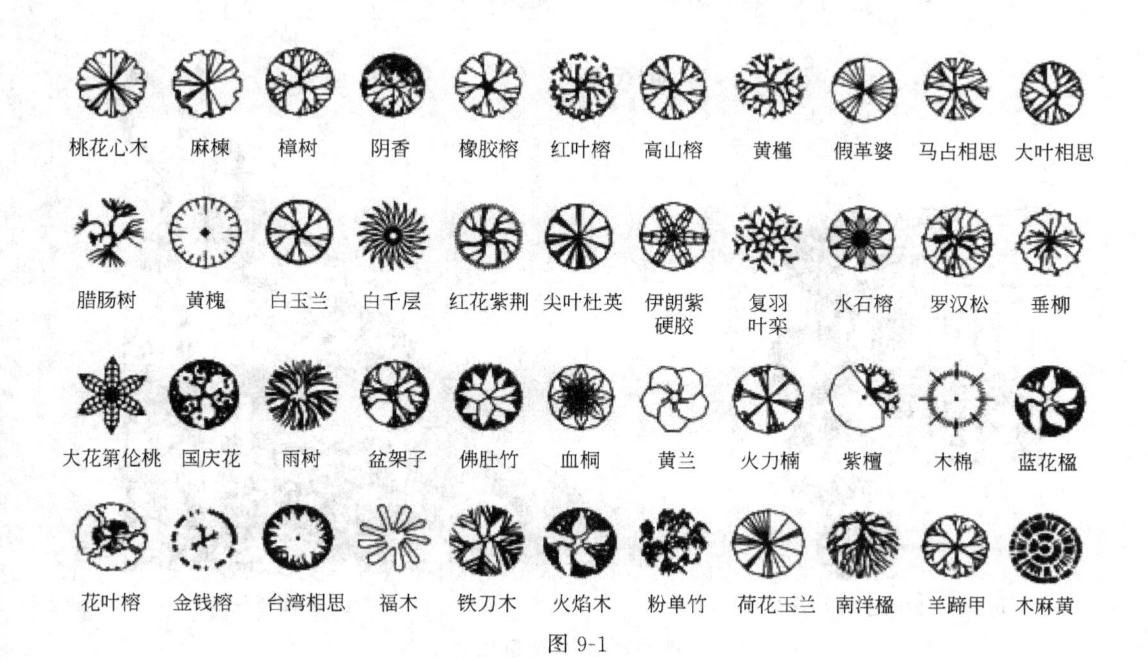

图 9-1

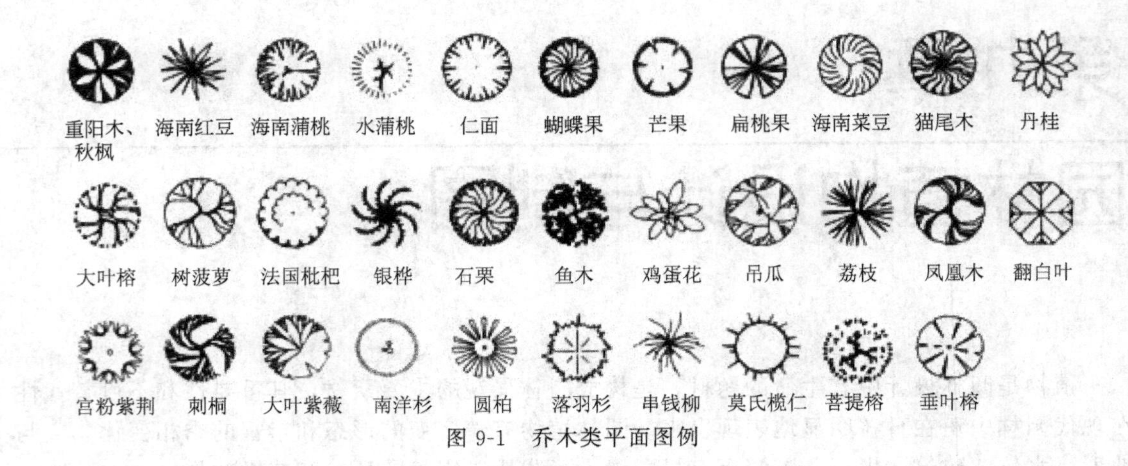

图 9-1 乔木类平面图例

2. 平面表现中注意问题

(1) 平面图中树冠的避让 在设计图中，当树冠下有花台、花坛、花境［图 9-2(a)］或水面、石块和竹丛［图 9-2(b)］等较低矮的设计内容时，树木平面也不应过于复杂，要注意避让，不要挡住下面的内容。但是，若只是为了表示整个树木群体的平面布置，则可以不考虑树冠的避让，应以强调树冠平面为主［图 9-2(c)］。

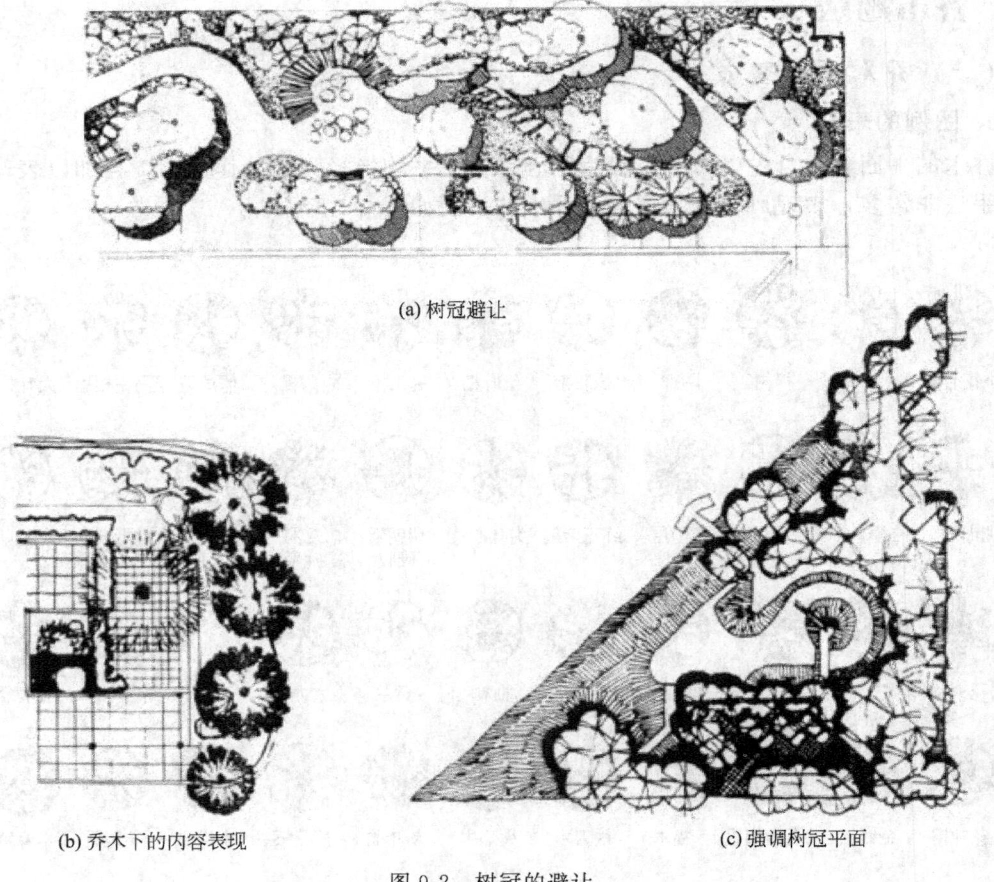

(a) 树冠避让

(b) 乔木下的内容表现

(c) 强调树冠平面

图 9-2 树冠的避让

（2）平面图中落影的表现　树木的落影是平面树木重要的表现方法，它可以增加图面的对比效果，使图面明快、有生气。

树木落影的具体做法是应首先选定平面光线的方向，定出落影量，以等圆作树冠圆和落影圆，如图 9-3 所示。然后对比出树冠下的落影，将其余的落影涂黑，并加以表现，如图 9-4 所示。

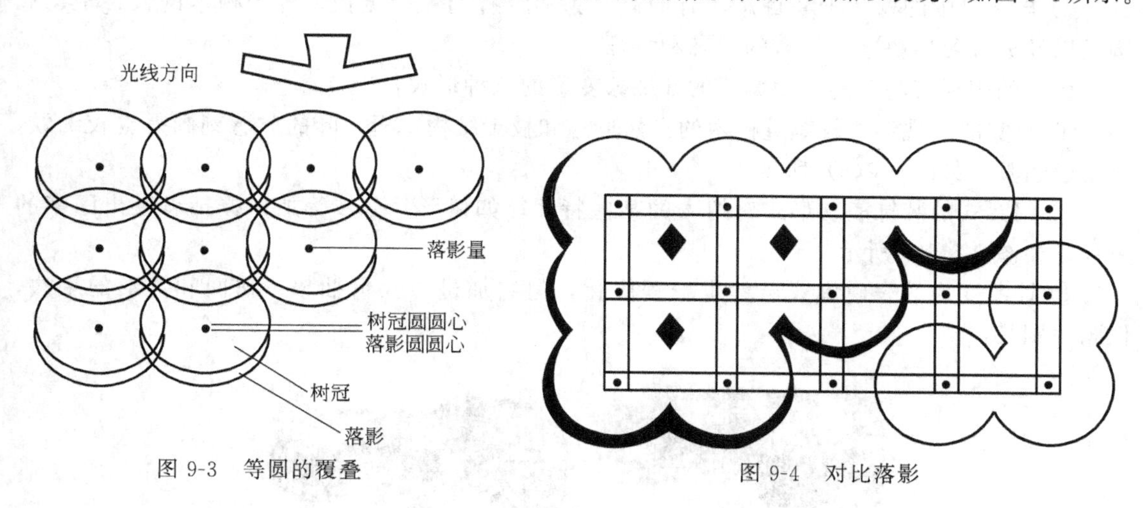

图 9-3　等圆的覆叠

图 9-4　对比落影

（二）乔木立面画法

在园林设计图中，树木的立面画法要比平面画法复杂。从直观上看，一张摄影照片的树和自然树的不同在于树木在照片上的轮廓形是清晰可见的，而树木的细节已经含混不清。这就是说，我们视觉在感受树木立面时最重要的是它的轮廓。所以，立面图的画法是要高度概括、省略细节、强调轮廓。

树木的立面表示方法也可分成轮廓、分枝和质感等几大类型，但有时并不十分严格。树木的立面表现形式有写实的，也有图案化的或稍加变形的，其风格应与树木平面和整个图画相一致。图案化的立面表现是比较理想的设计表现形式。园林植物立面画法如图 9-5 所示。

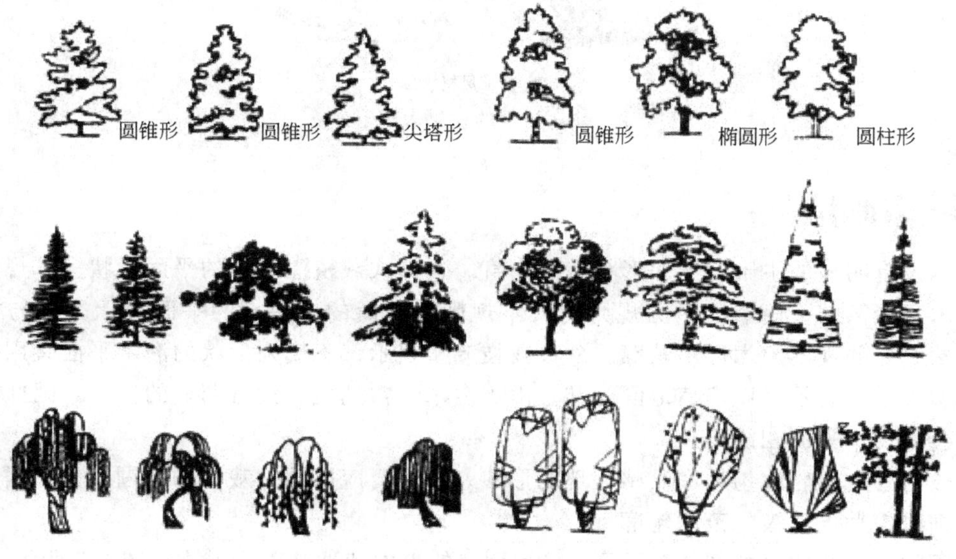

图 9-5　园林植物立面画法

(三) 乔木效果的表现

园林设计图中，对于乔木的效果表现要求如下。

① 能够表达树木外形特征、质感以及美感。风格协调，表现手法丰富，效果强烈。

② 自然界中的树木千姿百态，有的修长秀丽，有的伟岸挺拔。各种树木的枝、干、冠构成以及分枝习性决定于各自的形态和特征。

树木的表现有写实的、图案式的和抽象变形的三种形式：

① 写实的表现形式较尊重树木的自然形态和枝干结构，冠、叶的质感刻画得也较细致，显得较逼真，如图 9-6(a) 所示。

② 图案式的装饰表现形式对树木的某些特征，如树形、分枝等加以概括以突出图案的效果，如图 9-6(b) 所示。

③ 抽象变形的表现形式虽然也较程序化，但它加进了大量抽象、扭曲和变形的手法，使画面别具一格。

(a) 写实风格表现

(b) 装饰风格表现

图 9-6　树木的效果表现形式

二、灌木画法

灌木没有明显的主干，平面形状有曲有直。自然式栽植灌木丛的平面形状多不规则，修剪的灌木和绿篱的平面形状多为规则的或不规则但平滑的。灌木的平面表示方法与树木类似，通常修剪的规则灌木可用轮廓、分枝或枝叶型表示，不规则形状的灌木平面宜用轮廓型或质感型表示，表示时以栽植范围为准。由于灌木通常丛生、没有明显的主干，因此灌木平面很少会与树木平面相混淆。

地被物宜采用轮廓勾勒和质感表现的形式。作图时应以地被栽植的范围线为依据，用不规则的细线勾勒出地被的范围轮廓。

常用的灌木类图例如图 9-7 所示。成片种植的灌木和地被表示方法如图 9-8 所示。

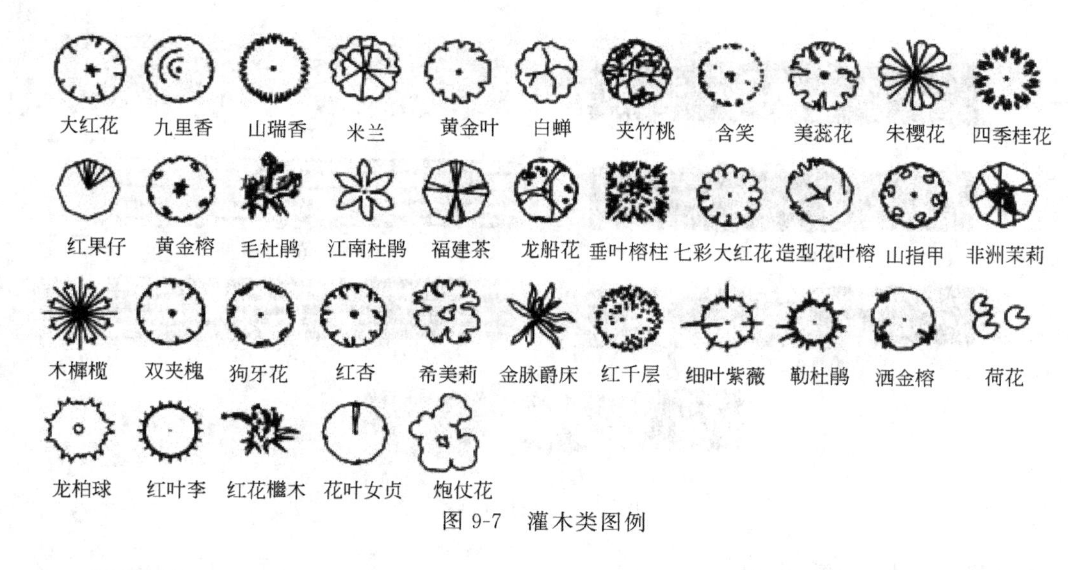

图 9-7　灌木类图例

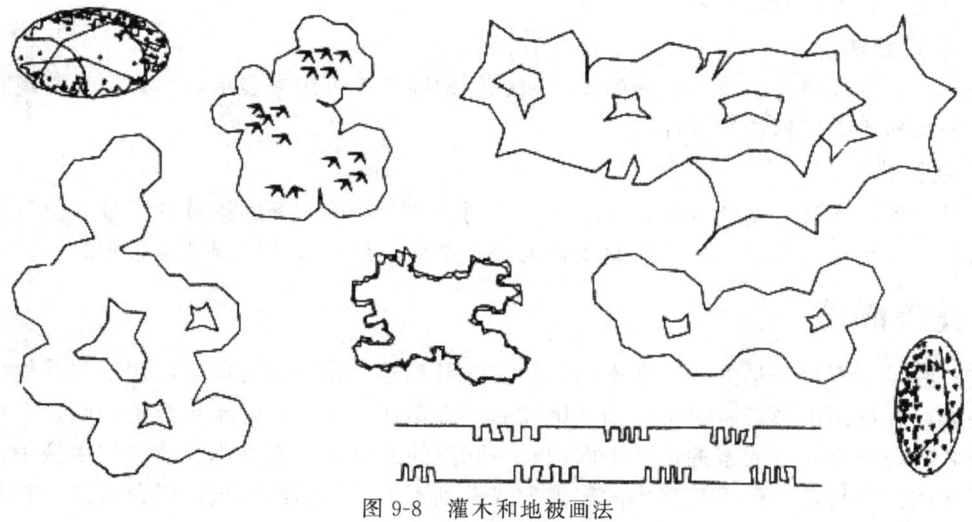

图 9-8　灌木和地被画法

三、竹子画法

竹子向来是广受欢迎的园林绿化植物，其种类虽然众多，但其有明显区别于其他木本、被子植物的形态特征，小枝上的叶子排列酷似“个”字，因而在设计图中可充分利用这一特点来表示竹子，如图 9-9 所示。

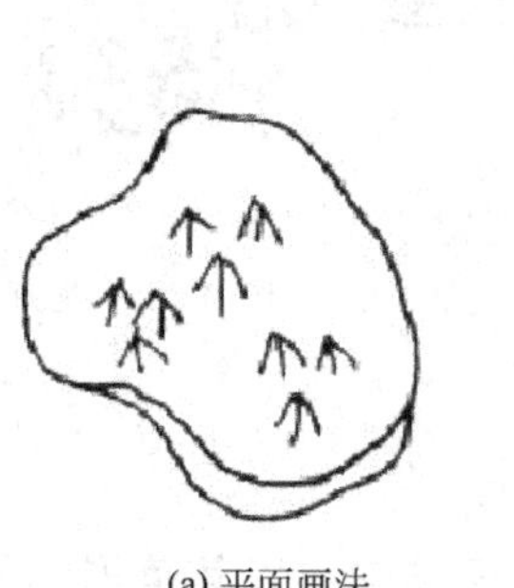

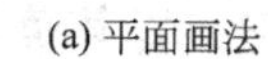

(b) 透视画法

图 9-9　竹子的画法

四、草坪画法

草坪和草地的表示方法有很多，如图 9-10 所示。

1. 打点法

打点法是较简单的一种表示方法。用打点法画草坪时所打的点的大小应基本一

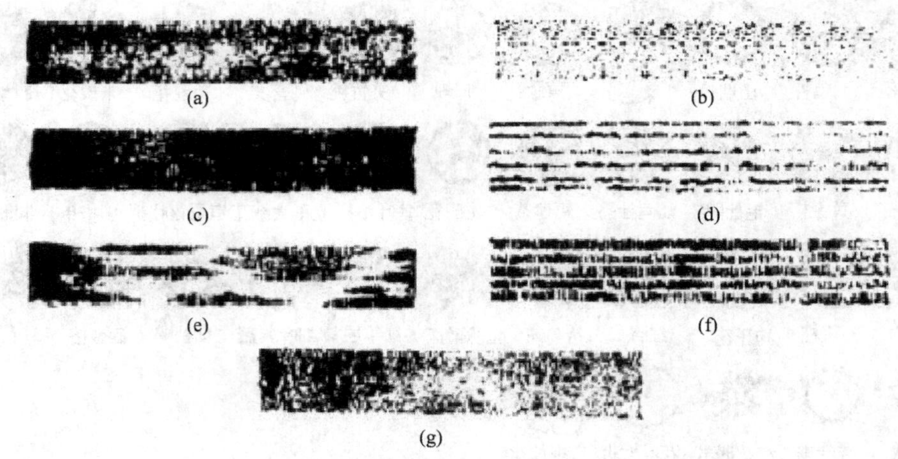

图 9-10　草坪画法

致，无论疏密，点都要打得相对均匀。

2. 小短线法

将小短线排列成行，每行之间的间距相近，排列整齐可用来表示草坪，排列不规整的可用来表示草地或管理粗放的草坪。

3. 线段排列法

线段排列法是最常用的方法，要求线段排列整齐，行间有断断续续的重叠，也可稍许留些空白或行间留白。另外，也可用斜线排列表示草坪，排列方式可规则也可随意。

五、花卉画法

花卉在平面图的表达方式与灌木相似，在图形符号上作相应的区别以表示与其他植物类型的差异。在使用图形符号时可以用装饰性的花卉图案来标注，效果更为美观贴切。更可以附着色彩，使具有花卉元素的设计平面图具备强烈的感染力。在立面、效果的表现中，花卉在纯墨线或钢笔材料条件下与灌木的表现方式区别不大。附彩的表现图以色彩的色相和纯度变化进行区别，可以获得较明显的效果，如图 9-11 所示。

图 9-11　花卉的表现方法

六、绿篱画法

对于绿篱的表现在平面图中应以其范围线的表达为主。在勾画绿篱的范围线时可以以装饰性的几何形式，也可以勾勒自然质感的变化线条轮廓。立面、效果表现一般与灌木相同，要注意绿篱的造型感和尺度的表达，如图 9-12 所示。

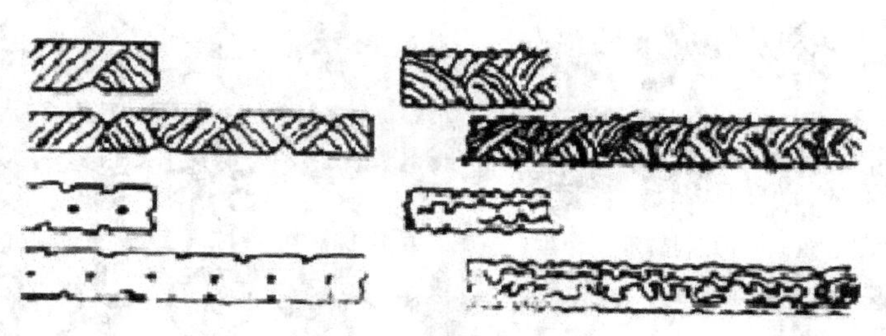

(a) 绿篱的平面表现

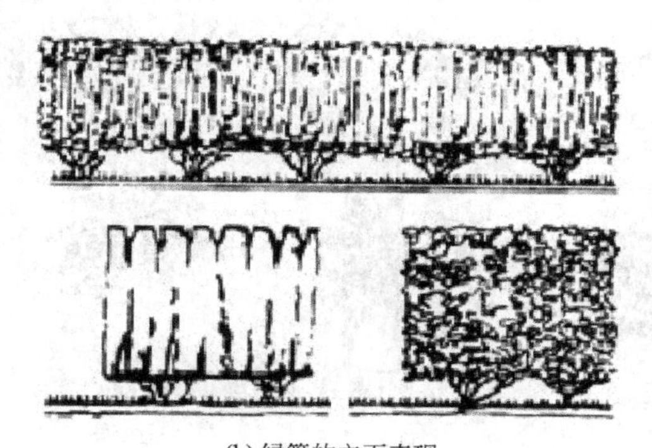

(b) 绿篱的立面表现

图 9-12 绿篱的表现方法

七、攀缘植物画法

攀缘植物经常依附于小品、建筑、地形或其他植物，在园林制图表现中主要以象征、指示方式来表示。在平面图中，攀缘植物以轮廓表示为主，要注意描绘其攀缘线。如果是在建筑小品周围攀缘的植物应在不影响建筑结构平面表现的条件下作示意。立面、效果表现攀缘植物时也应注意避让主体结构，作适当的表达，如图 9-13 所示。

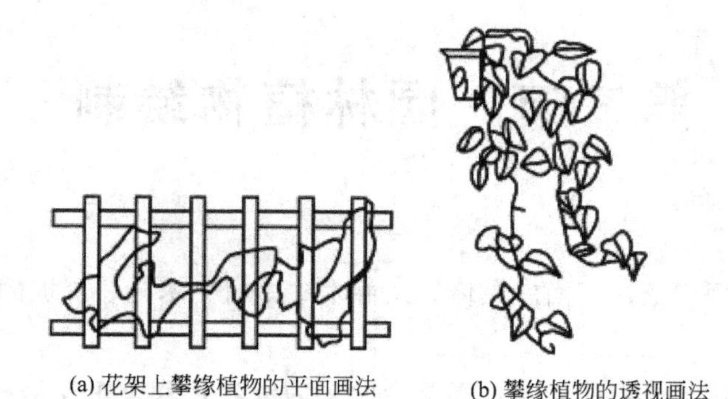

(a) 花架上攀缘植物的平面画法 (b) 攀缘植物的透视画法

图 9-13 攀缘植物的表现方法

八、棕榈科植物画法

棕榈科植物体态潇洒优美，可根据其独特的形态特征以较为形象、直观的方法画出，如图 9-14 所示。

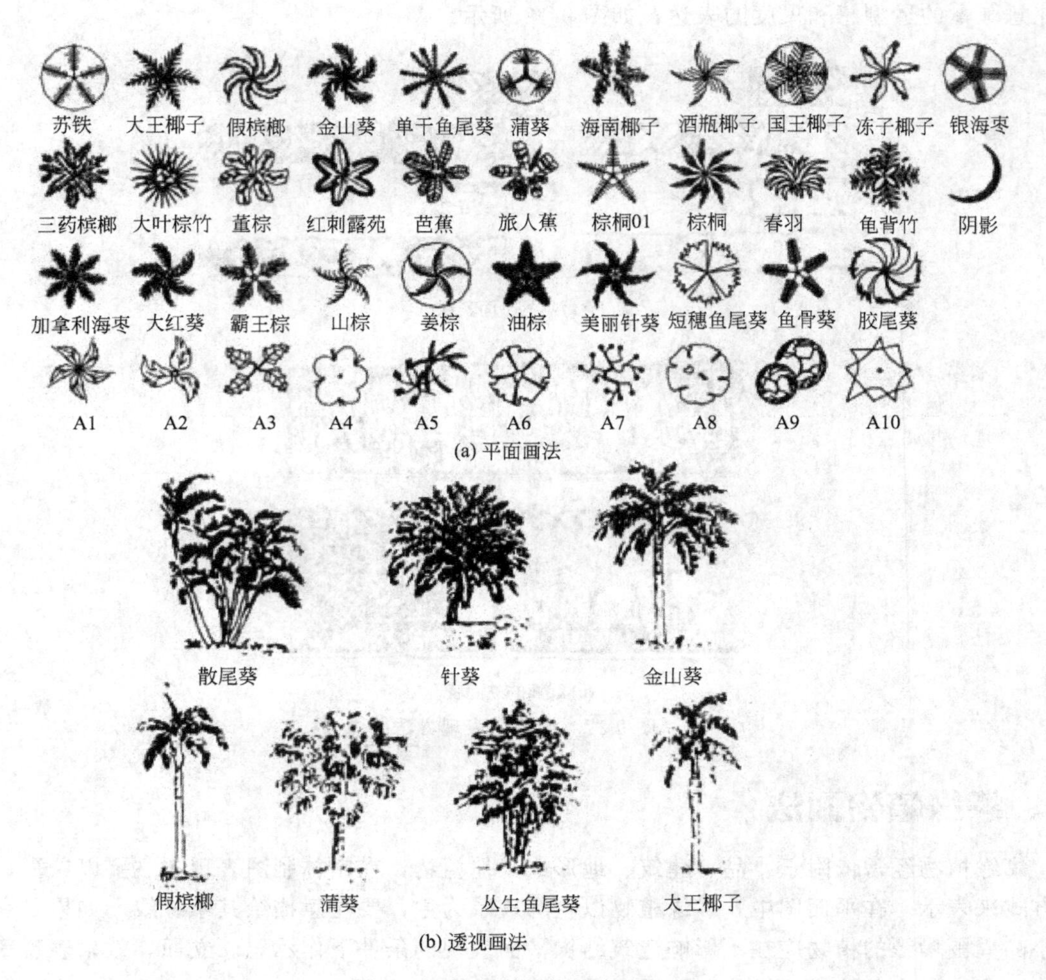

图 9-14　棕榈科植物的表现方法

第二节　园林植物绘制

一、绘制乔木

乔木在园林中应用广泛，下面就具体介绍乔木中栾树、木槿、红枫的绘制方法。

1. 栾树绘制

栾树树形端正，枝叶茂密而秀丽，春季嫩叶多为红叶，夏季黄花满树，入秋叶色变黄，果实紫红，形似灯笼，十分美丽，是理想的绿化、观叶树种。宜作庭荫树、行道树及园景树，此外，也可提制栲胶；花可作黄色染料，种子可榨油。

栾树又称大夫树、灯笼树，为无患子科栾树属树种。栾树为落叶乔木，树形高大而端正，枝叶茂密而秀丽，春季红叶似醉，夏季黄花满树，秋叶鲜黄，入秋丹果满树，是极为美丽的行道观赏树种。栾树适应性强、季相明显，是理想的行道、庭荫等观景绿化树种，也是工业污染区配植的好树种。如图 9-15 所示。

图 9-15　栾树

栾树绘制步骤如下。

① 输入命令“A”，绘制如图 9-16 所示图形。

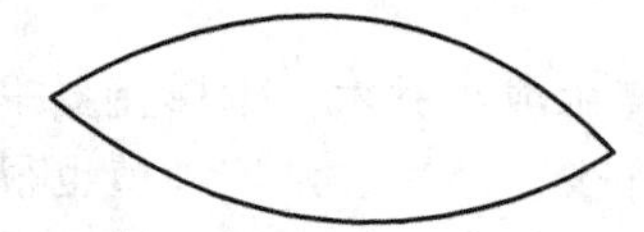

图 9-16　绘制树叶

② 将图形复制 3 次，缩放旋转后移动到合适位置，如图 9-17 所示。

③ 绘制一个半径为 1500mm 的圆。将图 9-17 所示图形移动到圆的轨迹上，并缩放至合适的比例，如图 9-18 所示。

图 9-17　复制并缩放树叶

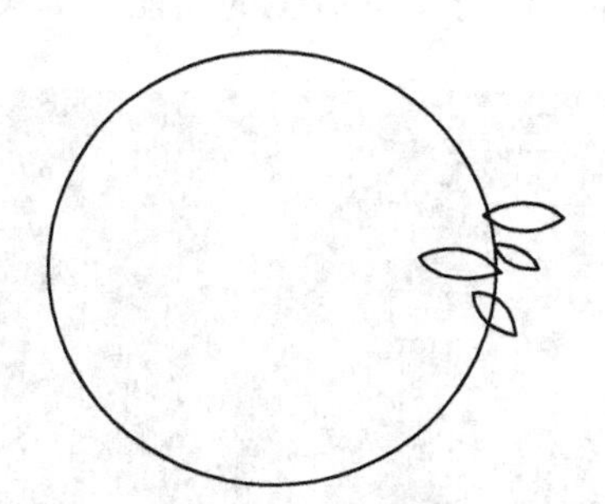

图 9-18　移动缩放树叶

④ 输入命令“AR”，进行环形阵列。以圆心为中心点，项目总数为“9”，填充角度为“360”，选择绘制的树叶图形作为阵列对象，阵列效果如图 9-19 所示。

图 9-19　阵列树叶

⑤ 输入命令“DO”，绘制圆环。指定圆环的内径为“0”，按下空格键，指定圆环的外径为“150”，按下空格键。指定圆心为圆环的中心。删除圆，结果如图 9-20 所示。

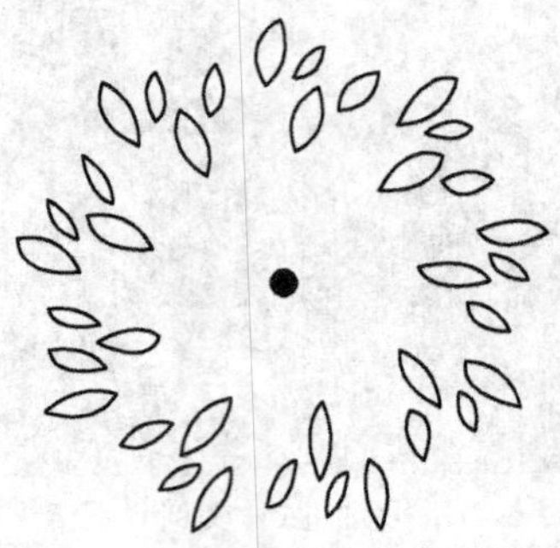

图 9-20　栾树绘制结果

⑥ 输入命令“B”，将“栾树”定义为块，指定圆环的中心为图块插入点。

2. 木槿绘制

木槿属于锦葵科木槿属落叶灌木或小乔木。木槿盛夏季节开花，开花时满树花朵，花色适于公共场所花篱、绿篱及庭院布置。墙边、水滨种植也很适宜。

木槿分布广泛，在湖南、湖北一带，盛行槿篱，用木槿做绿篱，是开花的篱障，别具风格。在北方常在公路两旁成片成排种植，不仅增强了公路两旁的景观，还起了防尘的作用。在公园的景点、海边的绿地、家居小院、隔离空间的绿篱等，都可大量选栽木槿。它还是保护环境的先锋，环保工作者测试出，木槿是抗性强的树种，它对二氧化硫、氯气等有害气体具有很强的抗性，同时又有滞尘的功能。如图 9-21 所示。

图 9-21　木槿

木槿绘制步骤如下。

① 输入命令“C”，分别绘制半径为 520mm 和 36mm 的同心圆，如图 9-22 所示。

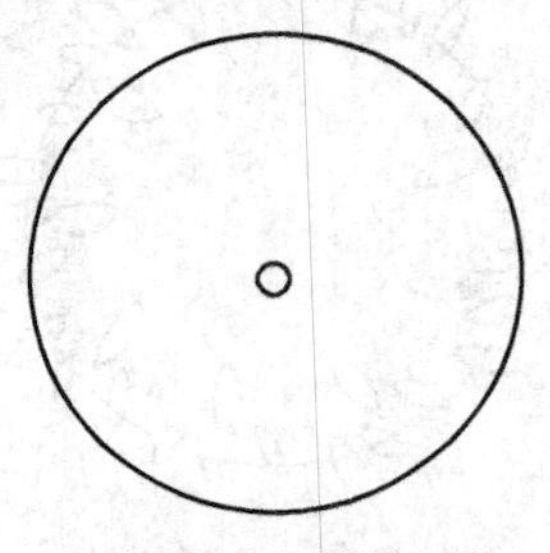

图 9-22　绘制同心圆

② 输入命令“L”，指定外圆 0°象限点为直线第一点，用光标引导 X 轴水平正方向输入“153”，绘制一条短直线。

③ 输入命令“AR”，以圆心为中心点进行环形阵列，设置阵列数为 45，选择绘制的短线，阵列结果如图 9-23 所示。

④ 输入命令“O”，将外圆向内偏移 150mm。输入命令“L”，指定偏移圆上的 0°象限点为起点，用光标引导 X 轴水平正方向输入“450”。输入命令“AR”，将绘制的直线，环形阵列 8 个。删除多余圆形，结果如图 9-24 所示。

⑤ 输入命令“B”，定义为“木槿”图块，将图块插入点定义为圆形的中心。

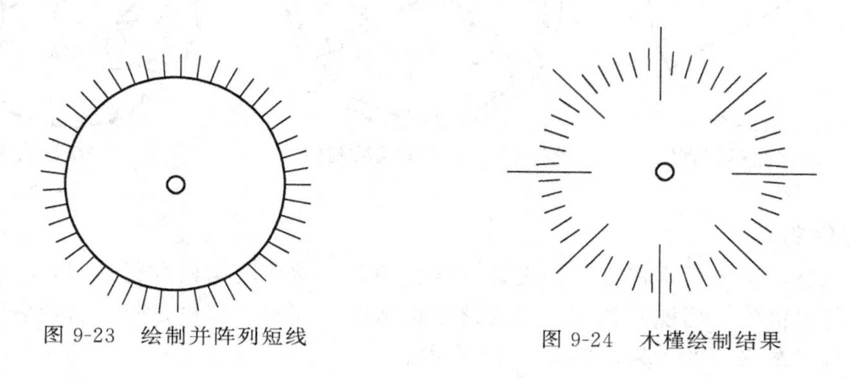

图 9-23　绘制并阵列短线　　图 9-24　木槿绘制结果

3. 红枫绘制

红枫别名紫红鸡爪槭，属于槭树科槭树属，落叶小乔木，树姿开张。

叶和枝常年呈紫红色，艳丽夺目，观赏价值高，是我国重要彩色树种。广泛用于园林绿地及庭院作观赏树，以孤植、散植为主，也易于与景石相伴，观赏效果佳。

红枫是种非常美丽的观叶树种，其叶形优美，红色鲜艳持久，枝序整齐，层次分明，错落有致，树姿美观，宜布置在草坪中央，高大建筑物前后、角隅等地，红叶绿树相映成趣。它也可盆栽做成露根、倚石、悬崖、枯干等样式，风雅别致。如图 9-25 所示。

图 9-25　红枫树

红枫绘制步骤如下。

① 输入命令“C”，绘制半径为 1025mm 的圆形。输入命令“L”，捕捉圆心和 90°的象限点，绘制一条直线，以圆心为中心点，将直线环形阵列 3 条，如图 9-26 所示。

② 输入命令“Sketch”，使用徒手画线绘制树叶，在“记录增量”的提示下，输入最小线段长度为 15mm，按照如图 9-27 所示图形进行绘制。

③ 输入命令“PL”，绘制树枝。删除辅助线及圆。结果如图 9-28 所示。

④ 将绘制的图形定义为“红枫”图块，将图块插入点定义为图形的中心。

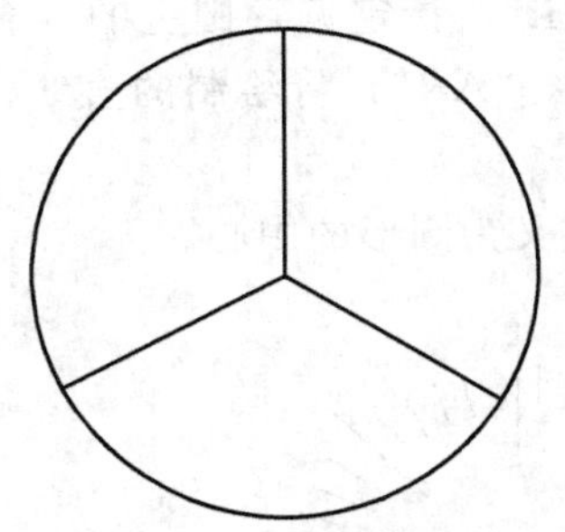

图 9-26　绘制圆形和直线

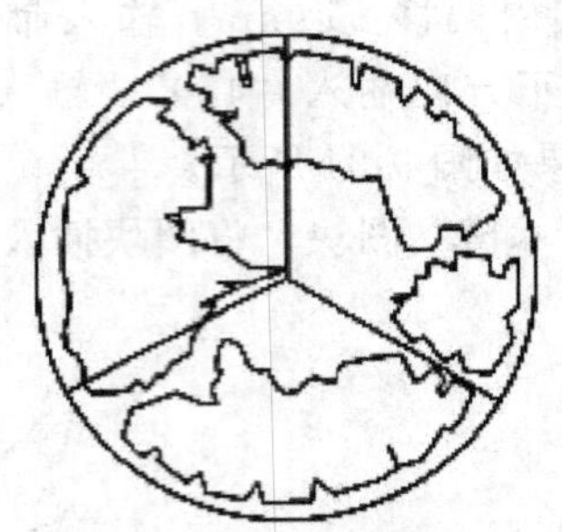

图 9-27　徒手画线绘制树叶

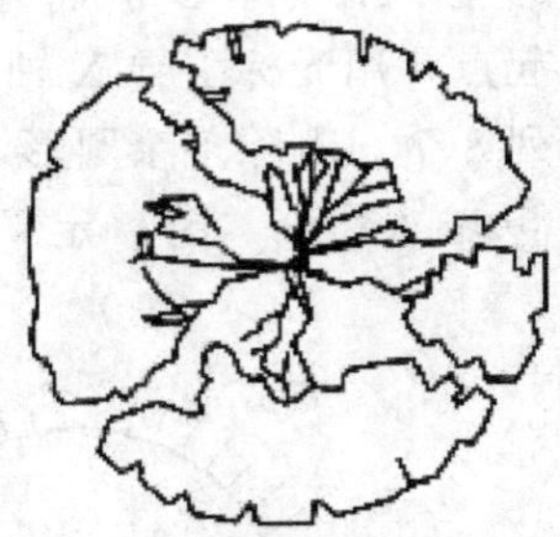

图 9-28　红枫绘制结果

4. 国槐绘制

国槐属于蝶形花科乔木植物，是良好的绿化树种，常作庭荫树和行道树，且具有一定的经济价值和药用价值。国槐侧柏都已成为北京市市树，同时国槐也是陕西省西安市、辽宁省大连市、山东省泰安市的市树。如图 9-29 所示。

图 9-29　国槐

国槐是中国庭院常用的特色树种。其速生性较强，材质坚硬，有弹性、纹理直，易加工，耐腐蚀，花蕾可作染料，果肉能入药，种子可作饲料等。又是防风固沙，用材及经济林兼用的树种，是城乡良好的遮阴树和行道树种。龙爪槐是中国庭院绿化的传统树种之一，富于民族情调。五叶槐叶形奇特，宛如千万只绿蝶栖止于树上，堪称奇观，宜独植，对二氧化硫、氯气、氯化氢等有害气体和烟尘的抗性强。是城市绿化行道树和用材的优良树种。栽培变种有龙爪槐，也是良好的绿化树种。国槐原产于中国北部，是华北平原和黄土高原常见的树种。

国槐的平面图使用一个枯枝状的图形来表示，下面绘制国槐，具体绘制方法如下：

① 绘制一个半径为 680mm 的圆形。捕捉圆心和 90°的象限点，绘制一条直线。以圆心为中心点，将直线环形阵列 5 条，如图 9-30 所示。

② 绘制树干。使用多段线命令，按照如图 9-31 所示的顺序进行绘制。

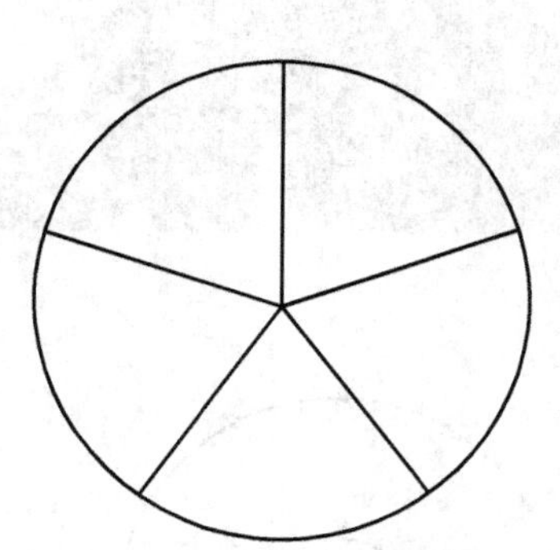

图 9-30 将直线环形阵列 5 条

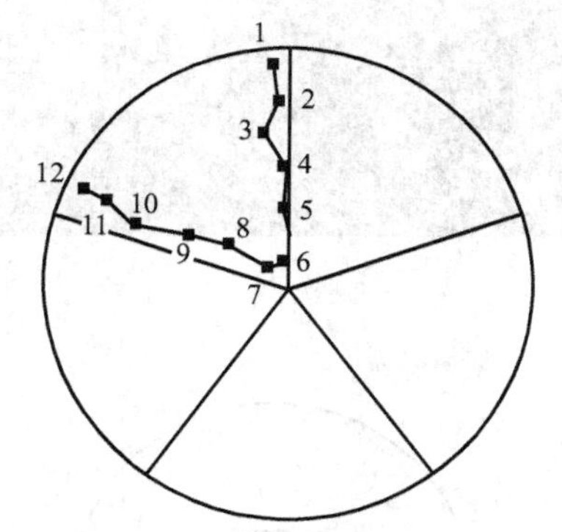

图 9-31 绘制树干

③ 以相同的方法，绘制其他树干，如图 9-32 所示。

④ 删除直线。用多段线命令绘制出树干的分枝，如图 9-33 所示。并将其定义为块。

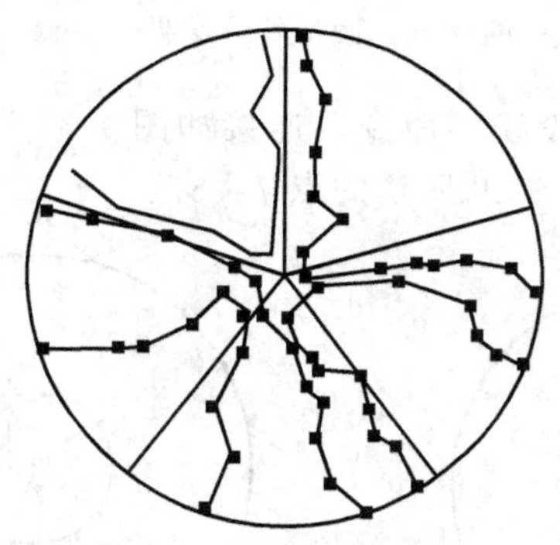

图 9-32 绘制其他树干

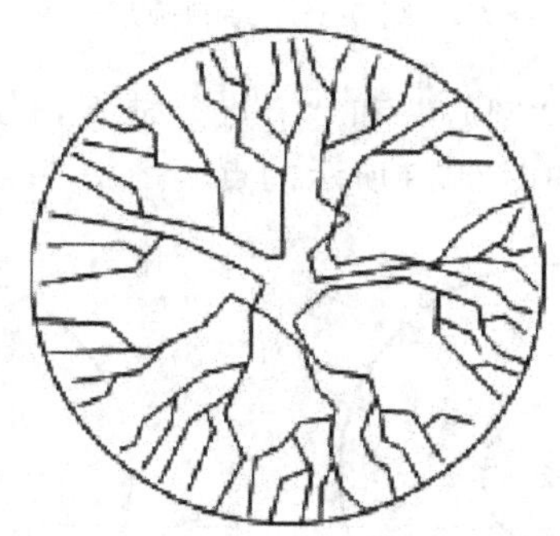

图 9-33 绘制树干的分枝

5. 柿树绘制

柿子树是落叶乔木，品种很多。叶子是椭圆形或倒卵形，背面有绒毛，花是黄白色。结浆果，扁圆形或圆锥形，橙黄色或黄色，可以吃。木材可以制器具。柿树原产我国，是柿树科的一种落叶乔木，高可达 15m，它树干直立，树冠庞大，柿果成熟于九、十月间。柿树主要分布在中国北京、山东（主要产柿子饼）、江苏（大丰林业基地）。

柿树结果年限的长短，与品种特性、环境条件及管理水平有关，在适宜的环境和良好的管理条件下，柿树的寿命可达 300 年以上，是园林绿化中不可或缺的绿化树种，如图 9-34 所示。

柿树绘制步骤如下。

① 绘制一个半径为 450mm 的圆形，向外偏移 650mm，如图 9-35 所示。

② 使用“定数等分”命令，将半径为 450mm 的圆形均分为 5 份，将外圆均分为 10 份。修改“点样式”。圆形等分结果如图 9-36 所示。

图 9-34　柿树

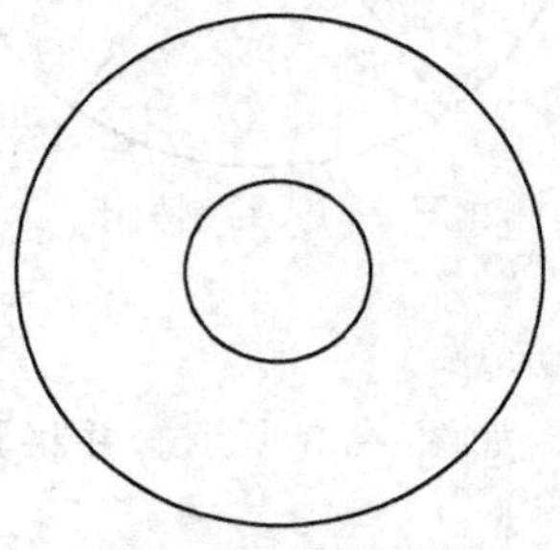

图 9-35　绘制圆形

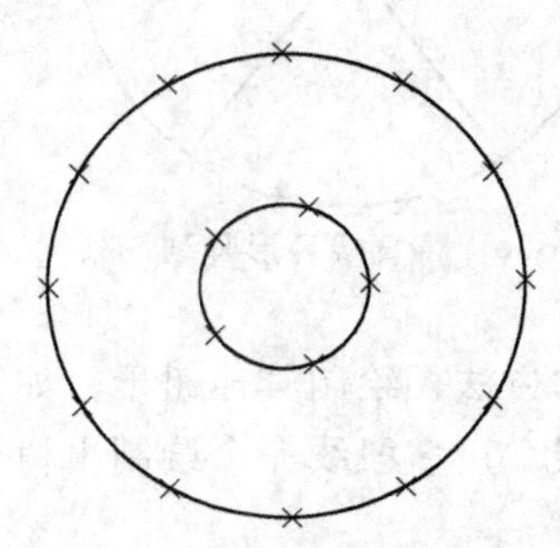

图 9-36　圆形等分结果

③ 打开“圆心”和“节点”捕捉，使用“多段线”命令，连接如图 9-37 所示的点 1、2、3；连接如图 9-38 所示的点 4、5、6；连接如图 9-39 所示的点 7、8。

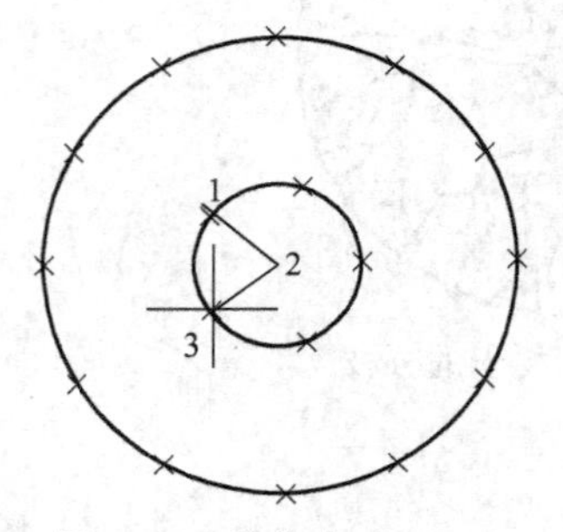

图 9-37　连接点 1、2、3

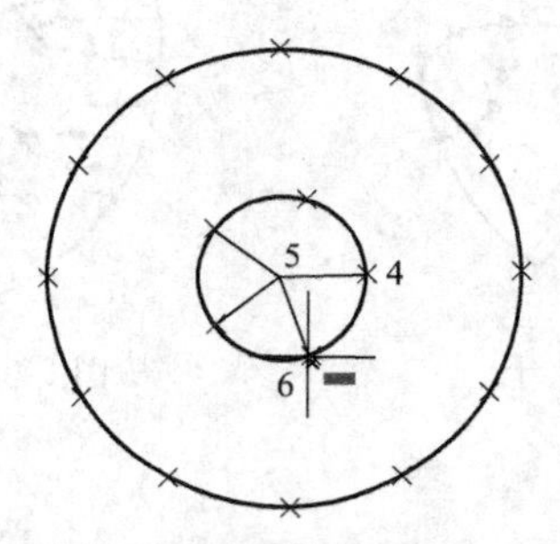

图 9-38　连接点 4、5、6

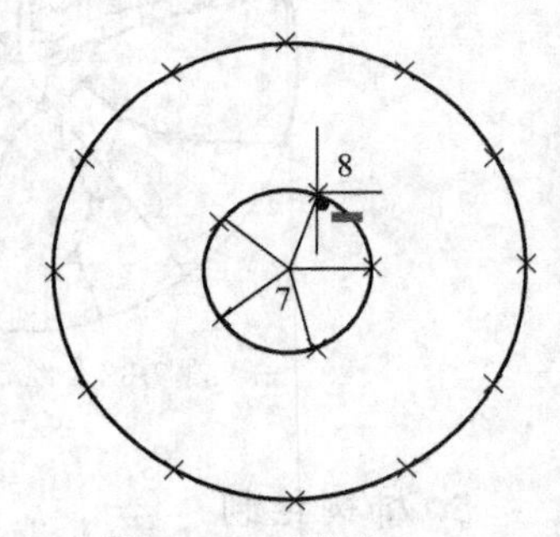

图 9-39　连接点 7、8

④ 使用“直线”命令，连接如图 9-40 所示的直线。添加分枝，如图 9-41 所示。

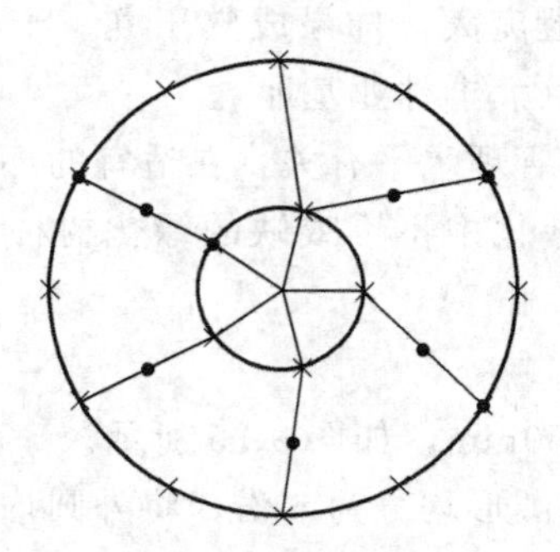

图 9-40　连接直线

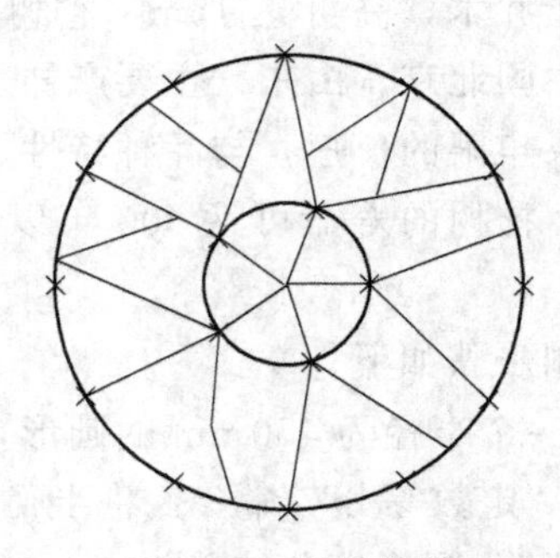

图 9-41　添加分枝

⑤ 添加大量分枝。修改“点样式”为默认的无显示状态，使用“夹点编辑”对图形进行调整。为使图形更加自然，可使部分枝干超出圆形，如图 9-42 所示。删除用于定位的两个圆形，并定义为图块，结果如图 9-43 所示。

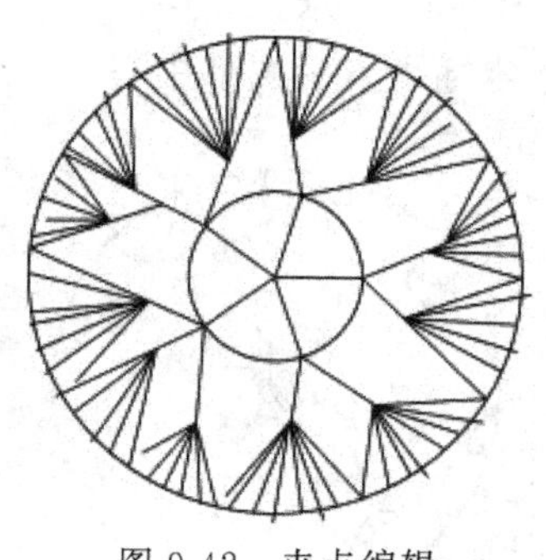
图 9-42　夹点编辑

图 9-43　桂花树平面图

二、绘制灌木

灌木在园林中的应用非常广泛，下面就具体介绍金叶女贞球、紫叶小檗球、散尾葵、凤尾竹、绿篱的绘制方法。

1. 金叶女贞球绘制

金叶女贞（拉丁学名：Ligustrum vicaryi）为木犀科女贞属半绿小灌木，被誉为“金玉满堂”。金叶女贞性喜光，耐阴性较差，耐寒力中等，适应性强，以疏松肥沃、通透性良好的沙壤土为最好。用于绿地广场的组字或图案，还可以用于小庭院装饰。

金叶女贞在生长季节叶色呈鲜丽的金黄色，可与红叶的紫叶小檗、红花继木、绿叶的龙柏、黄杨等组成灌木状色块，形成强烈的色彩对比，具极佳的观赏效果，也可修剪成球形。由于其叶色为金黄色，所以大量应用在园林绿化中，主要用来组成图案和建造绿篱。

金叶女贞绘制步骤如下。

① 输入命令“C”，绘制一个半径为 560mm 的圆形。

② 输入命令“Sketch”，设置记录增量为“15”，沿圆的边线绘制树形轮廓，如图 9-44 所示。

③ 输入命令“REC”，绘制尺寸为 200mm×230mm 的矩形，并将其移动至圆的中心位置。

④ 执行“修订云线”命令，输入“A”，激活“弧长”选项，输入最小弧长“175”，最大弧长“175”，输入“S”，激活“样式”选项，将样式修改为“普通”；输入“O”，激活“对象”选项，选择矩形，提示是否反转方向时，输入“Y”，按空格键。如图 9-45 所示。

图 9-44　绘制树形轮廓

图 9-45　绘制树干轮廓

⑤ 执行“构造线”命令，绘制树干纹理。单击云线内一点，出现一条直线，移动光标，单击不同的点，旋转绘制构造线，绘制完成后，按下空格键。修剪多余的线段。如图 9-46 所示。

⑥ 输入“H”命令，填充阴影。选择图形下方向内凹的轮廓线，进行填充，选择“ANSI31”图案，比例为“100”。删除圆形。结果如图 9-47 所示。

⑦ 删除圆。并将其定义为“金叶女贞”图块，指定插入点为图形中心。

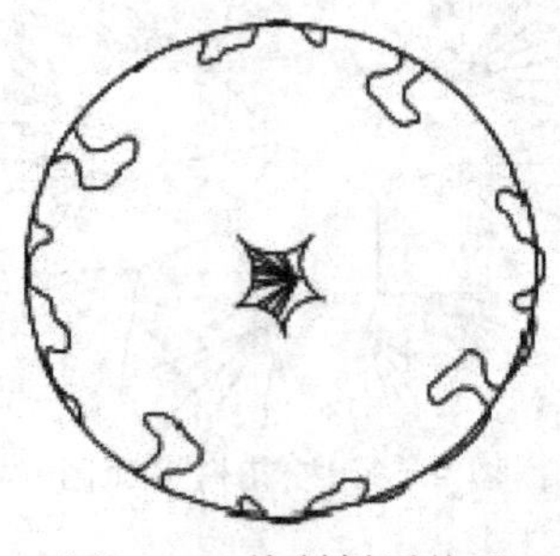

图 9-46　绘制树干纹理

图 9-47　填充阴影

2. 紫叶小檗球绘制

紫叶小檗又称红叶小檗，小檗科、小檗属。原产于我国东北南部、华北及秦岭。多生于海拔 1000m 左右的林缘或疏林空地。落叶灌木，枝丛生，幼枝紫红色或暗红色，老枝灰棕色或紫褐色。叶小全缘，菱形或倒卵，紫红到鲜红，叶背色稍淡。4 月开花，花黄色。果实椭圆形，果熟后艳红美丽。紫叶小檗的适应性强，喜阳，耐半阴，但在光线稍差或密度过大时部分叶片会返绿。耐寒，但不畏炎热高温，耐修剪。园林常用与常绿树种作块面色彩布置，可用来布置花坛、花镜，是园林绿化中色块组合的重要树种。

紫叶小檗春开黄花，秋缀红果，是叶、花、果俱美的观赏花木，适宜在园林中作花篱或在园路角隅丛植、大型花坛镶边或剪成球形对称状配植，或点缀在岩石间、池畔。也可制作盆景。紫叶小檗绘制步骤如下。

① 输入命令“C”，绘制半径为 450mm 的圆。

② 输入命令“A”，绘制如图 9-48 所示的弧线。

③ 多次重复绘制弧线，得到图形如图 9-49 所示。

④ 输入命令“H”，对部分闭合曲线进行填充，选择“NET”填充图案，比例为“200”，结果如图 9-50 所示。

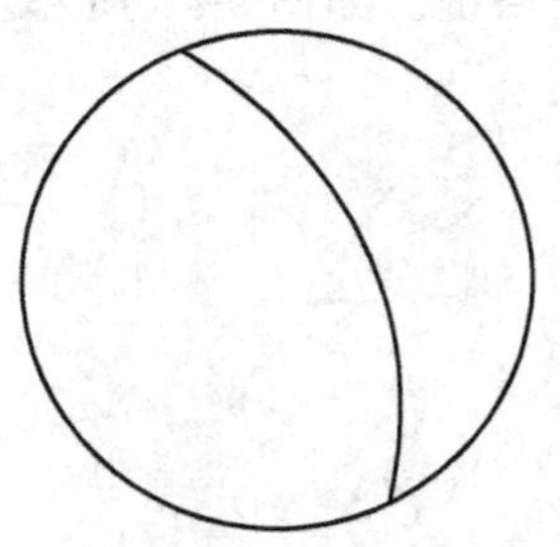

图 9-48　绘制弧线

图 9-49　重复绘制弧线

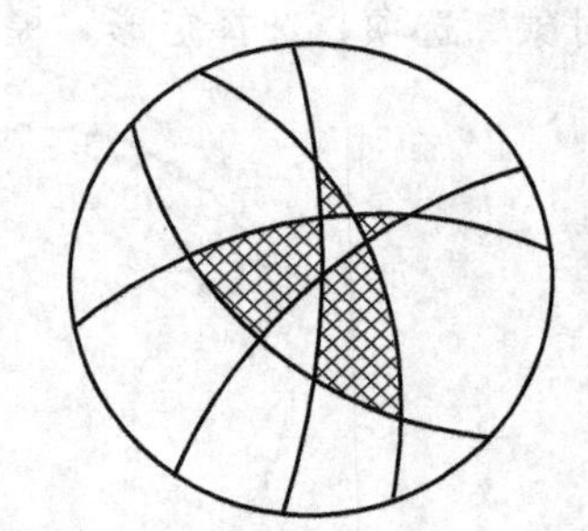

图 9-50　紫叶小檗球绘制结果

⑤ 将图形定义为“紫叶小檗”图块，指定图块插入点定义为图形的中心。

3. 散尾葵绘制

散尾葵，又名黄椰子，为丛生常绿灌木或小乔木。株形秀美，在华南地区多作庭园栽植，极耐荫，可栽于建筑物阴面。其他地区可作盆栽观赏。可作观赏树栽种于草地、树荫、宅旁，也用于盆栽，是布置客厅、餐厅、会议室、家庭居室、书房、卧室或阳台的高档盆栽观叶植物。在明亮的室内可以较长时间摆放观赏，在较阴暗的房间也可连续观赏 4～6 周，观赏价值较高。庭园观赏，抗二氧化硫。在热带地区的庭院中，多作观赏树栽种于草地、树荫、宅旁；北方地区主要用于盆栽，是布置客厅、餐厅、会议室、家庭居室、书房、卧室或阳台的高档盆栽观叶植物。在明亮的室内可以较长时间摆放观赏；在较阴暗的房间也可连续观赏 4～6 周。散尾葵生长很慢，一般多作中、小盆栽植。

散尾葵的绘制步骤如下。

① 新建一个图层，命名为"散尾葵"，并设为当前层，在绘图区空白处绘制一个半径为 360mm 的圆，向内偏移 25mm。

② 选择"绘图"→"圆弧"→"起点、端点、半径"命令，捕捉内圆 90°上的象限点作为圆弧起点，如图 9-51 所示。捕捉内圆的圆心作为圆弧端点，如图 9-52 所示。输入"300"为圆弧半径，按空格键，结果如图 9-53 所示。

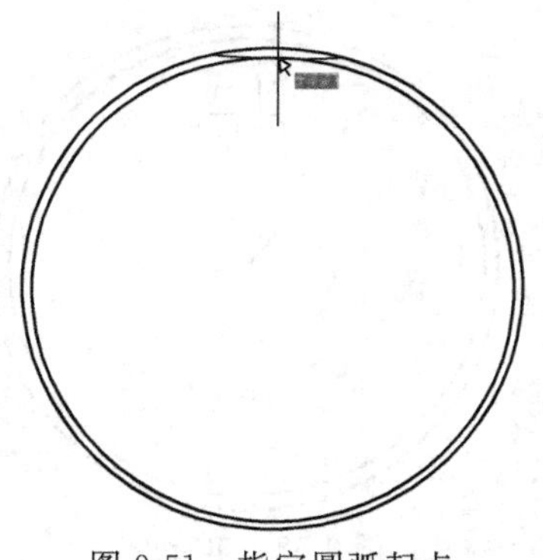

图 9-51　指定圆弧起点

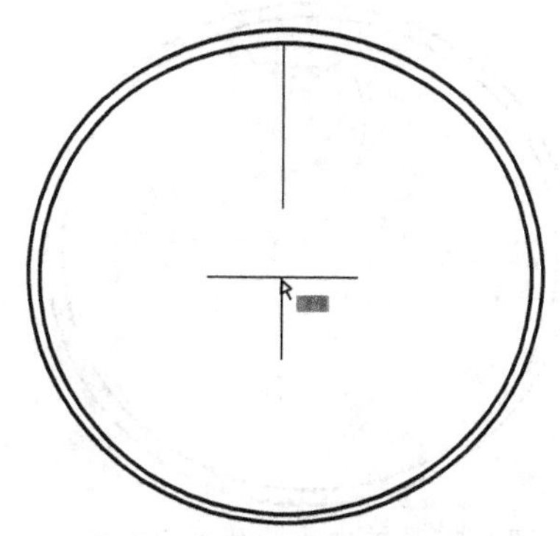

图 9-52　指定圆弧端点

③ 选择"圆弧"命令，在圆弧上单击，指定小圆弧的起点，如图 9-54 所示。按"F3"键，关闭"对象捕捉"功能，在如图 9-55 所示位置单击，指定小圆弧的端点。输入"45"为圆弧半径，按空格键，结果如图 9-56 所示。

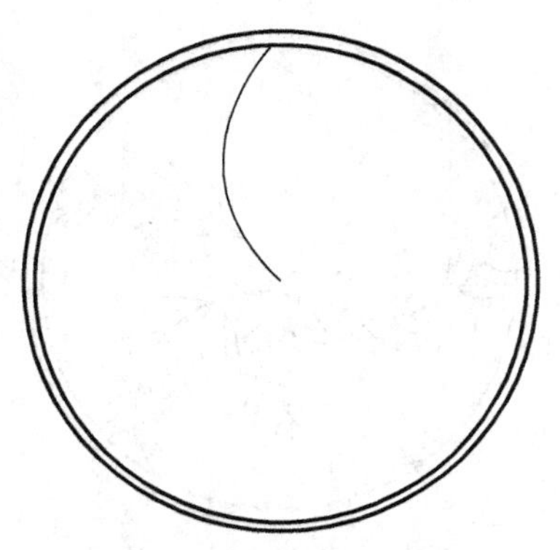

图 9-53　圆弧绘制结果

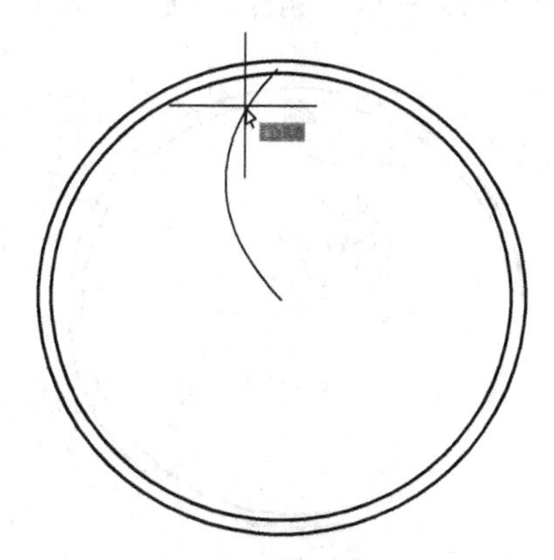

图 9-54　指定小圆弧起点

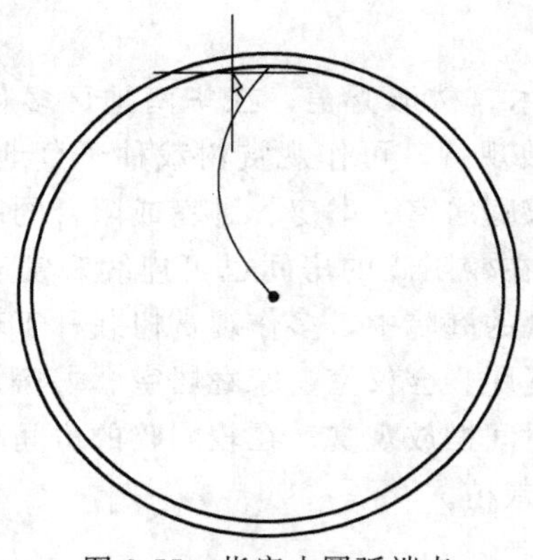

图 9-55　指定小圆弧端点

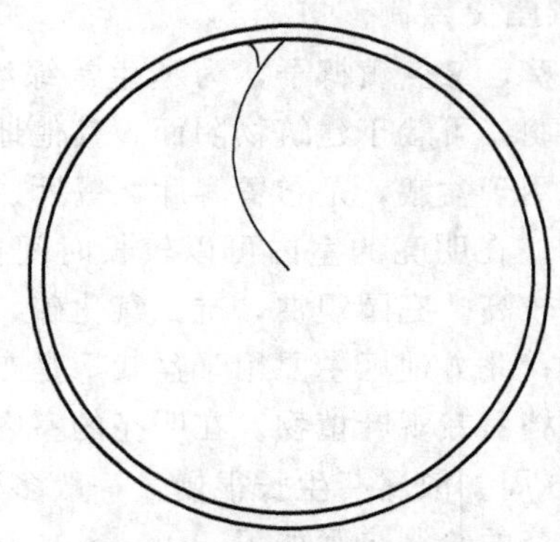

图 9-56　小圆弧绘制结果

④ 选择“镜像”命令调整小圆弧。打开“对象捕捉”功能。单击小圆弧的下端点作为镜像线的第一点，如图 9-57 所示。单击如图 9-58 所示点 1 作为镜像线的第二点。删除源对象。

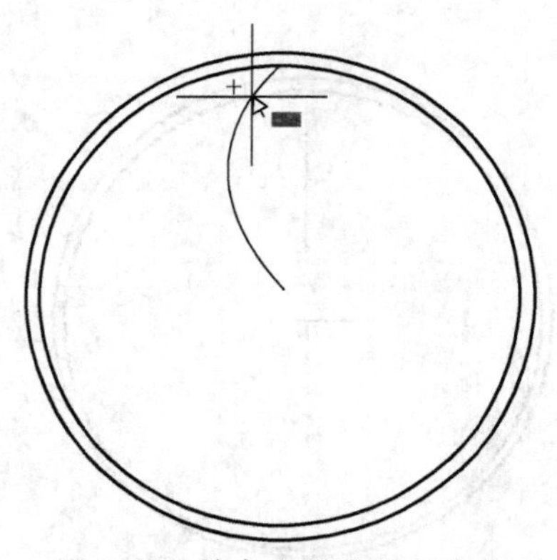

图 9-57　单击小圆弧的下端点

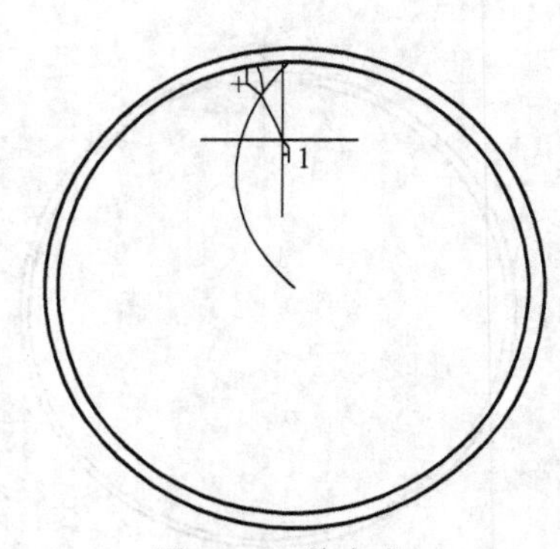

图 9-58　单击点 1

⑤ 将小圆弧复制 9 个，间距不等。继续绘制另一边的小圆弧，如图 9-59 所示。散尾葵的一条枝叶就绘制完成了。

⑥ 环形阵列这条枝叶，以圆心为中心点，旋转角度为“360°”，项目总数“5”，环形阵列结果如图 9-60 所示。删除内圆，并将绘好的散尾葵定义为块。

图 9-59　绘制另一边的小圆弧

图 9-60　环形阵列结果

4. 凤尾竹绘制

凤尾竹又名观音竹，为棕榈科，棕竹属常绿观叶植物，原产中国南部。喜温暖湿润和半阴环境，耐寒性稍差，不耐强光曝晒，怕渍水，宜肥沃、疏松和排水良好的壤土，冬季温度不低于0℃。凤尾竹株丛密集，竹干矮小，枝叶秀丽，常用于盆栽观赏，点缀小庭院和居室，也常用于制作盆景或作为低矮绿篱材料。如图9-61所示。

图9-61　凤尾竹

凤尾竹的绘制步骤如下。

① 用“椭圆”命令在绘图区单击空白处指定椭圆的轴端点。打开“正交”，沿水平正方向输入“450”为长轴直径，沿垂直正方向输入“40”为短轴半径，如图9-62所示。

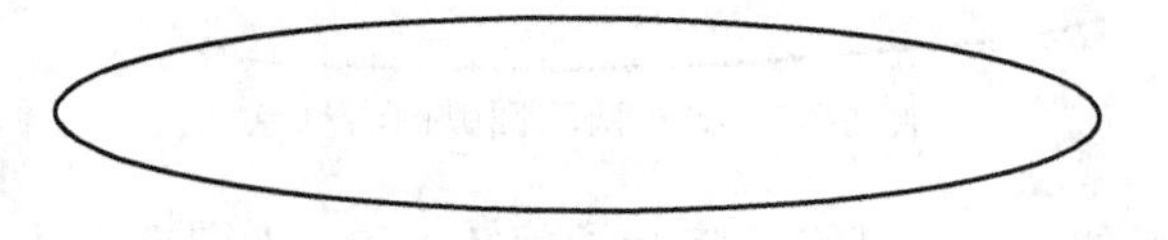

图9-62　绘制椭圆

② 选择“修改”→“打断”命令（快捷命令是“BR”），选择椭圆为打断对象。当命令行提示“指定第二个打断点或［第一点（F）］:”时，输入“F”表示指定第一个打断点，单击如图9-63所示的最近点。单击如图9-64所示的最近点，指定为第二个打断点。打断后的椭圆弧如图9-65所示。

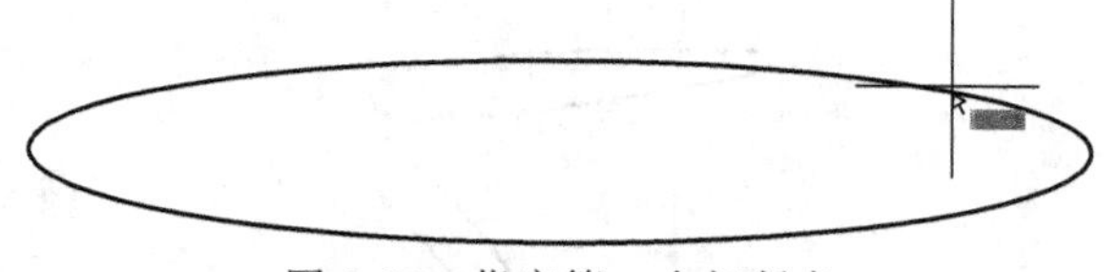

图9-63　指定第一个打断点

③ 选择打断后的椭圆弧。输入“F”表示指定第一个打断点，单击椭圆弧180°上的象限

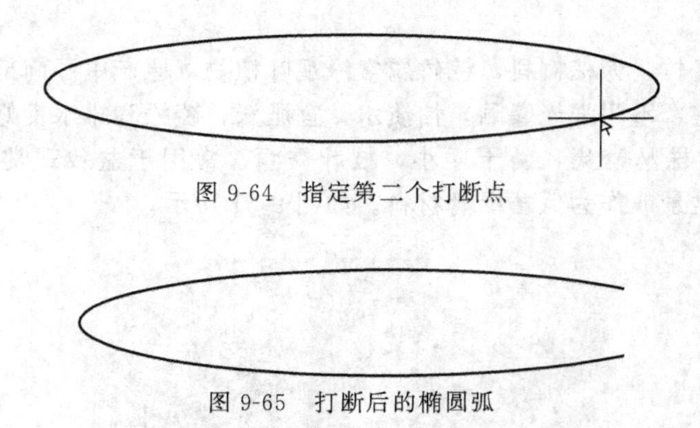

图 9-64　指定第二个打断点

图 9-65　打断后的椭圆弧

点。当命令行提示“指定第二个打断点：”时，输入“@”表示在同一个指定点将对象一分为二，并且不删除某个部分，如图 9-66 所示。

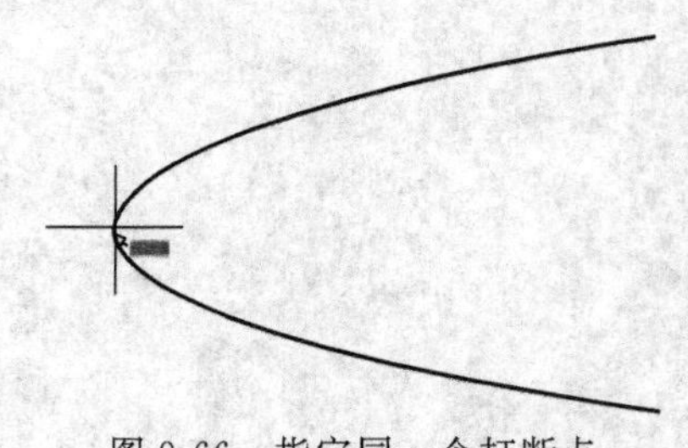

图 9-66　指定同一个打断点

④ 捕捉两段椭圆弧的右端点，用光标指定圆弧的方向。这样一片叶子就绘制完成了，如图 9-67 所示。

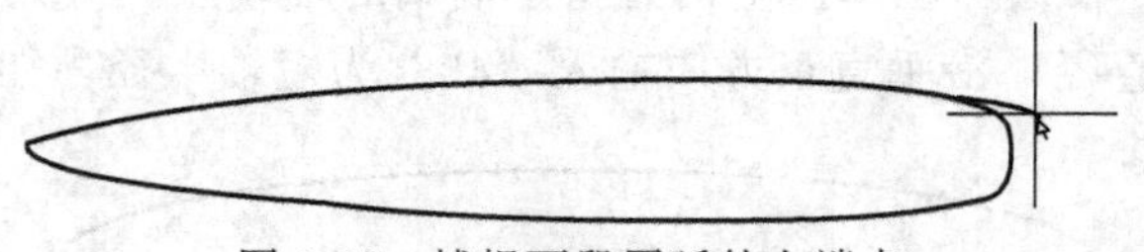

图 9-67　捕捉两段圆弧的右端点

⑤ 以刚才绘制圆弧的圆心为基点，将叶子旋转－9°，如图 9-68 所示。

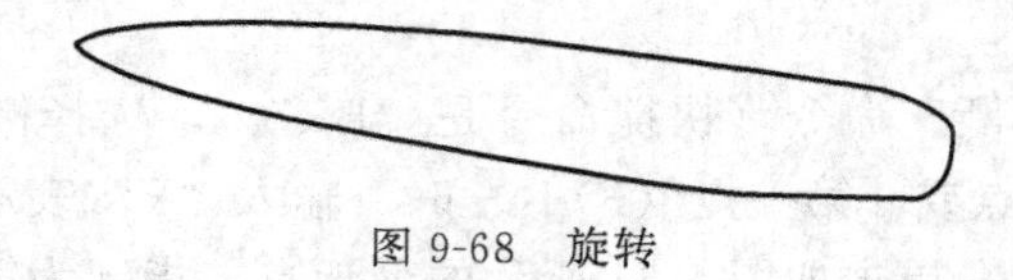

图 9-68　旋转

⑥ 将叶子旋转复制，旋转角度为“58°”，将复制的叶子缩小，缩放比例为“0.7”，如图 9-69 所示。

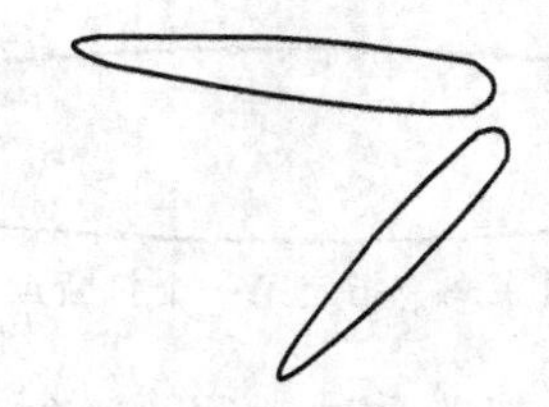

图 9-69　将复制的叶子缩小

⑦ 以相同的方法旋转复制出 3 片叶子，旋转角度自定义，对所有的叶子进行夹点编辑，使其更为自然。这样就绘制完成了一组叶子，如图 9-70 所示。

图 9-70 夹点编辑的结果

⑧ 将这组叶子旋转复制，将旋转复制的一组叶子以 0.7 的比例缩小，如图 9-71 所示。

⑨ 以相同的方法，以组为单位旋转复制叶子，将旋转复制的第三组叶子以 0.5 的比例缩小，并进行适当的移动，如图 9-72 所示。

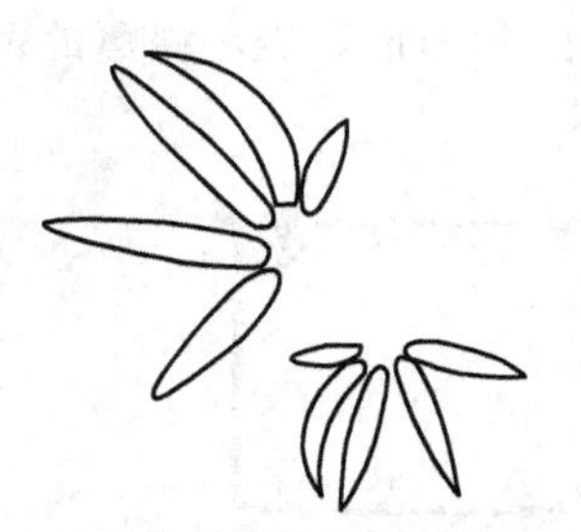

图 9-71 将复制的叶子缩小（一）

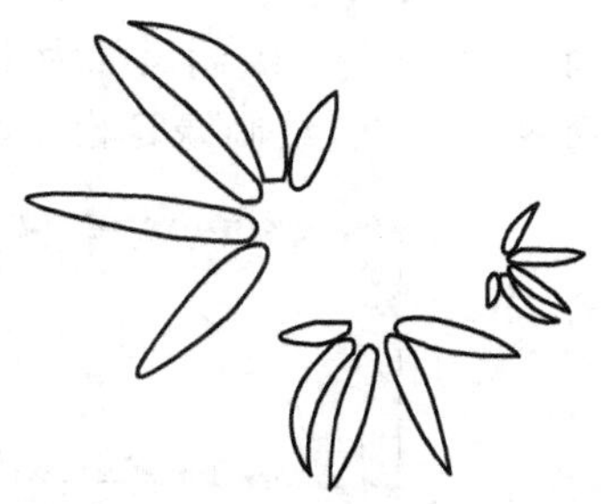

图 9-72 将复制的叶子缩小（二）

⑩ 以相同的方法，旋转复制另外两组叶子，如图 9-73 所示。调整叶子的位置和大小，结果如图 9-74 所示。并定义为块。

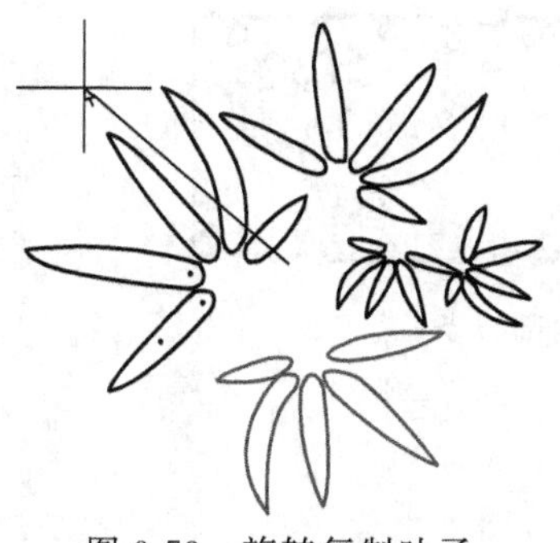

图 9-73 旋转复制叶子

图 9-74 棕竹绘制结果

5. 绿篱绘制

绿篱是“用植物密植而成的围墙”，是园林中一种比较重要的应用形式。它具有隔离和装饰美化作用，广泛应用于公共绿地和庭院绿林中。绿篱可分为高篱、中篱、矮篱、绿墙等，多采用常绿树种。绿篱也可采用花灌木、带刺灌木、观果灌木等，做成花篱、果篱、刺篱，如图 9-75 所示。这里只介绍绿篱平面的画法。

图 9-75　绿篱

绿篱的绘制步骤如下。

① 输入命令“REC”，绘制尺寸为 1849mm×652mm 的矩形，表示绿篱的范围。

② 输入命令“PL”，绘制绿篱轮廓，如图 9-76 所示。

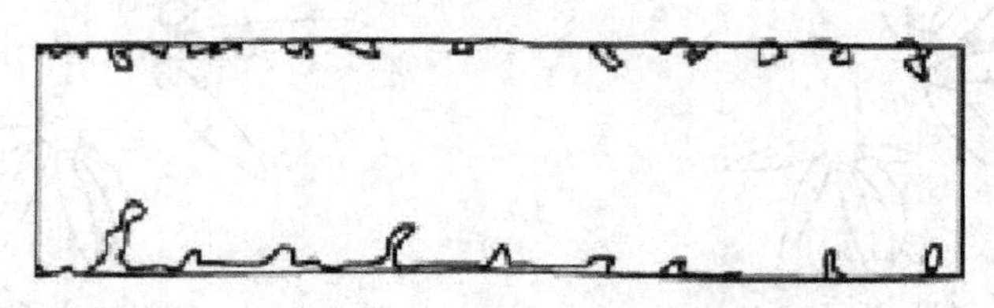

图 9-76　绘制绿篱外部轮廓线

③ 重复执行命令“PL”，绘制绿篱内部线条。如图 9-77 所示。

④ 删除矩形。将绘制的绿篱定义为图块，指定图形左上角点为插入基点。

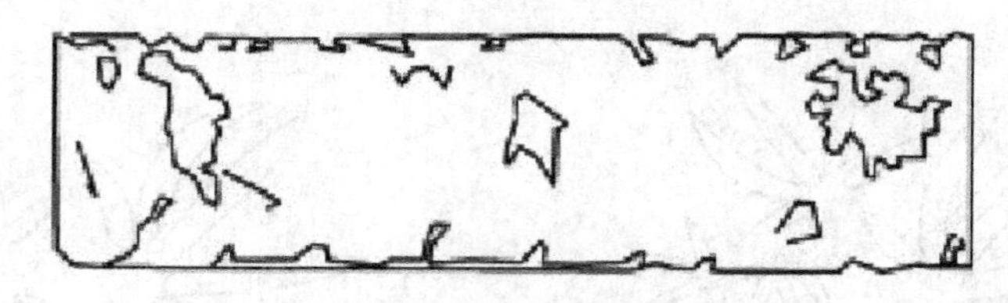

图 9-77　绘制绿篱内部线条

三、绘制草坪

草坪是园林绿化的重要组成部分。如同绘画一样，鲜艳夺目、色彩绚丽的主景也需要简洁的底色和基调与之对比，形成衬托。草坪就如同园林平面构图中的底色和基调。如果没有草坪的存在，那么树木、花草、建筑、山石等景物则会显得杂乱无章。草坪将这些景观元素协调统一起来，衬托主景，突出主题，形成一幅完整的图画。草坪填充步骤如下。

① 将“填充辅助线”层设置为当前图层。执行“多段线”命令，将需要填充的草地勾

勒一遍，并对多段线进行“夹点编辑”。

② 将“草坪”层设置为当前图层。选择“绘图”→“图案填充”命令，打开“图案填充和渐变色”对话框。

③ 在“图案填充和渐变色”对话框中，选择“AR-SAND”图案类型，角度为“0”，比例为“8”。在“边界”选项组中，单击“添加：拾取点”按钮，选择刚才绘制的多段线。

第十章

园林小品设计与制图

第一节　园林小品设计基础

园林小品是指园林中供休息、装饰、照明、展示，方便游人的小型建筑设施，一般没有内部空间，体量小巧，造型别致。园林小品既能美化环境，丰富园趣，为游人提供文化休息和公共活动的方便，又能使游人从中获得美的感受。本章主要介绍花池、园桌、园凳、垃圾箱及标志牌等。

一、园林小品分类

(1) 供休息的小品　包括各种造型的靠背园椅、凳、桌和遮阳的伞、罩等。常结合环境，用自然块石或用混凝土作成仿石、仿树墩的凳、桌；或利用花坛、花台边缘的矮墙和地下通气孔道来作椅、凳等；围绕大树基部设椅凳，既可休息，又能纳荫。

(2) 装饰性小品　各种固定的和可移动的花钵、饰瓶，可以经常更换花卉。装饰性的日晷、香炉、水缸，各种景墙、景窗等，在园林中起点缀作用。

(3) 结合照明的小品　园灯的基座、灯柱、灯头、灯具都有很强的装饰作用。

(4) 展示性小品　各种布告板、导游图板、指路标牌以及动物园、植物园和文物古建筑的说明牌、阅报栏、图片画廊等，都对游人有宣传、教育的作用。

(5) 服务性小品　如为游人服务的饮水泉、洗手池、公用电话亭、时钟塔等；为保护园林设施的栏杆、格子垣、花坛绿地的边缘装饰等；为保持环境卫生的废物箱等。

园林建筑小品具有精美、灵巧和多样化的特点，设计创作时可以做到“景到随机，不拘一格”，在有限空间得其意趣。

二、园林小品设计要求

① 立其意趣，根据自然景观和人文风情，作出景点中小品的设计构思。

② 合其体宜，选择合理的位置和布局，做到巧而得体，精而合宜。

③ 取其特色，充分反映建筑小品的特色，把它巧妙地熔铸在园林造型之中。

④ 顺其自然，不破坏原有风貌，做到涉门成趣，得景随形。

⑤ 求其因借，通过对自然景物形象的取舍，使造型简练的小品获得景象丰满充实的效应。

⑥ 饰其空间，充分利用建筑小品的灵活性、多样性以丰富园林空间。

⑦ 巧其点缀，把需要突出表现的景物强化起来，把影响景物的角落巧妙地转化成为游

赏的对象。

⑧ 寻其对比，把两种明显差异的素材巧妙地结合起来，相互烘托，显出双方的特点。

三、园林小品设计原则

园林装饰小品在园林中不仅为实用设施，而且可作为点缀风景的景观小品。因此它既有园林建筑技术的要求，又有造型艺术和空间组合上的美感要求。一般在设计和应用时应遵循的原则见表 10-1。

表 10-1　园林小品设计原则

原则	说　明
巧于立意	园林建筑装饰小品作为园林中局部主体景物，具有相对独立的意境，应具有一定的思想内涵，才能产生感染力。如我国园林中常在庭院的白粉墙前放置玲珑山石、几竿修竹，粉墙花影恰似一幅花鸟国画，很有感染力
突出特色	园林建筑装饰小品应突出地方特色、园林特色及单体的工艺特色，使其有独特的格调，切忌生搬硬套，产生雷同。如广州某园草地一侧，花竹之畔，设一水罐形灯具，造型简洁，色彩鲜明，灯具紧靠地面与花卉绿草融成一体，独具环境特色
融于自然	园林建筑小品要将人工与自然融为一体，追求自然又精于人工。“虽由人作，宛如天开”则是设计者们的匠心之处。如在老榕树下，塑以树根造型的园凳，似在一片林木中自然形成的断根树桩，可达到以假乱真的效果
注重体量	园林装饰小品作为园林景观的陪衬，一般在体量上力求与环境相适宜。如在大广场中，设巨型灯具，有明灯高照的效果，而在林荫曲径旁，只宜设小型园灯，不但体量小，造型更应精致
因需设计	园林装饰小品，绝大多数有实用意义，因此除满足美观效果外，还应符合实用功能及技术上的要求。如园林栏杆具有各种使用目的，对于各种园林栏杆的高度也就有不同的要求
功能技术要相符	园林小品绝大多数具有实用功能，因此除满足艺术造型美观的要求外，还应符合实用功能及技术的要求。如园林座凳，应符合游人休息的尺度要求；又如园墙，应从围护要求来确定其高度及其他技术要求
地域及民族风格要浓郁	园林小品应充分考虑地域特征和社会文化特征。园林小品的形式，应与当地自然景观和人文景观相协调，尤其在旅游城市，建设新的园林景观时，更应充分注意到这一点

第二节　园林小品绘制

一、绘制桌椅

桌椅图块的创建方法如下所示。

① 绘制桌子。绘制一个 600mm×600mm 的正方形。

② 绘制座凳。绘制一个 500mm×150mm 的长方形，移动到如图 10-1 所示的位置。

③ 将长方形垂直向下移动 100mm。以正方形中心为基点，将长方形旋转复制 3 个，并定义为块，如图 10-2 所示。

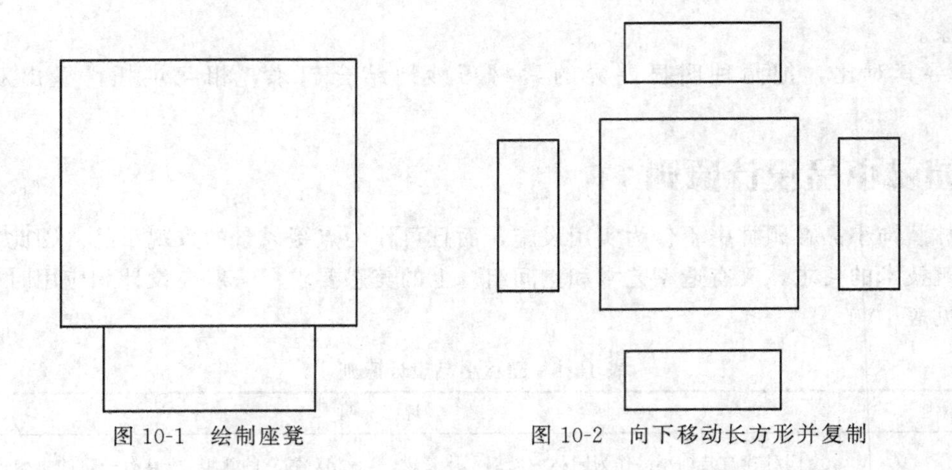

图 10-1　绘制座凳　　　　图 10-2　向下移动长方形并复制

二、绘制园灯

1. 草坪灯绘制

① 新建“园灯”图层，设置颜色为“白色”，将其置为当前图层。

② 输入“SE”命令，打开“草图设置”对话框，选择“极轴追踪”标签，在“增量角”下拉列表中选择“10”，勾选“启用极轴追踪”选项。

③ 输入“L”命令，绘制一条长度为 100mm 的垂直直线。

④ 打开“对象捕捉”按钮。重复执行“L”命令，单击垂直直线上方端点，指定直线的起点，捕捉垂直直线下方端点，光标向左移动，单击垂直直线下方端点的延长线与斜线的交点，绘制如图 10-3 所示直线。

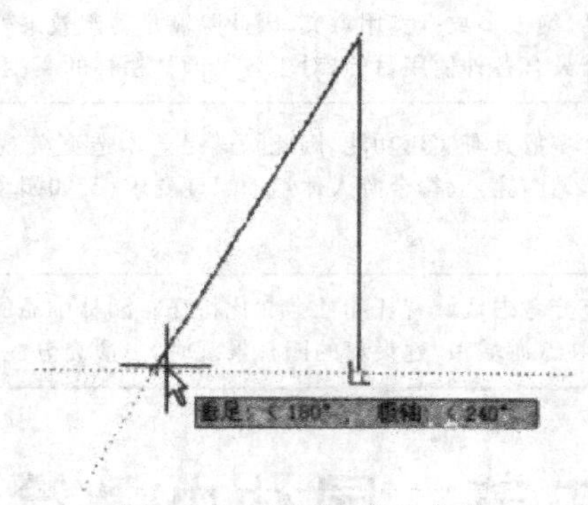

图 10-3　绘制倾斜的直线

⑤ 镜像复制斜线，并用直线连接两斜线的端点，如图 10-4 所示。

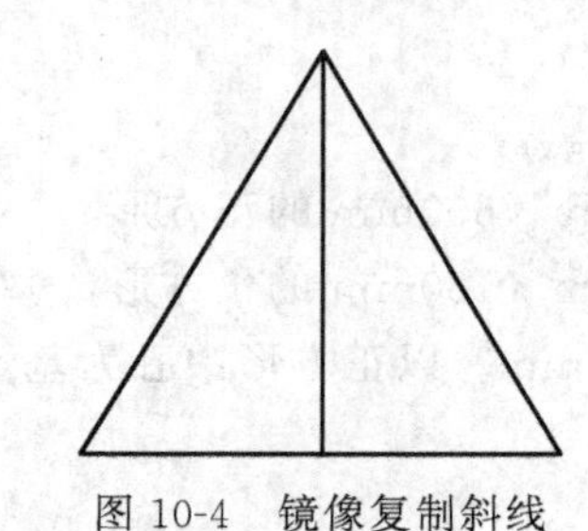

图 10-4　镜像复制斜线

⑥ 打开“图案填充和渐变色”对话框，选择“ANSI31”图案类型，比例设置为“25”，拾取图 10-4 右半边图形进行填充。填充结果如图 10-5 所示。

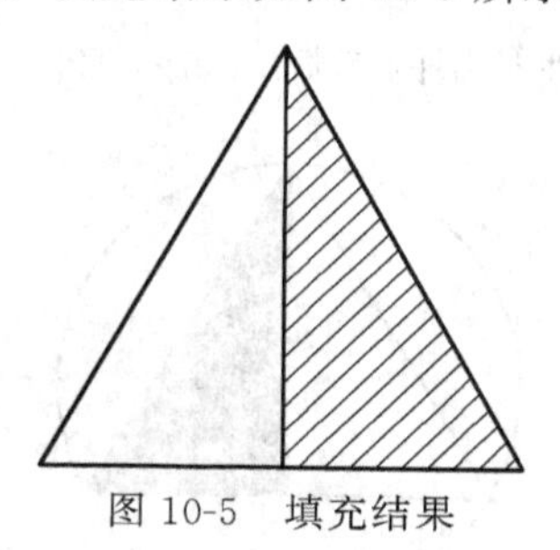

图 10-5 填充结果

⑦ 将绘制的草坪灯定义为“草坪灯”块，指定插入点为三角形的几何中心。草坪灯绘制完成。

2. 台阶灯绘制

① 输入命令“PL”，单击绘图区一点，指定起点，输入“W”，激活“宽度”选项，设置线宽为“15”，用光标指引 Y 轴负方向输入“235”，X 轴正方向输入“378”，Y 轴正方向输入“245”，绘制得到如图 10-6 所示图形。

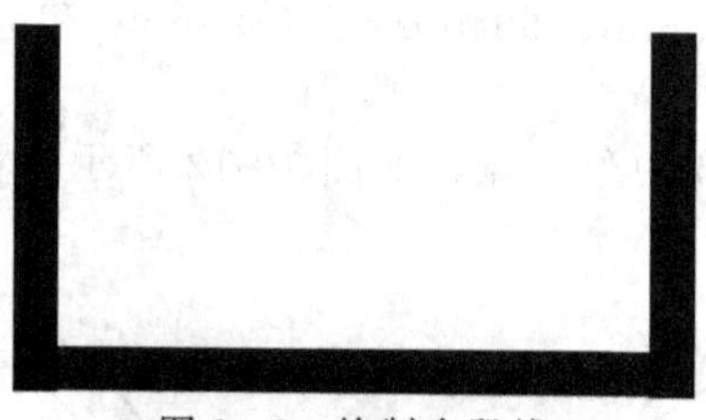

图 10-6 绘制多段线

② 输入“REC”命令，捕捉多段线左上方端点，沿 X 轴正方向输入“60”，指定矩形的第一角点，再输入“@330，－220”，绘制得到如图 10-7 所示矩形。

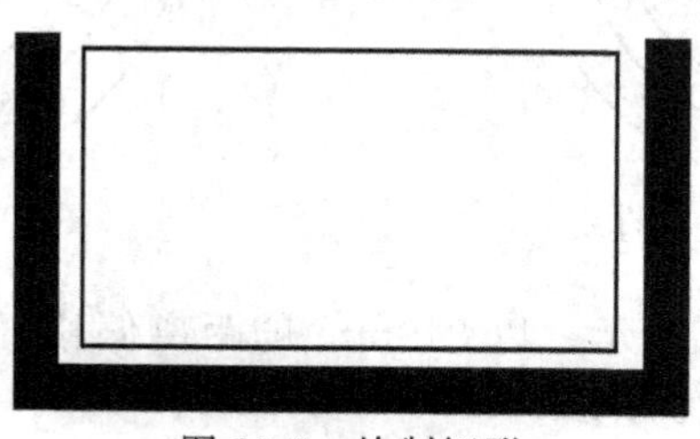

图 10-7 绘制矩形

③ 输入“H”命令，选择“SOLID”图案填充矩形，如图 10-8 所示。

图 10-8 填充矩形

④ 将图形定义为“台阶灯”图块。

3. 其他园灯绘制

按照上述方法再分别绘制其他类型的园灯，如图 10-9～图 10-11 所示。

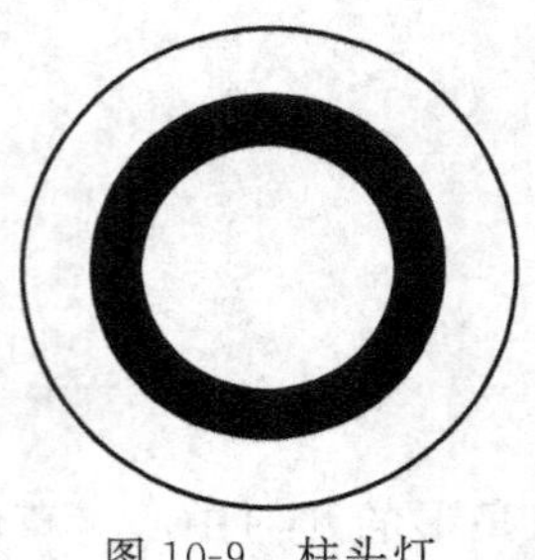
图 10-9　柱头灯

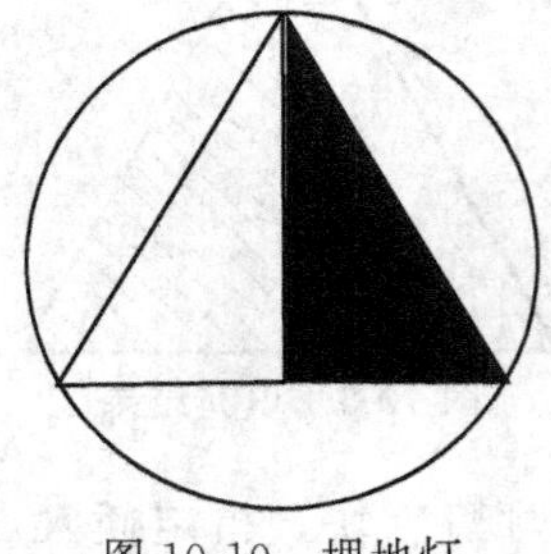
图 10-10　埋地灯

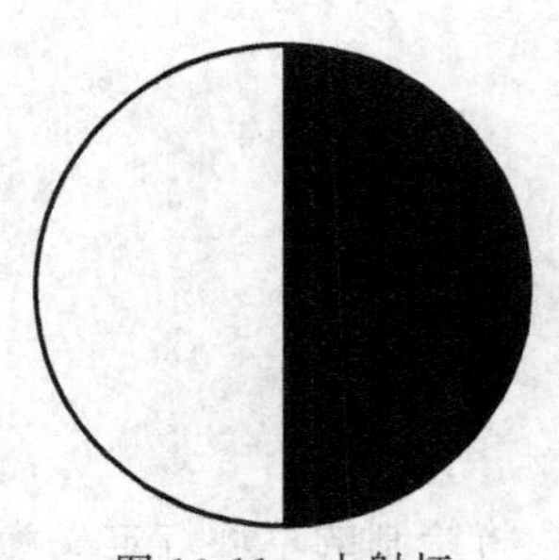
图 10-11　小射灯

三、绘制花池

花池的绘制步骤如下。

① 新建一个图层，命名为“花池”，其他参数默认。将该图层设置为当前层。绘制 4 个同心圆，半径分别为 10980mm、9640mm、7325mm 和 5630mm。将每个圆向内偏移 240mm。

② 绘制两条直线，连接圆的象限点，如图 10-12 所示。将两条直线旋转复制，旋转角度为 33°，如图 10-13 所示。

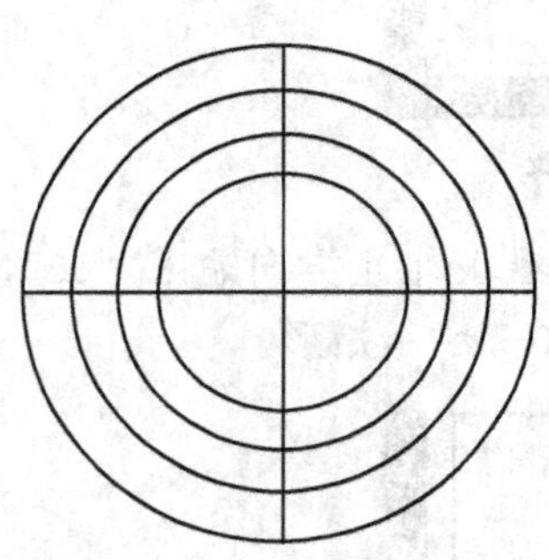
图 10-12　绘制两条直线

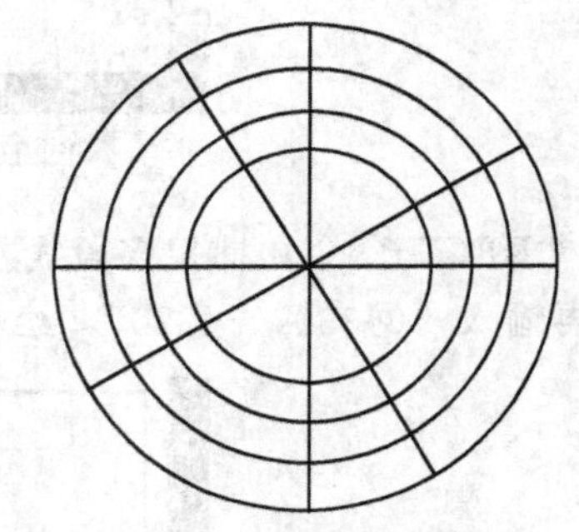
图 10-13　旋转角度

③ 修剪图形，如图 10-14 所示。以 240mm 的距离偏移直线，以半径为“0”的“倒圆角”命令修剪图形，如图 10-15 所示。

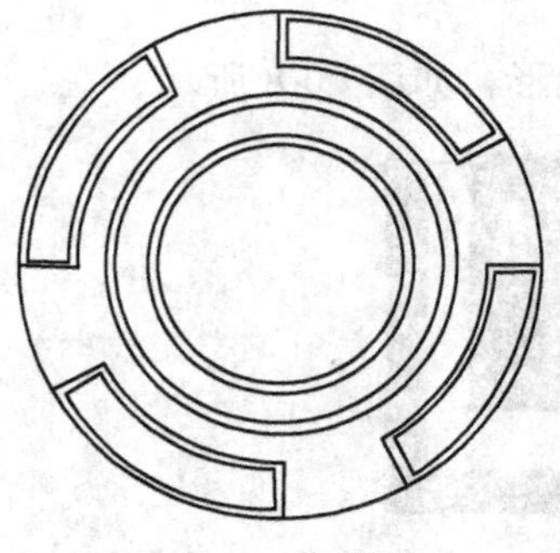
图 10-14　修剪图形

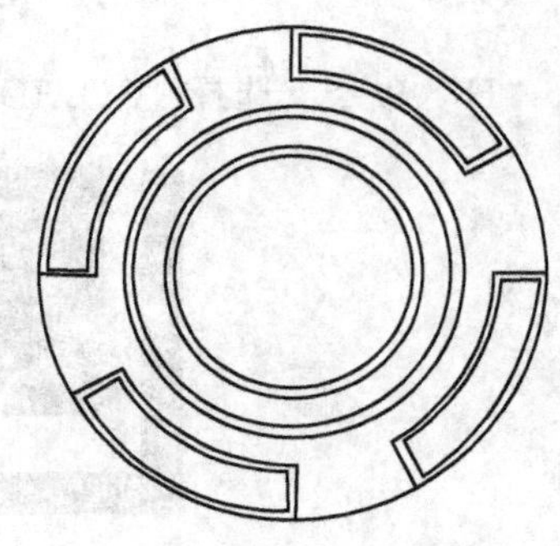
图 10-15　倒圆角

四、绘制标志牌

单击“绘图”工具栏中的“多段线”按钮，以左侧大门不规则矩形的右下角点为第一点，竖直向上绘制一条长度为800mm的直线段，然后水平向右绘制一条长度为500mm的直线段。单击“绘图”工具栏中的“矩形”按钮，以上一步绘制的直线段的末端点为第一角点，另一角点坐标为“@－1650，2130”，然后单击“修改”工具栏中的“偏移”按钮，将绘制的矩形向内侧进行偏移，偏移距离为35mm，作为标志牌的外框，结果如图10-16所示。

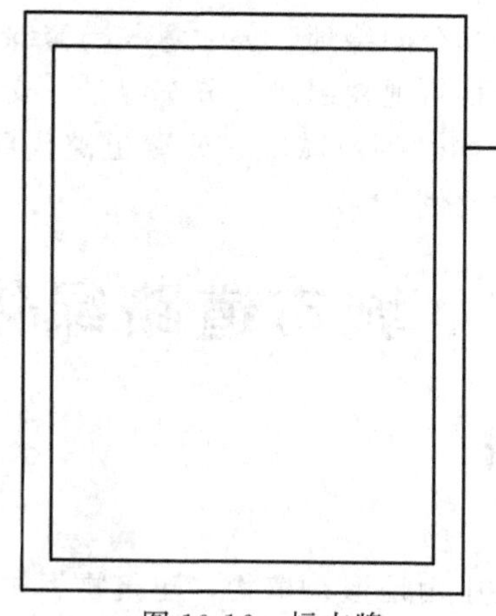

图10-16　标志牌

第十一章

道路绿地设计与制图

道路绿地属于附属绿地，而非公园绿地，要注意与街旁绿地的区分。道路绿地具体是指道路广场用地内的绿地，主要包括行道树绿带、分车绿带、交通岛绿地、交通广场和停车场绿地等。道路绿地具有遮阴、滤尘、隔声减噪、改善道路沿线的环境质量和美化城市的功能。在城市绿化覆盖率中占较大比例。

第一节　城市道路绿化设计

一、景观的构成及作用

1. 道路景观的构成

城市道路景观是在城市道路中由地形、植物、建筑物、构筑物、绿化、小品等组成的具有使用、生态和景观功能的空间。道路景观是由道路、道路边界、道路中的区域景观、道路节点构成的，如图 11-1 所示。道路是形成道路景观的基础性要素；道路边界是指界定和区别道路空间的视觉形态要素，可以是建筑、水体、植物等；道路中的区域景观是指道路景观的放大处，它具有空间场所的特点；道路节点主要指道路的交叉口、交通路线上的变化点等，它增加了道路的节奏性。

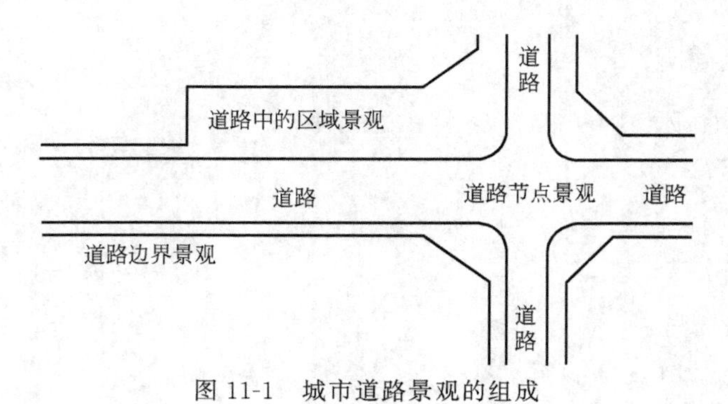

图 11-1　城市道路景观的组成

2. 道路绿化的作用

① 美化城市环境，是城市景观的重要组成部分，它直接体现了城市的景观质量。

② 道路绿化景观起到联系和协调城市景观的作用。

③ 在美化环境的同时，道路景观为市民提供了更多的活动场所。

④ 增强城市的生态连续性。

二、道路绿化设计要点

① 把道路景观设计放在城市景观规划的大环境中，不能孤立对待。

② 合理安排人流和车流，大力开发立体交通。为确保车行路的顺畅和人行路的连续，要分析道路的主要适用形式，主要是以车流量，还是以人行为主，有针对性设计。

③ 考虑道路的绿化。绿化有助于形成优美的城市环境，提供舒适的空间环境，并能改善城市道路上的小气候。但同时要避免道路绿化遮挡行人和车辆驾驶员的视线，影响交通安全。

④ 合理利用植被划分空间，可以形成相对安静的小环境，并能起到隔离噪声和废气的作用。

⑤ 道路景观可以根据地域特点，使用有特色的景观造型，形成地域性的道路景观，增加可识别性。

⑥ 要抓住“观察速度”这一关键问题。对于不同的观察速度，要有不同的设计方法，不同的观察速度意味着不同的景观尺度、不同的景观材料。因此，车行路和人行路两侧的景观是有一定差别的，道路景观要处理好车行尺度和人行尺度的关系。

三、城市道路绿化植物的选择与配置

1. 绿化植物的选择

城市道路绿化植物的选择见表 11-1。

表 11-1　城市绿化植物的选择

项目	选择要求
乔木的选择	乔木在街道绿化中，主要作为行道树，作用主要是夏季为行人遮阴、美化街景。树种的选择应符合下列要求： ①株形整齐，观赏价值较高，最好叶秋季变色，冬季可观树形、赏枝干。 ②生命力强，病虫害少，便于管理，管理费用低，花、果、枝叶无不良气味。 ③树木发芽早、落叶晚，适合本地区正常生长，晚秋落叶期在短时间内树叶即能落光，便于集中清扫。 ④行道树树冠整齐，分枝点足够高，主枝伸张、角度与地面不小于 30°，叶片紧密，有浓荫。 ⑤繁殖容易，移植后易于成活和恢复生长，适宜大树移植。 ⑥有一定耐污染、抗烟尘的能力。 ⑦树木寿命较长，生长速度不太缓慢。目前在北方城市应用较多的有雪松、法桐、国槐、合欢、栾树、垂柳、馒头柳、杜仲、白蜡等
灌木的选择	灌木多应用于分车带或人行道绿带，可遮挡视线、减弱噪声等，选择时应注意以下几个方面。 ①枝叶丰满、株形完美，花期长，花多而显露，防止萌枝过多、过长妨碍交通。 ②植株无刺或少刺，叶色有变，耐修剪，在一定年限内人工修剪可控制它的树形和高矮。 ③繁殖容易，易于管理，能耐灰尘和路面辐射。应用较多的有大叶黄杨、金叶女贞，紫叶小蘗、月季、紫薇、丁香、紫荆、连翘、榆叶梅等
地被植物选择	目前，北方大多数城市主要选择冷季型草坪作为地被植物，根据气候、温度、湿度、土壤等条件选择适宜的草坪草种是至关重要的；另外多种低矮花灌木均可做地被应用，如棣棠等
草本花卉选择	一般露地花卉以宿根花卉为主，与乔灌草巧妙搭配，合理配置；一、二年生草本花卉只在重点部位点缀，不宜多用

2. 城市干道的植物配置

城市干道具有实现交通、组织街景、改善小气候等三个功能，并以丰富的景观效果、多样的绿地形式和多变的季相色彩影响着城市景观空间和景观视线。城市干道分为一般城市干道、景观游憩型干道、防护型干道、高速公路、高架道路等类型。各种类型城市干道的绿化设计都应该在遵循生态学原理的基础上，根据美学特征和人的行为游憩学原理来进行植物配置，体现各自的特色。植物配置应视地点的不同而有各自的特点，见表11-2。

表11-2 城市干道的植物配置

类别	内　容
景观游憩型干道的植物配置	景观游憩型干道的植物配置应兼顾其观赏和游憩功能，从人的需求出发，兼顾植物群落的自然性和系统性来设计可供游人参与游赏的道路。有"城市林荫道"之称的肇嘉浜路中间有宽21m的绿化带，种植了大量的香樟、雪松、水杉、女贞等高大的乔木，林下配置了各种灌木和花草，同时绿地内设置了游憩步道，其间点缀各种雕塑和园林小品，发挥其观赏和休闲功能
防护型干道的植物配置	道路与街道两侧的高层建筑形成了城市大气下垫面内的狭长低谷，不利于汽车尾气的排放，直接危害两侧的行人和建筑内的居民，对人的危害相当严重。基于隔离防护主导功能的道路绿化主要发挥其隔离有害有毒气体、噪声的功能，兼顾观赏功能。绿化设计选择具有耐污染、抗污染、滞尘、吸收噪声的植物，采用由乔木群落向小乔木群落、灌木群落、草坪过渡的形式，形成立体层次感，起到良好的防护作用和景观效果
高速公路的植物配置	良好的高速公路植物配置可以减轻驾驶员的疲劳，丰富的植物景观也为旅客带来了轻松愉快的旅途。高速公路的绿化由中央隔离带绿化、边坡绿化和互通绿化组成。中央隔离带内一般不成行种植乔木，避免投影到车道上的树影干扰司机的视线，树冠太大的树种也不宜选用。隔离带内可种植修剪整齐、具有丰富视觉韵律感的大色块模纹绿带，绿带中选择的植物品种不宜过多，色彩搭配不宜过艳，重复频率不宜太高，节奏感也不宜太强烈，一般可以根据分隔带宽度每隔30～70m距离重复一段，色块灌木品种选用3～6种，中间可以间植多种形态的开花或常绿植物使景观富于变化。 边坡绿化的主要目的是固土护坡、防止冲刷，其植物配置应尽量不破坏自然地形地貌和植被，选择根系发达、易于成活、便于管理、兼顾景观效果的树种。 互通绿化位于高速公路的交叉口，最容易成为人们视觉上的焦点，其绿化形式主要有两种：一种是大型的模纹图案，花、灌木根据不同的线条造型种植，形成大气简洁的植物景观；另一种是苗圃景观模式，人工植物群落按乔、灌、草的种植形式种植，密度相对较高，在发挥其生态和景观功能的同时，还兼顾了经济功能，为城市绿化发展所需的苗木提供了有力的保障
园林绿地内道路的植物配置	园林道路是全园的骨架，具有发挥组织游览路线、连接景观区等重要功能。道路植物配置无论植物品种的选择，还是搭配形式都要比城市道路配置更加丰富多样，更加自由生动。 园林道路分为主路、次路和小路。主路绿化常常代表绿地的形象和风格，植物配置应该引人入胜，形成与其定位一致的气势和氛围。在入口的主路上定距种植较大规格的高大乔木，如悬铃木、香樟、杜英、榉树等，其下种植杜鹃、红花木、龙柏等整形灌木，节奏明快富有韵律，形成壮美的主路景观。次路是园中各区内的主要道路，一般宽2～3m；小路则是供游人在宁静的休息区中漫步，一般宽仅1～1.5m。绿地的次干道常常蜿蜒曲折，植物配置也应以自然式为宜。沿路在视觉上应有疏有密，有高有低，有遮有敞。形式上有草坪、花丛、灌丛、树丛、孤植树等，游人沿路散步可经过大草坪，也可在林下小憩或穿行在花丛中赏花。竹径通幽是中国传统园林中经常应用的造景手法，竹生长迅速，适应性强，常绿，清秀挺拔，具有文化内涵，至今仍可在绿地中见到
城市广场绿化植物配置	由于植物具有生命的设计要素，其生长受到土壤肥力、排水、日照、风力，以及温度和湿度等因素的影响，因此设计师在进行设计之前，就必须了解相关的环境条件，然后才能确定、选择适合在此条件下生长的植物。 在城市广场等空地上栽植树木，土壤作为树木生长发育的"胎盘"，无疑具有举足轻重的作用。因此土壤的结构，必须满足以下条件：可以让树木长久茁壮地成长；土壤自身不会流失；对环境影响具有抵抗力。 根据形状、习性和特征的不同，城市广场上绿化植物的配植，可以采取一点、两点、线段、团组、面、垂直或自由式等形式。在保持统一性和连续性的同时，显露其丰富性和个性化。 花坛虽然在各种绿化空间中都可能出现，但由于其布局灵活、占地面积小，装饰性强，因此在广场空间中出现得更加频繁。既有以平面图案和肌理形式表面的花池；也有与台阶等构筑物相结合的花台；还有以种植容器为依托的各种形式。花坛不仅可以独立设置，也可以与喷泉、水池、雕塑、休息座椅等结合。在空间环境中除了起到限定、引导等作用外，还可以由于本身优美的造型或独特的排列、组合方式，而成为视觉集点

3. 城市道路绿化的布置形式

城市道路绿化的布置形式也是多种多样的，其中断面布置形式是规划设计所用的主要模式，常用的城市道路绿化的形式见表 11-3。

表 11-3　城市道路绿化布置形式

形式	内　容
一板二带式	这是道路绿化中最常用的一种形式，即在车行道两侧人行道分隔线上种植行道树。此法操作简单、用地经济、管理方便。但当车行道过宽时行道树的遮阴效果较差，不利于机动车辆与非机动车辆混合行驶时的交通管理
二板三带式	在分隔单向行驶的两条车行道中间绿化，并在道路两侧布置行道树。这种形式适于宽阔道路，绿带数量较大、生态效益较显著，多用于高速公路和入城道路绿化
三板四带式	利用两条分隔带把车行道分成 3 块，中间为机动车道，两侧为非机动车道，连同车道两侧的行道树共为 4 条绿带。此法虽然占地面积较大，但其绿化量大，夏季蔽荫效果好，组织交通方便，安全可靠，解决了各种车辆混合互相干扰的矛盾
四板五带式	利用 3 条分隔带将车道分为 4 条而规划为 5 条绿化带，以便各种车辆上行、下行互不干扰，利于限定车速和交通安全；如果道路面积不宜布置五带，则可用栏杆分隔，以节约用地
其他形式	按道路所处地理位置、环境条件特点，因地制宜地设置绿带，如山坡、水道的绿化设计

4. 道路绿化中行道树种植设计形式

道路绿化中行道树种植设计形式有树带式和树池式两种，见表 11-4。

表 11-4　道路绿化中行道树种植设计形式

形式	内　容
树带式	交通、人流不大的路段，在人行道和车行道之间，留出一条不加铺装的种植带，一般宽不小于 1.5m，植一行大乔木和树篱，如宽度适宜，则可分别植两行或多行乔木与树篱；树下铺设草皮，留出铺装过道，以便人流或汽车停站
树池式	在交通量较大，行人多而人行道又窄的路段，设计正方形、长方形或圆形空地，种植花草树木，形成池式绿地。正方形以边长 1.5m 较合适，长方形长、宽分别以 2m、1.5m 为宜，圆形树池以直径不小于 1.5m 为好；行道树的栽植点位于几何形的中心，池边缘高出人行道 8～10cm，避免行人践踏，如果树池略低于路面，应加与路面同高的池墙，这样可增加人行道的宽度，又避免践踏，同时还可使雨水渗入池内；池墙可用铸铁或钢筋混凝土做成，设计时应当简单大方

第二节　种植设计平面图绘制

一、自然式种植设计平面图绘制

图 11-2 为道路绿地规划区域的一个标准段，此道路宽 12m，红线控制两侧绿地分别宽 6m。

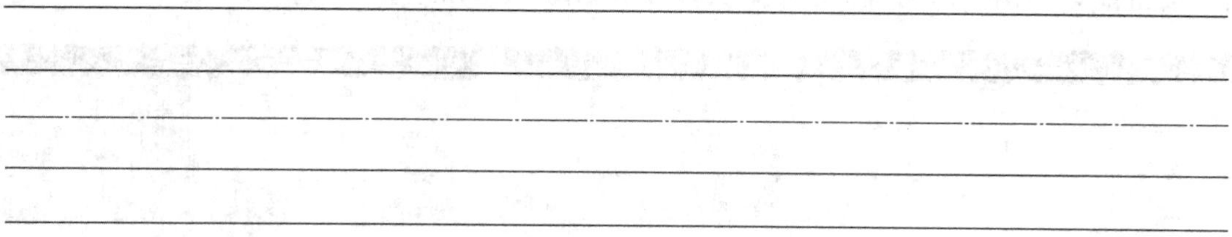

图 11-2　自然式道路

1. 设置

(1) 设置单位　将系统单位设为米（m），以 1∶1 的比例绘制。

(2) 设置图形界限　将图形界限设为 420mm×297mm，以 1∶1 的比例绘图。

2. 绿地中乔木的绘制

单击“图层”工具栏中的“图层特性管理器”按钮，弹出“图层特性管理器”对话框，建立一个新图层，命名为“乔木”，颜色选取“85 号”绿色，线型为“Continuous”，线宽为默认，将其设置为当前图层，如图 11-3 所示。确定后回到绘图状态。

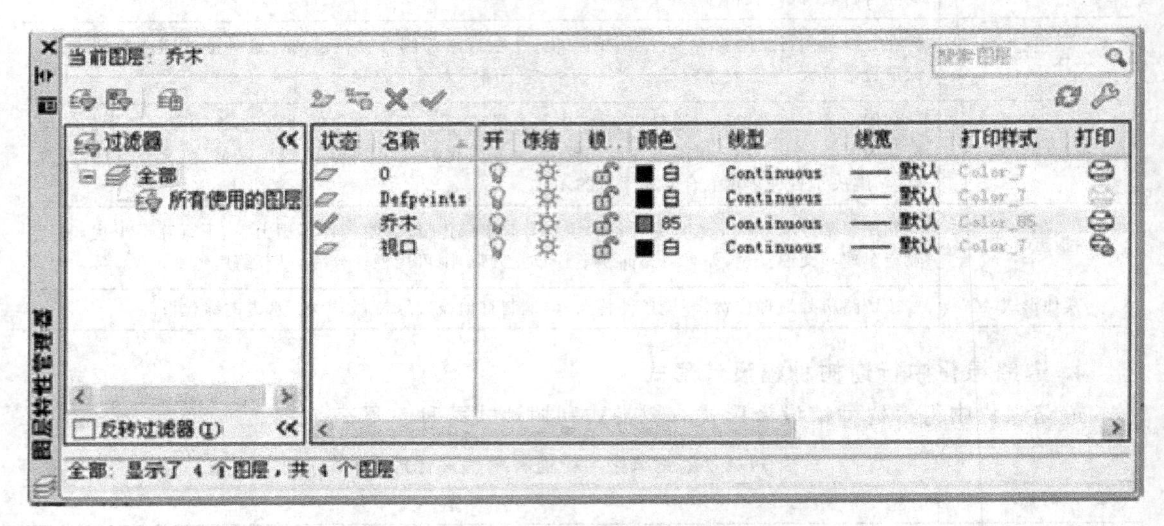

图 11-3 “乔木”图层参数

(1) 乔木 1 的配置　单击“偏移”按钮，将红线控制线向道路内侧进行偏移，偏移距离为 1.0mm，然后选择合适的植物图例，复制到合适位置，调节大小比例后如图 11-4 所示。

图 11-4 乔木 1 的配置

乔木 1 它们之间的距离为 3m。选中上一步绘制的乔木 1，单击“修改”工具栏中“阵列”按钮，弹出“阵列”工具框，参数设置如图 11-5 所示。

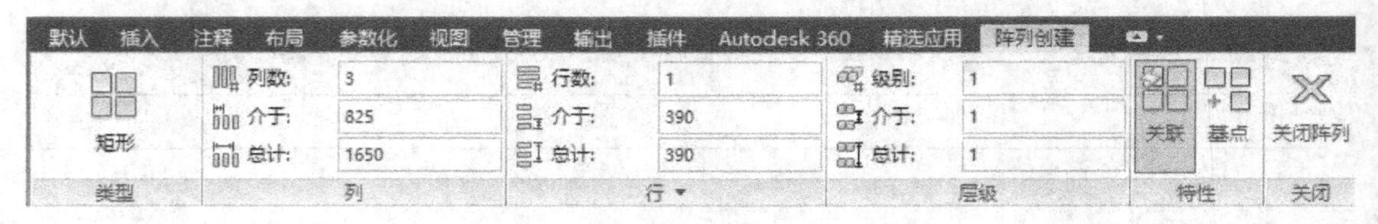

图 11-5 “阵列”对话框

绘制效果如图 11-6 所示。

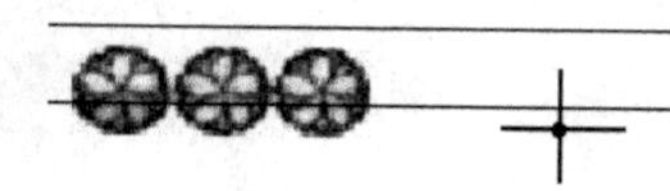

图 11-6　阵列后的效果

将上一步绘制的乔木 1 全部选中，单击“修改”工具栏中的“阵列”按钮，弹出“阵列”工具框，参数设置如图 11-7 所示。

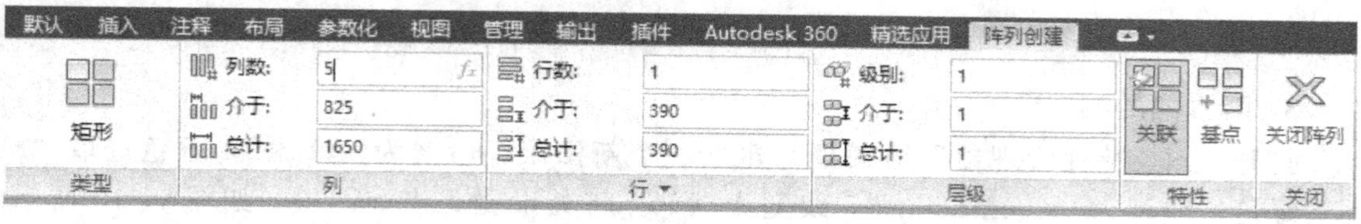

默认 插入 注释 布局 参数化 视图 管理 输出 插件 Autodesk 360 精选应用 阵列创建
矩形　列数: 5　介于: 825　总计: 1650　行数: 1　介于: 390　总计: 390　级别: 1　介于: 1　总计: 1　关联　基点　关闭阵列
类型　列　行　层级　特性　关闭

图 11-7　“阵列”对话框

阵列后的效果如图 11-8 所示。

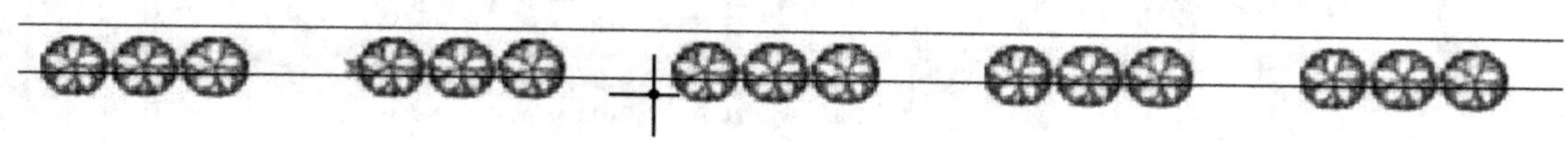

图 11-8　第二次阵列后的效果

(2) 乔木 2 的绘制　乔木 2 与乔木 1 之间的距离为 4.5m，乔木 2 的间距为 5.5m。

单击“直线”按钮，以最左端右数第三个乔木 1 的图例的中心点为第一点，水平向右绘制长度为 4.5m 的直线段，然后竖直向下绘制 0.5m，以该直线的端点为乔木 2 的中心位置。选择合适的植物图例，复制到图 11-9 所示的位置，调节大小比例后如图 11-9 所示。

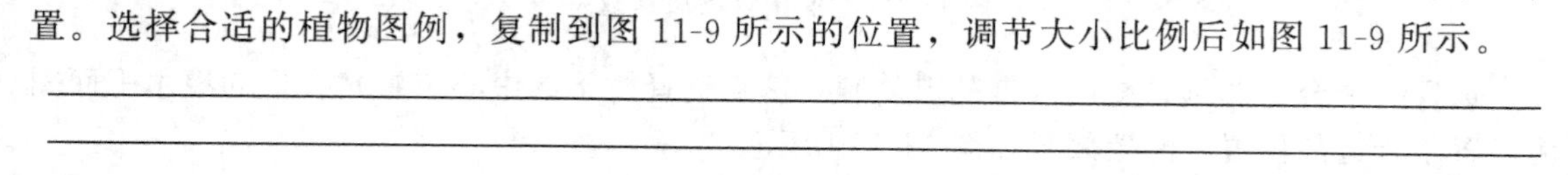

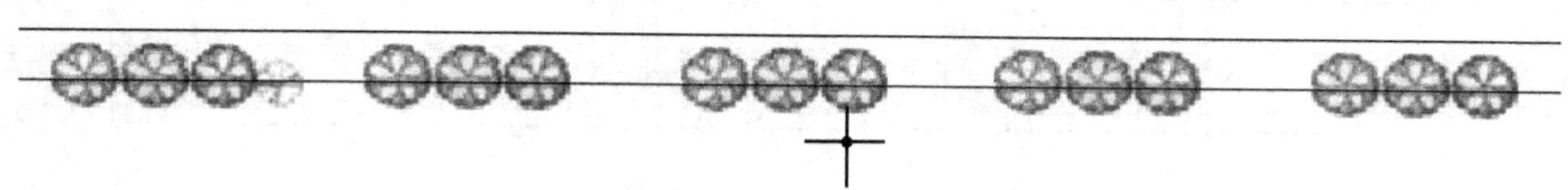

图 11-9　插入乔木 2 垂柳

单击“复制”按钮，开启“极轴追踪”“对象捕捉”，将上一步绘制的乔木 2 选中，方向沿水平向右，在命令行中输入位移“5”。

将乔木 2 全部选中，单击“阵列”按钮，弹出“阵列”对话框，参数设置如图 11-10 所示。

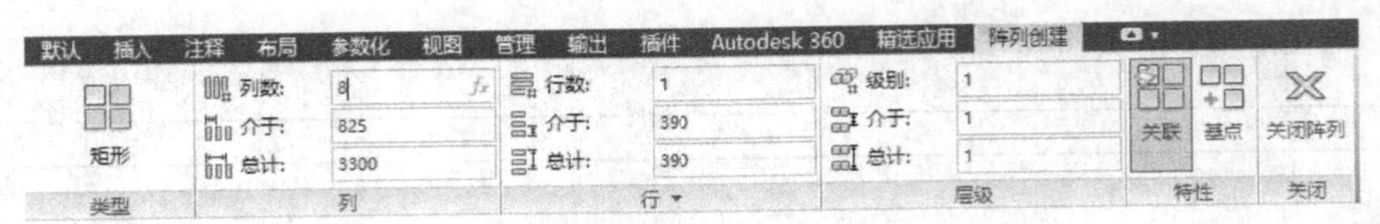

图 11-10 “阵列”对话框

阵列后的效果如图 11-11 所示。

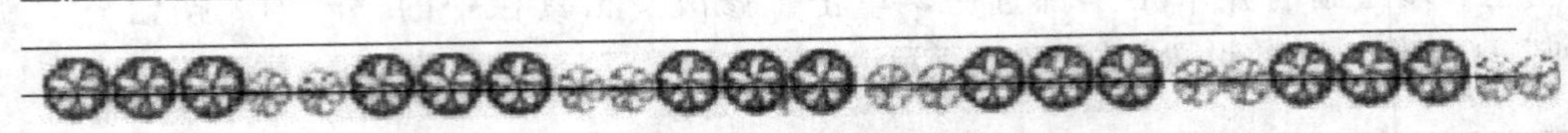

图 11-11 阵列后的效果

3. 灌木的绘制

打开“图层特性管理器”对话框，建立一个新图层，命名为“灌木”，颜色选取“85号”绿色，线型为“Continuous”，线宽为默认，将其设置为当前图层，如图 11-12 所示。确定后回到绘图状态。

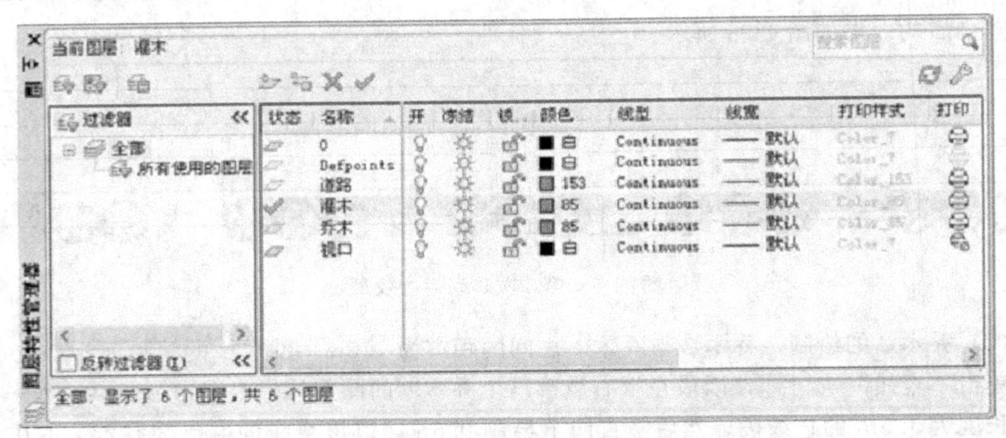

图 11-12 “灌木”图层参数

选择一个合适图例，复制（带基点复制，基点选择树干的中心位置）合适的灌木平面图例，置于合适的位置，配置效果如图 11-13 所示。

图 11-13 灌木配置详图

二、规则式种植设计平面图绘制

图 11-14 为道路绿地规划区域的一个标准段，此道路宽 12m，红线控制两侧绿地分别宽 8m。

图 11-14　规则式道路

1. 设置

(1) 单位设置　将系统单位设为米（m）。以 1∶1 的比例绘制，选择“格式”→“单位”命令，弹出“图形单位”对话框，如图 11-15 所示。

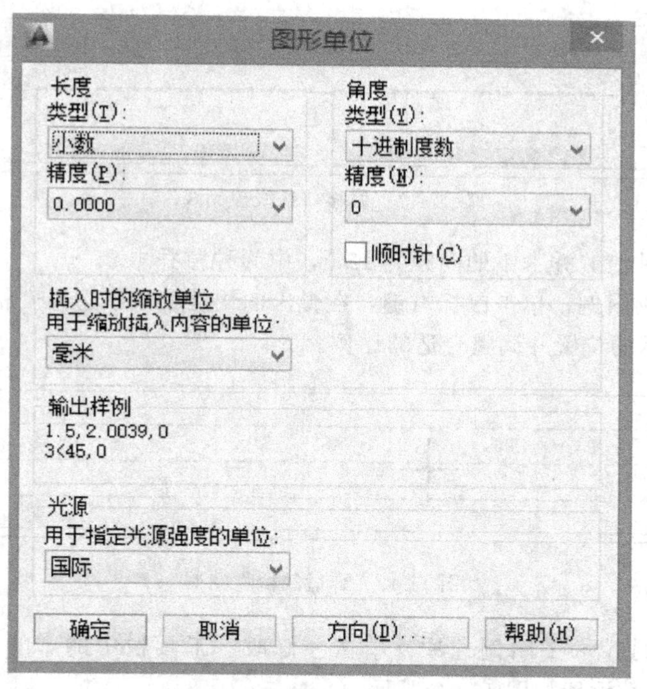

图 11-15　“图形单位”对话框

(2) 图形界限设置　以 1∶1 的比例绘图，将图形界限设为 420mm×297mm。在命令行中输入“Limits”命令，命令行提示与操作如下。

输入命令：Limits

重新设置模型空间界限：

指定左下角点或［开（ON）/关（OFF）］<0.0000，0.0000>：

指定右上角点<420.0000，297.0000>：420，297

2. 道路绿地中乔木绘制

（1）新建图层　单击“图层特性管理器”按钮，弹出“图层特性管理器”对话框，建立一个新图层，命名为“乔木”，颜色选取“82 号”绿色，线型为“Continuous”，线宽为默认，将其设置为当前图层，确定后回到绘图状态。

（2）确定外侧乔木位置　单击“偏移”按钮，选择“红线控制线”，如图 11-16 所示，将其向道路内侧进行偏移，偏移距离为 0.7mm，结果如图 11-17 所示。

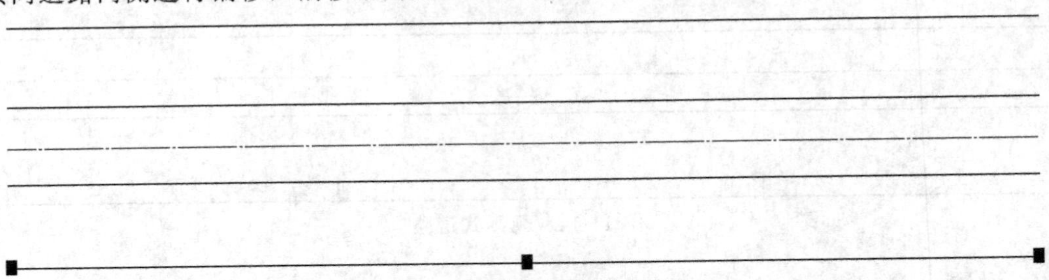

图 11-16　选择“红线控制线”

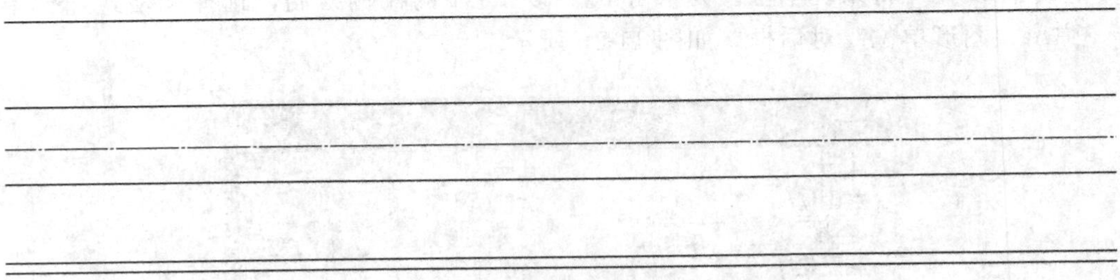

图 11-17　偏移“红线控制线”

（3）乔木 1 的种植　乔木 1 的间距为 12m，中间种植乔木 2。

选择合适的植物图例，单击鼠标右键，在弹出的快捷菜单中选择“粘贴”命令，将其移动到如图 11-18 所示的位置并调整合适的比例。

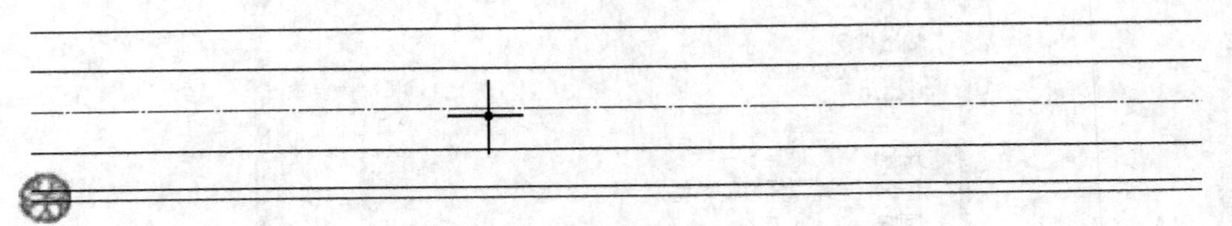

图 11-18　合适的植物图例

将上一步绘制的乔木 1 图例选中，单击“修改”工具栏中的“阵列”按钮，弹出“阵列”对话框，参数设置如图 11-10 所示。

阵列后效果如图 11-19 所示。

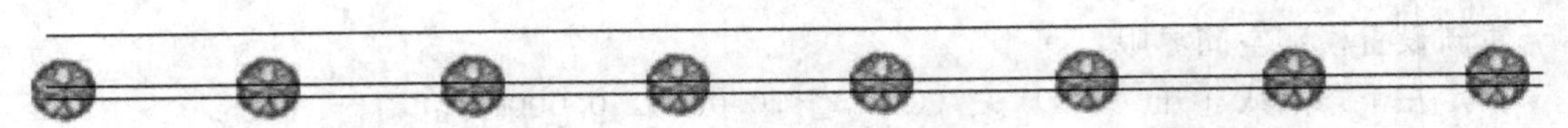

图 11-19　阵列后的效果

(4) 乔木 2 种植 乔木 2 与乔木 1 的间距为 4.0m，乔木 2 的间距为 3.5m。

确定乔木 2 的种植位置。将红线控制线向道路同侧进行偏移，偏移距离为 1.1mm，作为乔木 2 的种植位置；然后单击“绘图”工具栏中的“直线”按钮，以乔木 1 的平面中心点为第一点，开启“正交模式”，水平向右绘制长度为 4.0m 的直线段，然后竖直向上绘制直线段与上一步偏移后的直线段相交于一点，作为乔木 2 的种植点。

找到乔木 2 合适的图例，将其复制（带基点复制，基点选择植物平面中心）到合适的位置，调整至合适的大小，如图 11-20 所示。

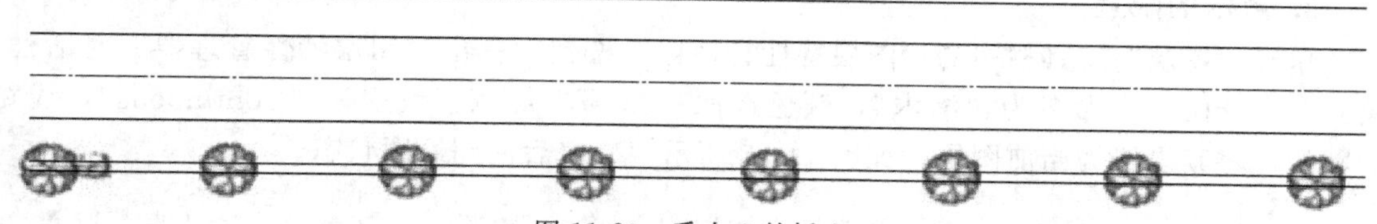

图 11-20 乔木 2 的插入

单击“复制”按钮，开启“极轴追踪”“对象捕捉”，将上一步绘制的乔木 2 选中，方向沿水平向右，在命令行中输入位移“3”，结果如图 11-21 所示。

图 11-21 复制乔木 2

将乔木 2 的两个平面图例全部选中，单击“阵列”按钮，弹出“阵列”对话框，参数设置如图 11-10 所示。

阵列效果如图 11-22 所示。

图 11-22 阵列后的效果

(5) 道路内侧乔木种植 单击“偏移”按钮，将道路边缘线向道路绿地内侧进行偏移，偏移距离为 1.0mm，复制一合适的行道树平面图例，结果如图 11-23 所示。

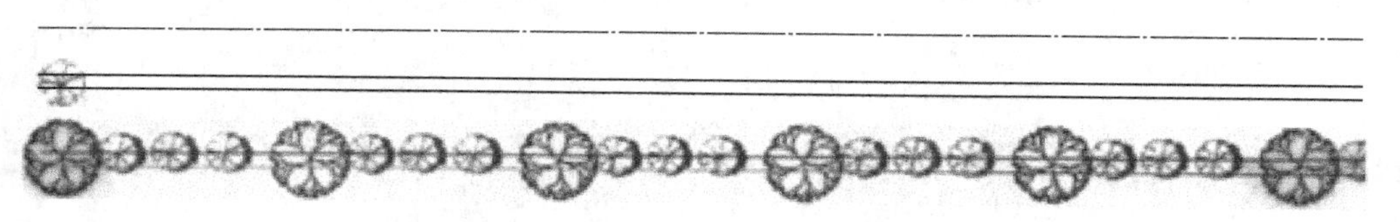

图 11-23 道路内侧乔木的种植

阵列效果如图 11-24 所示。

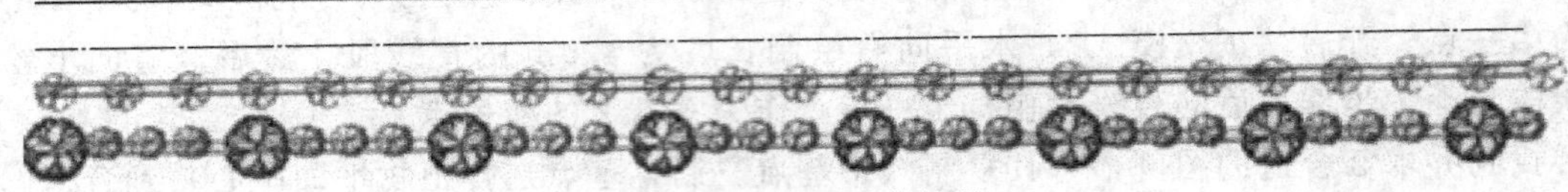
图 11-24　阵列后的效果

3. 灌木的配置

单击“图层”工具栏中的“图层特性管理器”按钮，弹出“图层特性管理器”对话框，建立一个新图层，命名为“灌木”，颜色选取“85 号”绿色，线型为“Continuous”，线宽为默认，将其设置为当前图层，如图 11-25 所示。确定后回到绘图状态。

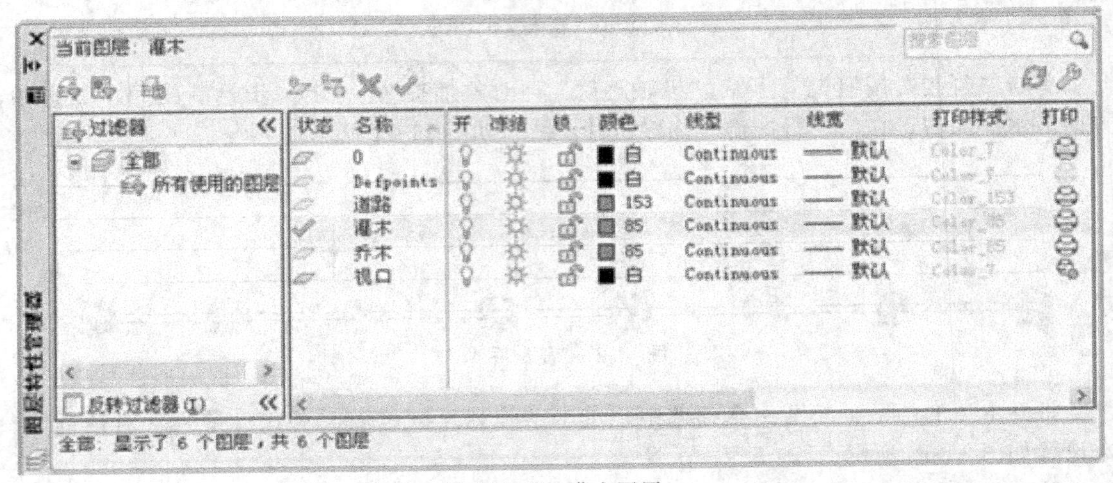

图 11-25　灌木图层

单击“偏移”按钮，将道路边缘线向道路绿地内侧进行偏移，偏移距离为 2.5mm。

然后选择合适图例，复制，并阵列。外侧乔木和内侧乔木之间栽植的植物呈规则重复排列，如图 11-26 所示。

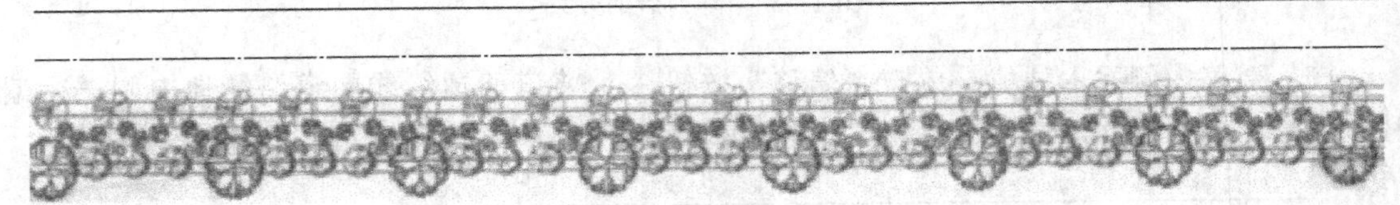
图 11-26　灌木配植效果

第十二章

园林CAD图形打印输出

园林工程中，图形绘制完成后，需打印输出，包括打印到图纸，输出为其他形式电子数据文件，如PDF格式、JPG格式和BMP格式图像文件等。

在打印之前，需要对图形进行认真检查、核对，在确定正确无误之后方可进行打印。

第一节　园林图纸打印

园林图纸打印是指利用打印机或绘图仪将图形打印到图纸上。

园林景观施工图使用的图纸规格有多种，一般采用A2和A3图纸进行打印，当然也可根据需要选用其他大小的纸张。在打印之前，需确定纸张大小、输出比例以及打印线宽、颜色等相关内容。图形的打印线宽、颜色等属性，均可通过打印样式进行控制。

一、图形打印设置

（一）打印设置

通过“打印—模型”或“打印—布局”对话框进行图形打印设置。打开该对话框方法如下。

① 选择“文件”→“打印”菜单命令。

② 在“标准”工具栏上单击“打印”命令图标。

③ 在“命令:”命令行提示下直接输入“Plot”命令。

④ 使用命令按键，即同时按下“Ctrl”和“P”键。

执行上述操作后，AutoCAD将弹出“打印—模型”对话框，如图12-1所示。若单击对话框右下角的“更多选项”按钮，可以在“打印”对话框中显示更多选项，如图12-2所示。

（二）打印对话框

打印对话框各个选项单的功能含义和设置方法如下所述。

1. 页面设置

“页面设置”对话框的标题显示了当前布局的名称，列出图形中已命名或已保存的页面设置；可以将图形中保存的命名页面设置作为当前页面进行设置，也可以在“打印”对话框中单击“添加”按钮，基于当前设置创建一个新的命名页面进行设置。

若与前一次打印方法相同，可以选择“上一次打印”或选择“输入”在文件夹中选择保

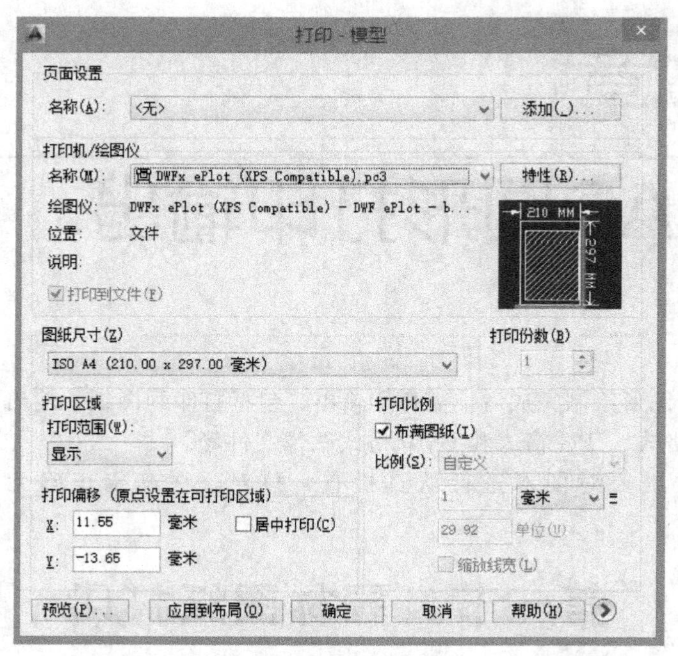

图 12-1 打印对话框

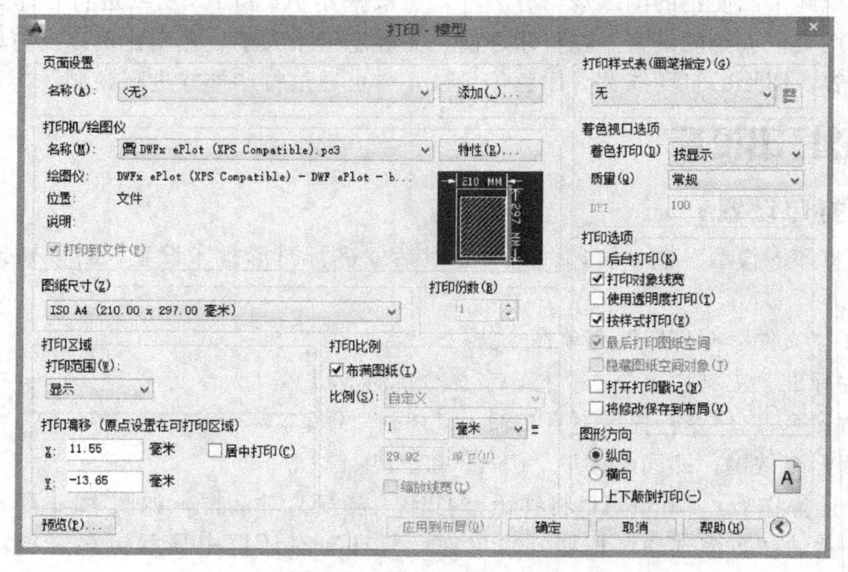

图 12-2 打印对话框全图

存的图形页面设置，如图 12-3 所示；也可以添加新的页面设置，如图 12-4 所示。

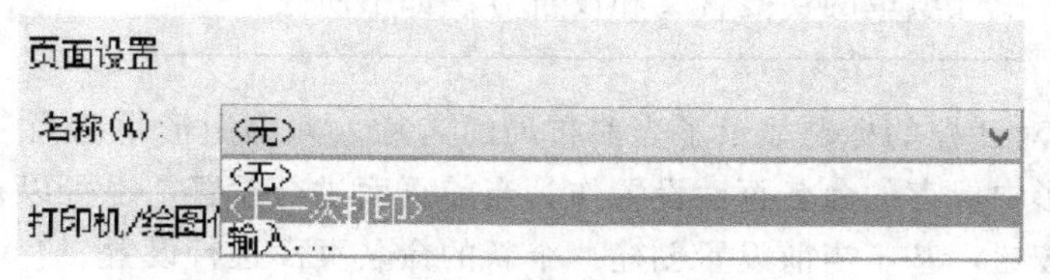

图 12-3 选择“上一次打印”

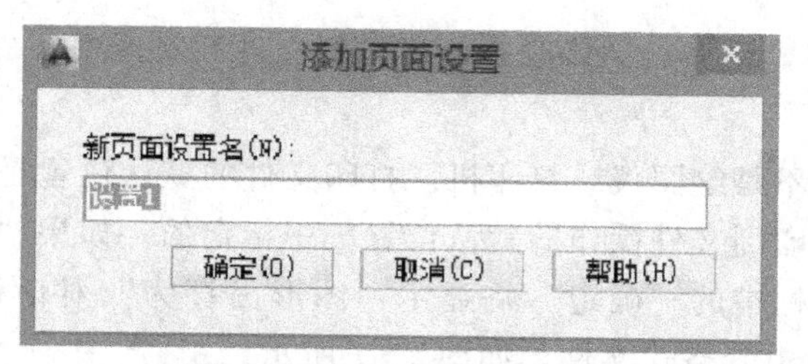

图 12-4　添加新的页面设置

2. 打印机/绘图仪

在 AutoCAD 2014 中，非系统设备称为绘图仪，Windows 系统设备称为打印机。

该选项是指定打印布局时使用已配置的打印设备。若所选定的绘图仪不支持布局中选定的图纸尺寸，系统将显示警告，用户可以选择绘图仪的默认或自定义图纸尺寸。打开下拉列表，其中列出可用的 PC3 文件或系统打印机，可以从中选择以打印当前布局。设备名称前面的图标识别其为 PC3 文件还是系统打印机。如图 12-5 所示。

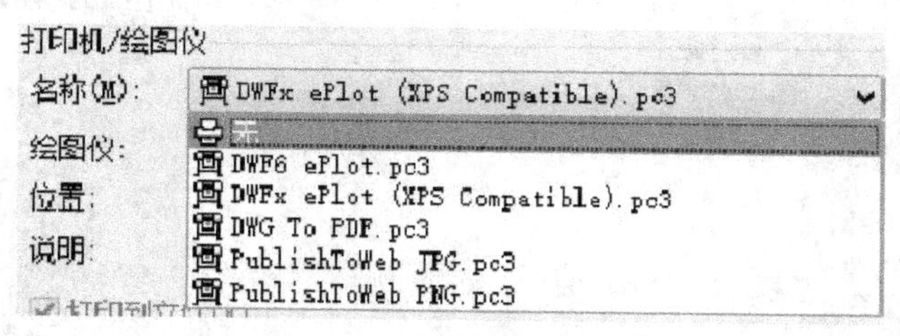

图 12-5　选择打印机类型

在右侧的“特性”按钮，显示的是绘图仪配置编辑器（PC3 编辑器），从中可以查看或修改当前绘图仪的配置、端口、设备和介质设置，如图 12-6 所示。如果使用“绘图仪配置

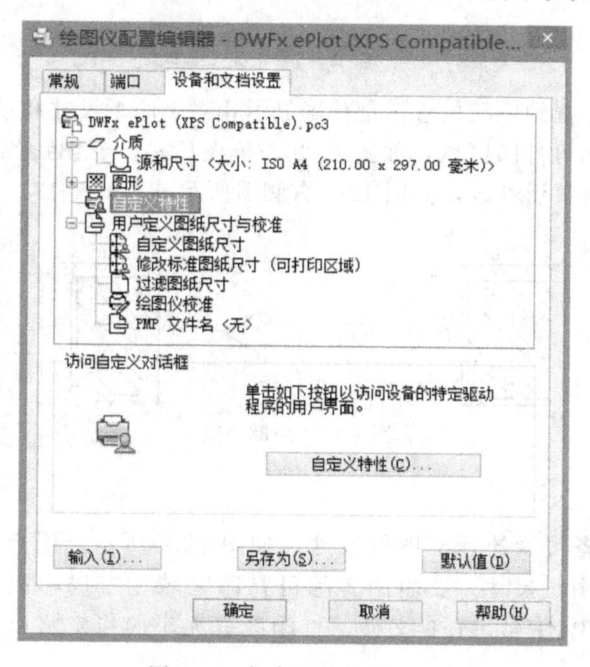

图 12-6　打印机特性对话框

编辑器”更改 PC3 文件，将显示“修改打印机配置文件”对话框。

3. 图形另存为

打印输出到文件而不是绘图仪或打印机。打印文件的默认位置是在“选项”对话框“打印和发布”选项卡“打印到文件操作的默认位置”中指定的。如果“图形另存为”选项已打开，单击“打印”对话框中的“确定”将显示“图形另存为”对话框（标准文件浏览对话框），文件类型为“*.plt”格式文件，如图 12-7 所示。

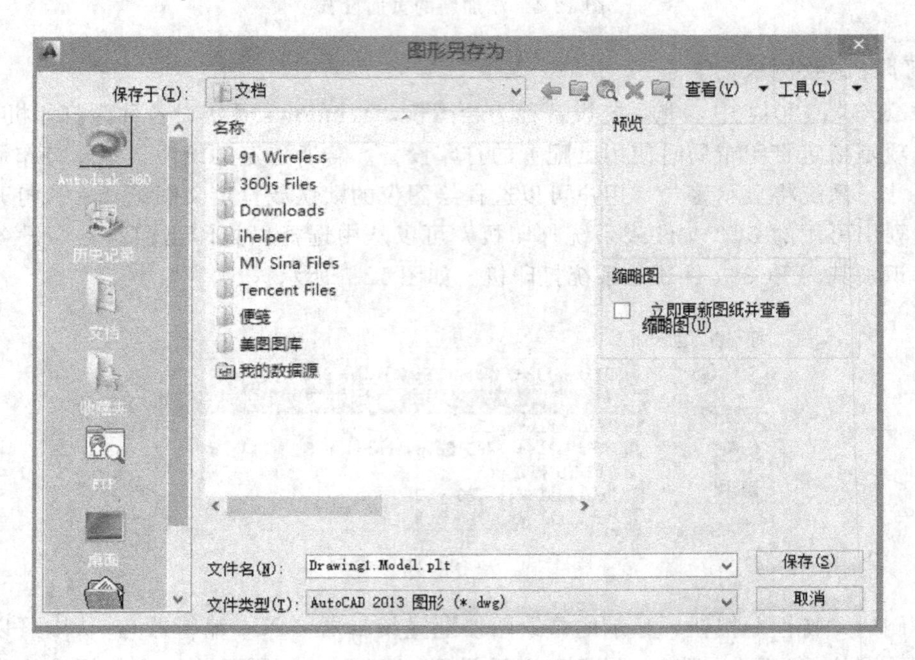

图 12-7 图形另存为

4. 局部预览

局部预览位于对话框约中间位置，是精确显示相对于图纸尺寸和可打印区域的有效打印区域，显示图纸尺寸和可打印区域，如图 12-8 左侧图所示。若图形比例大，打印边界超出图纸范围，局部预览将显示红线，如图 12-8 右侧图所示。

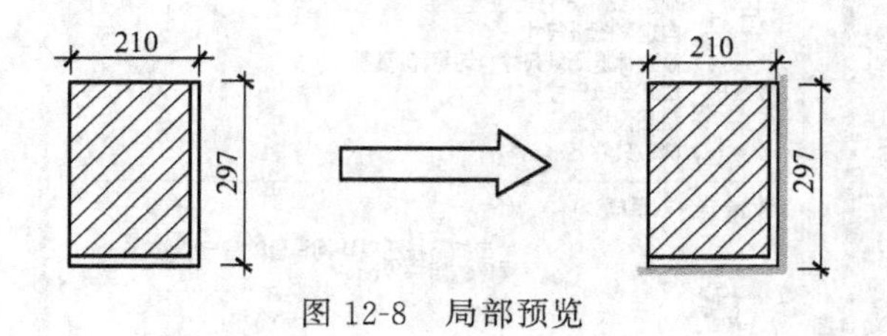

图 12-8 局部预览

5. 图纸尺寸

显示所选打印设备可用的标准图纸尺寸，如图 12-9 所示。用户可以选择绘图仪的默认图纸尺寸或自定义图纸尺寸。页面的实际可打印区域在布局中以虚线表示；如果打印的是光栅图像而且是 BMP 或 TIFF 文件，打印区域大小的指定将以像素为单位而不是英寸或毫米。

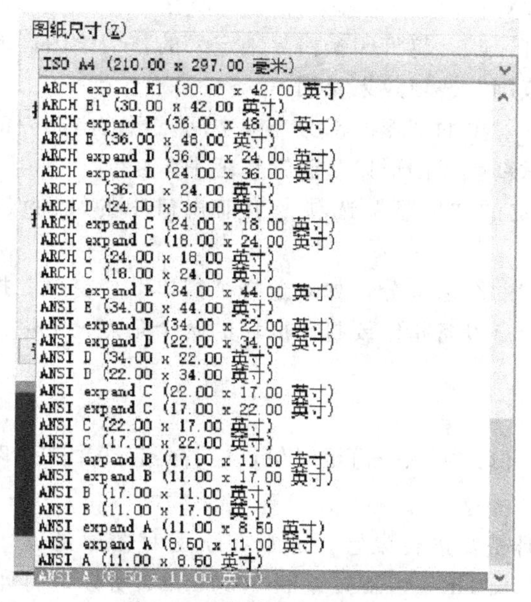

图 12-9　选择打印图纸尺寸

6. 打印区域

打印区域是指是指定要打印的图形部分。在“打印范围”下，可以选择要打印的图形区域。如图 12-10 所示。

(1) 图形界限　打印布局时，将打印指定图纸尺寸的可打印区域内的所有内容，其原点

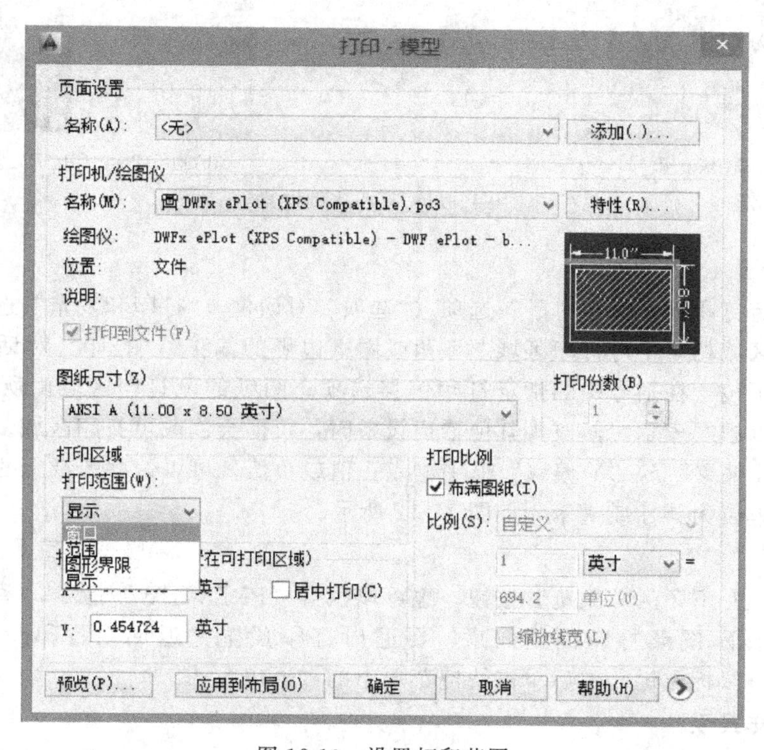

图 12-10　设置打印范围

从布局中的“0，0”点计算得出。

从“模型”选项卡打印时，将打印栅格界限定义的整个绘图区域。如果当前视口不显示平面视图，该选项与“范围”选项效果相同。

（2）范围　打印包含对象的图形的部分当前空间。当前空间内的所有几何图形都将被打印。打印之前，可能会重新生成图形以重新计算范围。

（3）显示　打印选定的“模型”选项卡当前视口中的视图或布局中的当前图纸空间视图。

（4）窗口　打印指定的图形部分。如果选择“窗口”，“窗口”按钮将成为可用按钮。单击“窗口”按钮以使用定点设备指定要打印区域的两个角点，或输入坐标值。这种方式最为常用。

7. 打印份数

指定要打印的份数，份数可从一份至多份，但若是打印到文件时，此项不可用。

8. 打印比例

图形打印比例应根据需要进行设置。通常在绘图时图形是以“mm”为单位，按 1∶1 绘制的，即设计大的图形长 1m，绘制时绘制 1000mm。所以，打印时可以使用任何需要的比例进行打印。如图 12-11 所示。

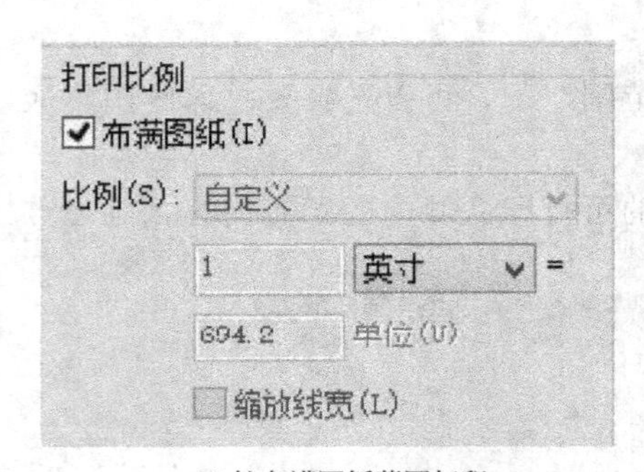

(a) 按布满图纸范围打印

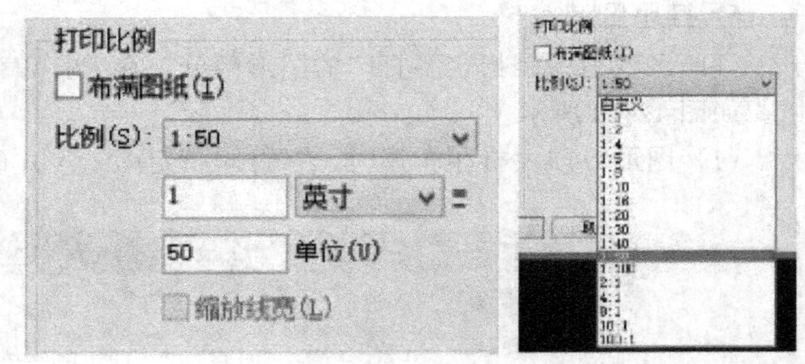

(b) 自行定义打印比例大小

图 12-11　打印比例设置

9. 打印偏移

根据“指定打印偏移时相对于”选项（“选项”对话框，“打印和发布”选项卡）中的设置，指定打印区域相对于可打印区域左下角或图纸边界的偏移。“打印”对话框的“打印偏移”区域显示了包含在括号中的指定打印偏移选项。图纸的可打印区域由所选输出设备决定，在布局中以虚线表示。修改为其他输出设备时，可能会修改可打印区域。

通过在“X 偏移”和“Y 偏移”框中输入正值或负值，可以偏移图纸上的几何图形。图纸中的绘图仪单位为英寸或毫米。如图 12-12 所示。

10. 预览

单击对话框左下角的“预览”按钮，也可以执行“PREVIEW”命令，系统将在图纸上以打印的方式显示图形打印预览效果。要退出打印预览并返回“打印”对话框，请按“Esc”键或单击鼠标右键，然后单击快捷菜单上的“退出”。

11. 打印样式表

打印样式表即设置、编辑打印样式表。名称（无标签）一栏显示指定给当前“模型”选

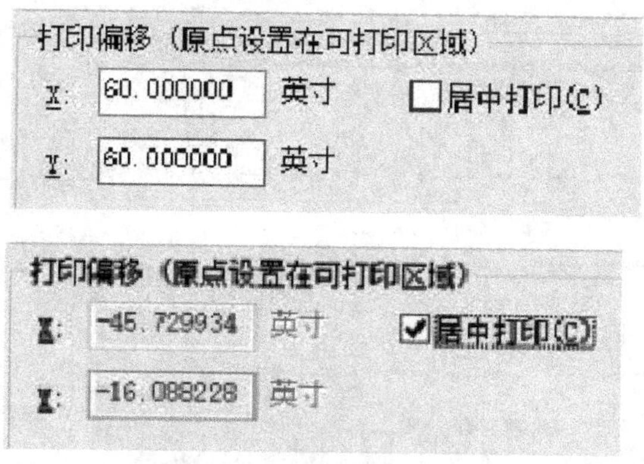

图 12-12　打印偏移方式

项卡或布局选项卡的打印样式表，并提供当前可用的打印样式表的列表。如果选择“新建”，将显示“添加打印样式表”向导，可用来创建新的打印样式表。通常要打印为黑白颜色的图纸，选择其中的“monochrome. ctb”即可；如要按图面显示的颜色打印，选择“无”即可。

12. 图形方向

图形方向是为支持纵向或横向的绘图仪指定图形在图纸上的打印方向，图纸图标代表所选图纸的介质方向，字母图标代表图形在图纸上的方向。如图 12-13 所示。

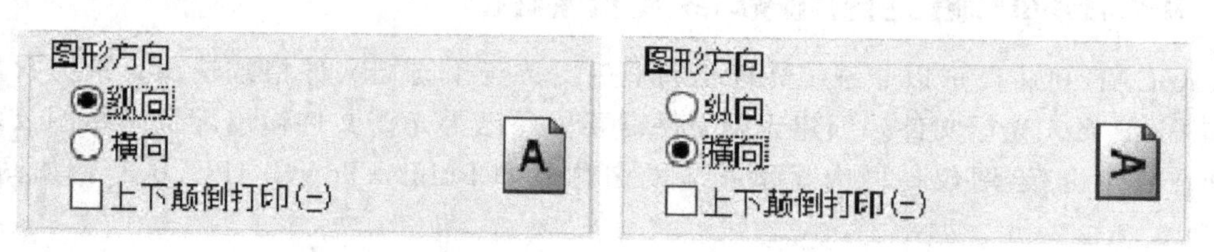

图 12-13　图形方向选择

二、进行图形打印

图形绘制完成后，即可通过打印机将图形打印在图纸上，方法如下。

① 先打开图形文件。

② 启动打印功能命令。

③ 在“打印”对话框的“打印机/绘图仪”下，从“名称”列表中选择一种绘图仪。

④ 在“图纸尺寸”下，从“图纸尺寸”框中选择图纸尺寸。并在“打印份数”下，输入要打印的份数。

⑤ 在“打印区域”下，指定图形中要打印的部分。设置打印位置（包括向 X 轴、Y 轴方向偏移或居中打印）。同时注意在“打印比例”下，从“比例”框中选择缩放比例。

⑥ 有关其他选项的信息，请单击“其他选项按钮”⊙。注意打印戳记只在打印时出现，不与图形一起保存。

⑦ 在“图形方向”下，选择一种方向。

⑧ 单击“预览”按钮进行预览打印效果，如图 12-14(a) 所示，若打印或退出单击右键，在弹出的快捷菜单中选择“打印”或“退出”，如图 12-14(b) 所示。

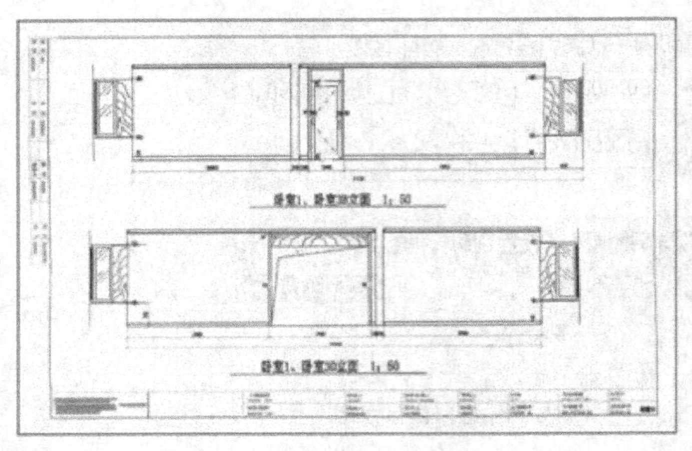

(a) 打印预览效果

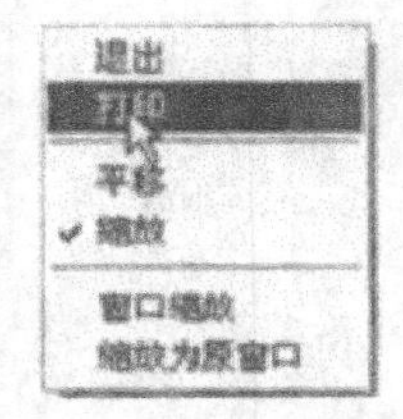

(b) 快捷菜单

图 12-14　打印预览

第二节　其他格式图形数据文件输出

一、JPG/BMP 格式图形数据文件输出

AutoCAD 可将图形以非系统光栅驱动程序支持若干光栅文件格式输出，最为常用的是 JPG 和 BMP 格式光栅文件。创建光栅文件需要确保已为光栅文件输出配置了绘图仪驱动程序，即在打印机/绘图仪一栏内显示相应的名称（如 PublishToweb JPG. pc3），如图 12-15 所示。

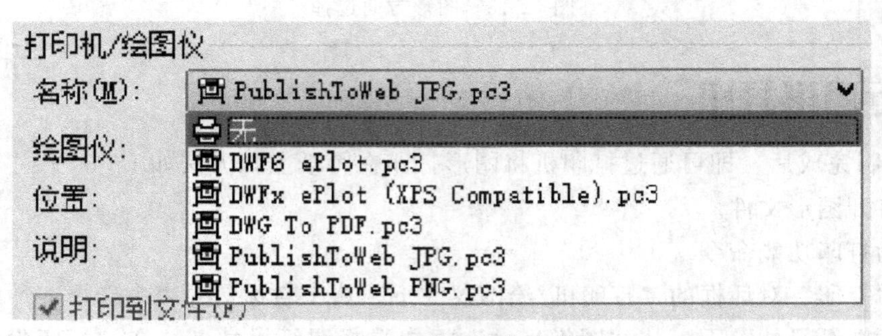

图 12-15　JPG 打印设备

1. JPG 格式光栅文件输出方法

① 在命令提示下，输入“Plot”启动打印功能。

② 在“打印”对话框的“打印机/绘图仪”下，在“名称”框中，从列表中选择光栅格式配置。

③ 根据需要为光栅文件选择打印设置，包括图纸尺寸、比例等，然后单击“确定”按钮。

④ 在“图形另存为”对话框中，选择一个位置并输入光栅文件的文件名（图 12-16），然后单击“保存”按钮。

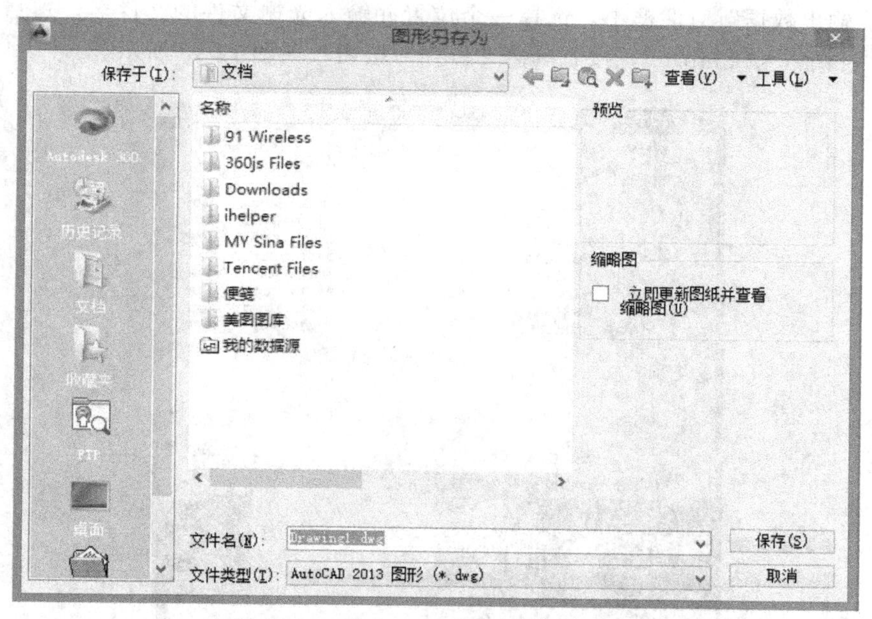

图 12-16　输入 JPG 光栅文件的文件名

2. BMP 格式文件输出方法

① 打开文件下拉菜单，选择“输出”命令选项。如图 12-17 所示。

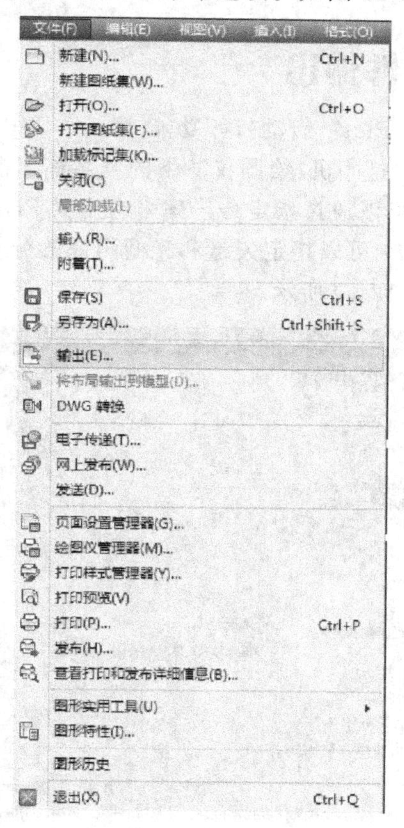

图 12-17　选择输出

② 在“输出数据”对话框中，选择一个位置并输入光栅文件的文件名，然后在文件类型中选择“位图（*.bmp）”，接着单击“保存”按钮，如图 12-18 所示。

图 12-18 选择“*.bmp”格式类型

③ 然后返回图形窗口，选择输出为“*.bmp”格式数据文件的图形范围，最后按回车即可。

二、PDF 格式图形文件输出

① 在命令提示下，输入“Plot”启动打印功能。

② 在“打印”对话框中“打印机/绘图仪”下的“名称”框中，从“名称”列表中选择“DWG To PDF. pc3”配置。可以通过指定分辨率来自定义 PDF 输出。在绘图仪配置编辑器中的“自定义特性”对话框中，可以指定矢量和光栅图像的分辨率，分辨率的范围在 150～4800dpi（最大分辨率）。如图 12-19 所示。

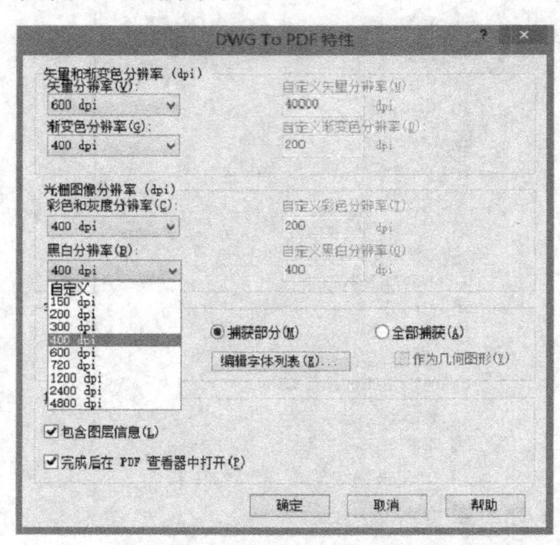

图 12-19 选择“DWG To PDF. pc3”

③ 根据需要为 PDF 文件选择打印设置，包括图纸尺寸、比例等，然后单击“确定”按钮。

④ 在“浏览打印文件”对话框中，选择一个存储位置，并输入 PDF 文件的文件名。如图 12-20 所示。最后单击“保存”按钮。

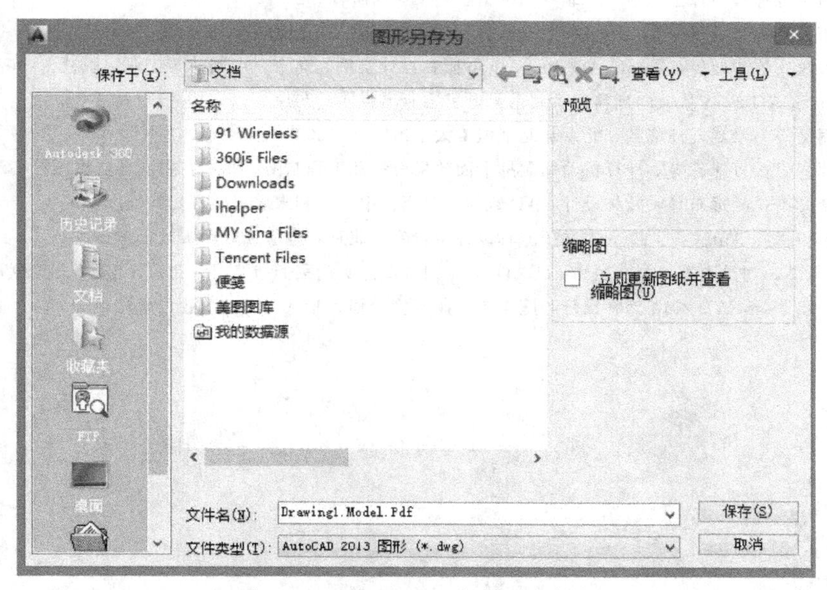

图 12-20　输入 PDF 文件的文件名

参考文献

[1] 钱钊林．园林工程．苏州：苏州大学出版社，2009.

[2]《园林工程规划设计一本通》编委会．园林工程规划设计一本通．北京：地震出版社，2007.

[3] 吴戈军，田建林等．园林工程施工．北京：中国建材工业出版社，2009.

[4] 黄任伟，雷隽卿等．园林专业 CAD 绘图快速入门．北京：化学工业出版社，2014.

[5] 陈战是，张燕，陈建业等．AutoCAD＋Photoshop 园林设计实例．北京：中国建筑工业出版社，2003.

[6] 张云杰．AutoCAD 2014 从入门到精通．北京：电子工业出版社，2014.

[7] 公伟，张丽敏等．景观设计基础．北京：北京理工大学出版社，2009.

[8] 吴福明，沈守云，万翠蓉等．计算机辅助园林平面效果设计及工程制图．北京：中国林业出版社，2014.

[9] 张俊玲，李彦雪，胡远东等．园林设计 CAD 数据．北京：中国水利水电出版社，2008.

[10] 王玲，高会东等．AutoCAD 2008 中文版园林设计全攻略．北京：电子工业出版社，2009.

[11] 梁辉，张日晶，刘昌丽等．中文版 AutoCAD 2014 园林设计实践案例与练习．北京：电子工业出版社，2014.

[12] 麓山工作室．AutoCAD 2014 园林设计与施工图绘制实例教程．北京：机械工业出版社，2014.